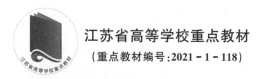

江苏省高等学校重点教材

（重点教材编号：2021-1-118）

工业和信息化领域

武器系统与工程重点研究基地教材

无线电近程探测原理与系统设计

（第 2 版）

肖泽龙　胡泰洋　吴 礼　许建中　编著

北京航空航天大学出版社

内 容 简 介

无线电近程探测技术是利用目标的散射或辐射特性在近距离（几厘米到几千米）实现目标检测以及距离、速度、方位等目标参数获取的探测技术。本书是作者在十几年课程教学讲义基础上结合二十余年的科研积累编撰的，在讲述无线电探测基本原理的基础上，对无线电近程探测常用的连续波多普勒体制、线性调频体制、脉冲体制、伪码调相体制、捷变频体制以及被动探测体制六种典型探测体制进行深入详尽的讨论，突出系统参数设计和关键技术的工程实现。

本书为"探测制导与控制技术"专业课程教材，适用于信息对抗技术、电子信息工程技术等无线电类相关专业，也可作为从事探测制导、无线电引信以及无线电近距离探测工作的工程技术人员的参考书。

图书在版编目（CIP）数据

无线电近程探测原理与系统设计 / 肖泽龙等编著.
2 版. -- 北京 ：北京航空航天大学出版社，2025.3.
ISBN 978-7-5124-4611-3

Ⅰ. TM93

中国国家版本馆 CIP 数据核字第 2025YH3874 号

无线电近程探测原理与系统设计
（第 2 版）

肖泽龙　胡泰洋　吴　礼　许建中　编著
策划编辑　董　瑞　　责任编辑　周世婷

*

北京航空航天大学出版社出版发行

北京市海淀区学院路 37 号（邮编 100191）　http://www.buaapress.com.cn
发行部电话：(010)82317024　传真：(010)82328026
读者信箱：goodtextbook@126.com　邮购电话：(010)82316936
涿州市新华印刷有限公司印装　各地书店经销

*

开本：710×1 000　1/16　印张：17.75　字数：378 千字
2025 年 3 月第 2 版　2025 年 3 月第 1 次印刷　印数：1 000 册
ISBN 978-7-5124-4611-3　定价：59.00 元

前　言

　　自雷达和无线电引信发明以来,无线电探测技术得到了长足发展,成为一门成熟而富有活力的工程技术,并已渗透到多个学科领域,发挥了积极且重要的作用。

　　无线电近程探测技术是利用目标的散射或辐射特性,在近距离(几厘米到几千米)实现目标检测以及距离、速度、方位等目标参数获取的探测技术。相对于常规雷达探测,无线电近程探测多用于近距离探测的无线电引信、汽车防撞、交通检测、要地警戒等领域中。在这些应用中因体积、成本受限,特别在无线电引信等军事应用中,对信号处理时间、系统可靠性和抗过载等要求非常高,对供电要求异常苛刻,因此要求无线电近程探测系统设计在满足探测指标要求的前提下尽可能简单可靠。这些因素使得常规雷达应用的一些系统设计思路和复杂信号处理方法很难在无线电近程探测系统设计中完全采用。

　　《无线电近程探测原理与系统设计》是为原"引信技术"(在教育部统一专业设置后为"探测制导与控制技术")专业学生编写的专业课教材。作者在十几年课程教学讲义基础上,结合科研项目研究成果,不断修订完善使之面世。近些年来,现代化战争中电磁环境日益复杂,给无线电近程探测系统的探测和抗干扰能力提出了更高要求,各种先进体制无线电近程探测系统得到快速发展。为使学生能及时学习、掌握前沿无线电近程探测系统相关知识,对第1版教材内容进行了修订。第2版教材内容在原有连续波多普勒体制、线性调频体制、脉冲体制以及被动探测体制的基础上,增加了伪码调相体制和捷变频体制等先进无线电近程探测系统的工作原理、信号处理方法及应用介绍,实现对无线电近程探测系统体制的有益扩充。本书突出系统参数设计和关键技术的工程实现,旨在让读者掌握典型无线电近程探测系统的设计思路和方法。

　　全书按照典型探测体制的探测原理、系统组成及工作原理、系统关键参数设计以及测距、测速、测角原理和系统实现等思路展开论述;为了便于对系统的理解,对系统各模块输入/输出的信号进行了仿真。本书可作为本科院校"探测制导与控制技术"等相关专业的专业课教材,亦可作为从事雷达导引头等近程探测研究的科技人员的参考书。

在本书编写过程中,博士研究生逯暄、陈曦、王元恺、邵晓浪、张晋宇、肖孟煊、吴一凡,硕士研究生张恒、许剑南、周鹏、董浩、高雯、肖若灵、张明、滑亚腾、张岩、韩露霞、冯靖凯、高尚、何子豪等对部分内容的仿真、图表等做了大量细致的工作,在此对他们的辛勤劳动和付出表示诚挚的谢意!

南京理工大学的张合教授、彭树生教授、赵惠昌教授、李跃华教授、庄志洪教授、张淑宁教授等根据多年的教学经验对本书提出了许多宝贵意见,赵惠昌教授对全书进行了认真的审阅并提出了修改意见,王静工程师根据本课程教学内容设计了相关的专业实验课程,在此对他们的帮助深表敬意并致以诚挚的谢意!

由于作者理论和技术水平有限,加上无线电探测技术和信号处理技术发展迅速,书中难免有不妥和错误之处,恳请各位专家、同行和广大读者批评指正。

作　者
2025 年 3 月于南京

目　　录

第1章 绪 论

1.1 无线电近程探测系统的概念、特点及分类

随着信息技术的迅猛发展,借助各类传感器在多种距离下实现对周围环境以及特定目标的探测(判断有无、识别目标并能根据探测识别结果对自身实现相应控制等)的需求越来越迫切并逐渐成为现实。

近程探测技术是指利用被测目标的某种物理场特性(如散射特性、辐射特性、分布特性等),在近距离(相对于远程探测,一般指几厘米到几千米范围内)对被测目标实现探测、识别以及完成自身相应控制等功能的技术。

近程探测系统是指实现近程探测技术的设备或装置。

无线电近程探测系统是指工作在无线电频率下实现对被测物探测和识别的设备或装置。

近程探测技术越来越多地深入到各个领域,同时它采用了多学科领域的新技术,是建立在微波技术、雷达技术、红外技术、光学技术、传感器技术、计算机技术、电子学技术等技术学科理论基础上的一门综合性、应用型的科学技术。

近程探测技术主要用于对目标进行检测(判断有无、测距、测速、定位、识别以及根据探测信息实现对自身状态或参数进行控制等功能),该技术在军民等领域应用广泛,如各类引信、地雷探测、飞机盲降、船舶靠岸、汽车防碰撞、安防探测、非接触安检、自动门等均采用近程探测技术。随着集成电路、传感器以及计算机等技术的发展,近程探测技术正在朝着模块化、集成化、智能化、小型化方向发展。

1.1.1 无线电近程探测系统的特点

近程探测系统是相对于遥感系统而言的。遥感系统作用距离远,如远程雷达、射电望远镜、卫星遥感载荷等探测距离在几百千米到上千千米甚至更远,因此遥感设备大功率(如远程雷达等)和超高灵敏度(如射电望远镜等)是遥感系统在设计时需要根据探测目的进行精心设计的。近程探测系统的作用距离相对较近,探测目标相对复杂,环境杂波相对影响较大,加上近程探测系统应用需求一般要求体积小、成本低,使得在设计近程探测系统时需要根据实际应用需求进行设计。近程探测系统的主要特点如下:

1. 被测目标特性复杂

近程探测系统的作用距离一般为几厘米至几千米,这同遥感系统的作用距离相比差几个数量级。由于近程探测系统的作用距离近,特别当作用距离与目标尺寸相比拟时,一般目标不能作为点目标来处理,而应按体目标进行分析。

例如采用微波探测,在近距离应把目标作为体目标,需要用球面波理论来研究,而目标的近区反射特性是极为复杂的。目标的散射特性通常是指目标对投射在其上的电磁波的二次反射特性,常用目标雷达截面积来表示。一般情况下,目标雷达截面积是在作用距离满足远场条件且入射波可看作平面波的条件下得到的。而近程探测系统在很多应用场合由于作用距离近,入射波不能再看作平面波,不能把被测目标看作点目标,而应视目标为无数具有随机特性的点散射器的集合,即具有体目标效应。因此这时必须考虑球面波的影响,此时雷达截面积一般是距离的函数。

当采用目标的分布场(如磁场或静电场)时,在极近距离时,其目标的分布特性也是很复杂的。

2. 体积小、重量轻、功耗低、成本低

近程探测系统的许多应用场合,如汽车或飞行器上的测距、测速、防碰撞系统,炮弹、导弹上的引信系统等,都要求探测装置体积小、重量轻、功耗低、成本低。实际设计过程中,往往一个性能良好的探测系统,由于不能满足应用场合对其在以上几个方面的要求而不能进入实际应用。因此,近程探测系统设计过程中不仅要考虑性价比,而且还要充分考虑性能体积比、性能重量比、性能功耗比等。

3. 工作环境差

近程探测系统应在不同地区、不同地形、不同季节、不同气候、不同使用环境中均能正常工作,例如,在高温条件下测量炼钢炉中的炉料高度,在低温条件下测量冰山的移动速度,在高速碰撞中能实时探测并控制汽车防碰撞安全气囊正常打开等。在军事领域的应用中,环境更加恶劣,如近炸引信装在弹丸上,在发射过程中,要经受上万 g 的高过载冲击和每分钟几万转的离心冲击;此外,在勤务处理过程中,还要经受一系列的振动、摆动、跌落及碰撞等冲击。

恶劣的环境很容易使探测系统中的元器件受损或引起各种干扰噪声,因此在设计的过程中必须充分考虑实际应用中的工作环境,并采用相应的技术手段保证探测系统的正常工作。

4. 接收机灵敏度低

由于受到体积、重量和成本等因素的制约,近程探测系统(尤其是无线电探测系统)的发射功率比一般雷达小得多,并且难以采取有效的措施来提高其性能,受电路规模的限制难以采用更复杂、更先进的信号处理方法,因此其接收机的灵敏度一般比较低。但是,由于作用距离近,相对而言近程探测系统接收到的回波信号较强,在一定程度上弥补了接收机灵敏度低的不足。

5. 信号处理时间短

大多数近程探测系统与目标的相互作用时间很短,如弹载引信系统在探测运动目标时,弹目交会时间通常为几毫秒。对于此类高速交会的应用场合,要求近程探测系统能迅速地探测到目标并同时做出相应的识别和控制,这对信号处理的实时性提出了非常高的要求。

1.1.2　无线电近程探测系统的分类

近程探测系统有多种分类方法,如可按作用方式、作用原理、应用场合、工作体制、用途等来分类,这里只介绍几种最常用的分类方法。

1. 按物理场来源分类

按近程探测系统赖以传递目标信息而工作的物理场来源可分为:主动式近程探测系统、被动式近程探测系统、半主动式近程探测系统和主被动复合近程探测系统。

(1) 主动式近程探测系统

由近程探测系统本身发射物理场信号,通过目标的反射,利用目标的反射特性来获取目标信息。无线电探测系统发射电磁波,目标进入其辐射场时,近程探测系统就可以接收到反射回来的电磁波,从而获得目标的存在与否或其他参数信息。

(2) 被动式近程探测系统

近程探测系统本身不发射物理场信号,而是由近程探测系统接收目标本身的辐射信号,利用目标产生的固有物理场获取目标信息。大多数目标都具有某种物理场,如车辆发动机可产生红外辐射场、磁场和声波等;在微波、毫米波或红外等波段,不同的物质具有不同的辐射系数,因此具有不同的辐射温度特性,可利用不同的目标辐射特性获取目标信息。对于能发射电磁波的目标,也可采用被动体制进行探测。被动式近程探测系统由于只接收,不发射,因而功耗低,且隐蔽性好。如将其用在防盗报警中,窃贼会因不知此处有无报警器而不知所措。

(3) 半主动式近程探测系统

采用其他物理场发射装置对目标进行照射,通过目标的反射,由近程探测系统接收来自目标的反射信号,利用目标的反射特性来获取目标信息。这种模式的工作体制,其工作的物理场不是由近程探测系统产生的,也不是由目标产生的,而是由另外的装置产生的。如铜斑蛇导弹就是典型的例子。

(4) 主被动复合近程探测系统

该系统同时利用目标的辐射特性和反射特性来获取目标信息,具有丰富的目标信息和较强的抗干扰能力。为了进一步精确探测和识别目标以及抗干扰,可采用主被动复合的近程探测体制。

2. 按物理场性质分类

按近程探测系统赖以传递目标信息而工作的物理场的性质可分为:无线电近程探测系统、非无线电近程探测系统和复合体制近程探测系统。

　　无线电近程探测系统是利用无线电波来获取目标信息的,其工作原理与雷达的工作原理相同,是近程探测系统中应用最广泛的一种。按照其工作波段,该系统可分为短波式、米波式、分米波式、厘米波式、毫米波式等;按照其作用原理,该系统可分为各种体制,如连续波多普勒体制、调频连续波体制、脉冲体制、脉冲多普勒体制、噪声调制体制、编码体制等。

　　非无线电近程探测系统是利用红外、激光、声、磁、电容、电感、压力、静电和辐射等来获取信息的。复合体制近程探测系统则包括无线电体制和非无线电体制之间的复合、多种无线电体制之间的复合、非无线电体制之间的复合等。

　　本书着重讨论无线电近程探测系统,重点介绍基本概念、基本原理以及设计方法。

1.2　无线电近程探测系统的基本组成及信号特点

1.2.1　无线电近程探测的基本原理及系统的基本组成

　　无线电探测系统通过发射电磁波能量照射到目标,获取目标反射回来的回波信息或者直接接收目标反射其他能量或自身辐射出来的能量,经信号处理后实现对目标的探测、定位以及获取其他信息并实现相应的控制功能(如显示、给出识别信号等)。

　　近程探测系统通常由敏感装置、信号处理器、控制或显示装置以及电源等部分组成,如图 1.1 所示。

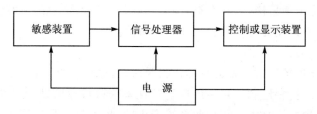

图 1.1　近程探测系统的基本组成原理框图

　　敏感装置指装有敏感元器件的装置,用来获取目标信息或预定信号(预定信号:如延时、指令、程序等),并转换为便于后级传递的信号形式。对于主动式无线电探测系统,主要是产生、发射和接收无线电电磁波,并将其转化为电信号。不同的物理场、不同的工作原理、不同的工作体制,可组成不同的近程探测系统的敏感装置。对于被动式接收系统,敏感装置只有接收功能。

　　信号处理器用来对微弱信号进行检测,提取有用信号,它对敏感装置输出的信号(一般为电信号)进行加工(如放大、滤波、平滑、解调、检波、快速傅里叶变换(FFT)

等),并实现抗干扰等功能,以适当的信号形式作为控制与显示装置的输入信号。

控制与显示装置对经信号处理器处理后的信号进行功率放大或变换成便于存储、显示的形式,并根据近程探测系统的要求和用途等,完成其特定的动作或实现其特定功能,以及显示、指示功能。

电源是近程探测系统正常工作所必需的能源装置,有时电源中还带有滤波电路和定时接电或断电电路。在民用场合中,电源一般可用交流市电或蓄电池;在军用场合的引信中,常使用一次性电源,如化学电源中的液体贮液式电池和热电池等,它们平时不工作,只有在某种环境力(如弹丸发射时的后坐力)的作用下才能工作;另外,还有涡轮发电机电源,它利用弹丸飞行时产生的气流驱动涡轮发电机的叶片旋转发电。

无线电近程探测系统是近程探测系统中的一类,它是利用无线电波来获取目标信息的。其工作原理与雷达的工作原理基本相同,是近程探测系统中应用最广泛的一种。

无线电探测系统中的敏感装置就是无线电收发装置。因此,无线电探测系统由无线电收发装置、信号处理器、控制或显示装置及电源等部分组成。

无线电收发装置通常亦称为高频组件(含天馈系统),它主要产生高频振荡无线电波(信号)、发射和接收无线电波,其具体电路的组成随无线电探测系统的工作原理和体制的不同而不同。在主动体制中,无线电收发装置包括发射系统和接收系统;在被动体制或半主动体制中,无线电收发装置只接收电磁波,此时近程探测系统实际上就是一个接收系统。

无线电收发装置所产生的信号可以是调制波,也可以是非调制波。其调制方式可以为调频、调幅或调相等。调制信号可以是确定性信号,如正弦信号、锯齿波信号或具有一定重复频率的脉冲信号;也可以是随机信号或伪随机信号,如噪声和 m 序列编码信号等。

1.2.2 电磁频谱

在探测过程中,目标信息的传递和获取必须通过一定的载体,这种载体可以是声、光、电、磁或其他介质。根据麦克斯韦电磁理论,光也是一种电磁波,把按照电磁波频率(波长)排列起来形成的谱系称为电磁频谱。图 1.2 为电磁波频率、频段、波段以及波长的对应关系图。

图 1.2 把声波、超声波、无线电波、红外线、可见光、紫外线等常用探测波段与频率和波长的对应关系很清晰地呈现出来。由雷达的定义可知,雷达是一种无线电探测和定位的装置,其工作原理与无线电探测系统的工作原理是一致的,因此本书讨论的问题多数与雷达相关。在雷达技术领域,常用 L、S、C、X、Ku、Ka、W 等字母来称呼一些常用频段,这是在第二次世界大战期间一些国家为了保密而采用的命名方法。最早的雷达工作频率使用的是米波,这一波段被称为 P 波段(P 为 Previous 的首字

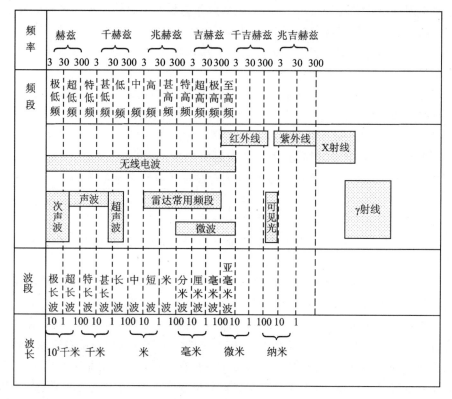

图 1.2　电磁频谱图

母,即英语"以往"的字头)。最早的搜索雷达工作波长为 23 cm,被定义为 L 波段(L 为 Long 的首字母),后来发展为以 22 cm 为中心的 20～25 cm 波长,均称为 L 波段。波长为 10 cm 的电磁波被使用后,其波段被定义为 S 波段(S 为 Short 的首字母,意为比原有波长短的电磁波)。工作在 3 cm 波长的火控雷达出现后,3 cm 波长的电磁波被称为 X 波段,因为 X 代表坐标上的某点。为了结合 X 波段和 S 波段的优点,逐渐出现了使用中心波长为 5 cm 的雷达,该波段被称为 C 波段(C 为 Compromise 的首字母)。在英国人之后,德国人也开始独立开发自己的雷达,他们选择 1.5 cm 作为自己雷达的中心波长。这一波长的电磁波就被称为 K 波段(K 为 Kurz 的首字母,德语中"短"的字头),然而该波长可被水蒸气强烈吸收,结果这一波段的雷达不能在雨中和有雾的天气下使用。战后设计的雷达为了避免这一吸收峰,通常使用频率略高于 K 波段的 Ka 波段(Ka,即英语 K-above 的缩写,意为在 K 波段之上)和略低于 K 波段的 Ku 波段(Ku,即英语 K-under 的缩写,意为在 K 波段之下)的波段。当然,随着技术的发展,目前雷达工作频率不断提高。表 1.1 列出了无线电探测常用频率命名及其应用。

表 1.1　无线电探测常用频率命名及其应用

波段名称	频率范围	波长范围	国际电信联盟规定的Ⅱ区的雷达频率	主要应用
次声波	<50 Hz	—	—	气象监测、地震监测、核爆监测
声波	50 Hz～20 kHz	—	—	声音通信、测距、水声定位、地震勘探
超声波	20～200 kHz	—	—	测距、成像
	200～500 kHz	—	—	近程水下声呐成像
MF 中频	0.3～3 MHz	100～1 000 m	—	船用通信
HF 高频	3～30 MHz	10～100 m	—	远距离短波通信、国际定点通信
VHF 甚高频	30～300 MHz	1～10 m	14～138 MHz 216～225 MHz	地波超视距雷达（Over the Horizon Radar）、通信
UHF	300～1 000 MHz	0.1～1 m	420～450 MHz 890～942 MHz	地下探测、通信
L	1～2 GHz	15～30 cm	1 215～1 400 MHz	地面监视雷达、天文观测
S	2～4 GHz	7.5～15 cm	2 300～2 500 MHz 2 700～3 700 MHz	地面雷达
C	4～8 GHz	3.75～7.5 cm	5 250～5 925 MHz	星载 SAR、导引头
X	8～12.5 GHz	2.4～3.75 cm	8 500～10 680 MHz	机载星载 SAR、火控
Ku	12.5～18 GHz	16.7～24 mm	13.4～14.0 GHz 15.7～17.7 GHz	防碰撞、测速
K	18～26.5 GHz	11.3～16.7 mm	24.05～24.25 GHz	火控、防碰撞
Ka	26.5～40 GHz	7.5～11.3 mm	33.4～36.0 GHz	火控、监测、导引头
V	40～75 GHz	4～7.5 mm	59～64 GHz	通信
W	75～110 GHz	2.7～4 mm	76～81 GHz 92～100 GHz	天文测量、防碰撞、导引头、安检、成像
Millimeter	110～300 GHz	1～2.7 mm	126～142 GHz 144～149 GHz 231～235 GHz 238～248 GHz	天文测量、防碰撞、导引头

续表 1.1

波段名称	频率范围	波长范围	国际电信联盟 规定的Ⅱ区的雷达频率	主要应用
Sub-millimeter 亚毫米波	—	50 μm～1 mm	—	天文测量、爆炸检测
Far IR 远红外线	—	14～50 μm	—	分子特性检测
Long-wave IR 长波红外线	—	8～14 μm	—	LIDAR(激光雷达)、弹载探测
Near IR 近红外线	—	1～3 μm	—	人员检测、成像
Very-near IR 甚近红外线	—	0.76～1 μm	—	成像、激光测距
Visible 可见光	—	380～760 nm	—	成像、天文观测
UV 紫外线	—	100～380 nm	—	导弹探测(告警)、气体火焰探测

1.2.3　无线电近程探测信号的特点

主动式无线电探测系统是利用目标对电磁波的反射(或称为二次散射)现象来发现目标并测定位置的;而被动式无线电探测系统是利用目标的自然辐射现象来探测和识别目标的。根据不同的用途,有不同的目标对象,如各种车辆、船舶、兵器、人、建筑物等,因此就有不同的目标特性。对于无线电探测系统来讲,就接收了不同的目标信号。从信号处理范畴来讲,信号的分类方法很多,从不同的角度可以有不同的分类方法。比如,按处理方法,可分为数字信号处理和模拟信号处理两大类;按信号的性质,可分为确定信号和随机信号两大类,确定信号又可分为周期信号和非周期信号,随机信号又可分为平稳随机信号和非平稳随机信号等。下面重点介绍按信号携带信息的方式分类的方法。按信号携带信息的方式,信号可分为三大类:探测信号、采集信号和传送信号。

1. 探测信号

先发射一种不含信息的信号,当遇到被探测的目标时,被测目标的状态将对探测信号的参数进行调制,然后由目标反射、折射或散射,其中反射部分回到接收机,这样的信号就是探测信号。接收机将此已调信号进行相应的处理,从而获得有关目标状态的信息。这种信号的特点是:目标状态对发射信号的调制不能人为控制,也就是说,发射一种不含目标信息的载波信号(可以是调幅波、调频波、脉冲波等),通过目标调制后获取目标的信息。

主动式无线电探测系统的目标信号属于这一类,其他诸如雷达系统、主动式地震勘探系统及某些生物医学信号系统等也属于这一类。

2. 采集信号

目标本身发射或自然辐射时发出的信号就是采集信号,又叫拾取信号。其主要特点是:信号波形及其包含信息的方法均不能人为地控制。

被动式无线电探测系统的目标信号就属于这一类,其他诸如射电望远镜、遥感辐射计等也属于这一类。

3. 传送信号

利用一定的设备,将信息或表示信息的基带信号调制到载波上进行传输的信号就是传送信号。接收端收到传送信号后,对其进行处理,以获得所需信息。这种信号的主要特点是代表信息的是什么参数在事前已知,往往信号波形也是已知的,仅仅是出现的时间或其参数的值未知。

通信系统中传输的就是传送信号,遥控装置中传输的也是这类信号。传送信号可分连续调制和离散调制两类。连续调制传送信号可分为 AM 调制、DSB - SG 双边带抑制载波、SSB 单边带、角调制(调频、调相)、脉冲等体制。离散调制传递信号可分为脉宽调制(如 Morse 码,点用 20 ms 的窄脉冲表示,画用 60 ms 的窄脉冲表示)、频率编码(持续时间相同,载波不同)、相位编码(信息调制在载波的相位中)等不同的体制。

1.2.4　无线电近程探测的几种主要体制

为了满足多种用途及不同的要求,无线电近程探测系统应采用不同的工作体制。这里主要讨论主动式无线电近程探测系统。根据上述分析,其信号特点是属于探测信号,即其发射信号为一种不含目标信息的载波信号(可以是调幅波、调频波、脉冲波等),通过目标调制后获取目标信息。因此根据发射信号载波的形式,常用的有以下几种体制。

1. 连续波多普勒近程探测体制

当近程探测系统与目标之间有相对运动时,会产生多普勒效应。连续波多普勒近程探测系统是利用检测多普勒信号而工作的近程探测系统。这种近程探测系统发射连续单一的射频信号,其回波经运动目标的调制,与发射频率混频后检出多普勒信号。其多普勒信号的频率含有速度信息,多普勒信号的幅度反映了一定的距离信息,如果采用窄波束天线,则利用天线方向图还具有初步的测角功能。这种体制结构简单,成本低廉,但测量精度不高,是目前应用最为广泛的一种近程探测系统。

2. 连续波调频近程探测体制

连续波调频近程探测系统发射调频等幅的连续波信号,其发射信号的频率按调制信号规律而变化。利用回波信号与发射信号的频率之差来确定近程探测系统与目标之间的距离,具有较高的测量精度,并可以测速,在一定条件下还可以测角。

3. 脉冲近程探测体制

采用脉冲探测体制的近程探测系统对发射的射频信号进行脉冲调制或在脉冲期间发射射频信号,通过接收由目标反射回来的回波脉冲,测量发射脉冲与回波脉冲的时间间隔,可获取距离信息。这种体制具有良好的距离截止特性,能抑制作用距离以外的各种干扰,并有较高的测量精度。其在一定条件下还可以测速及测角。

4. 噪声调制近程探测体制

噪声调制近程探测系统发射受随机噪声调制的射频信号,利用发射信号和由目标反射回来的回波信号之间的相关特性来获取目标信息。这种体制具有较高的抗干扰能力,且距离选择性好,是性能较好的一种近程探测体制。

主动式无线电探测体制除了上述几种常用体制,还有脉冲压缩、脉间调频、伪码调相等多种,鉴于本书为本科生专业教材,对于复杂体制这里不再一一细述。

1.3　无线电探测发展简史

19 世纪以前,现代科技尚未出现,人类感知世界基本靠自身的"传感器"(看——光学传感器、听——声音传感器、闻——气体传感器、摸——触觉传感器等)。受制于人类自身机能,我们的"传感器"也存在一定的局限性(如探测距离),但人类总是渴望突破此类局限,因此,在神话传说中就出现了"千里眼""顺风耳"等。其实,在几千年前,人类就开始尝试借助外部物体对自己感兴趣的物体进行探测,例如我国东汉时期(公元 25—220 年)的张衡为了检测地震的发生,巧妙地设计了地动仪,并成功验证了公元 134 年 12 月 13 日在洛阳千里之外的陇西发生的地震。他通过巧妙的机械(机关)设计,有效地将地震时产生的地震波放大,并使地震方向的龙头张开嘴吐出铜球落入相应的铜蟾蜍嘴里。但由于只能指明大致地震发生的方向,地动仪只相当于验震器。直到 1880 年,英国地理学家约翰·米尔恩发明了第一台精确的地震仪。1906年,俄国王子鲍里斯·格里芩利用英国物理学家迈克尔·法拉第提出的电磁感应原理,研制了第一台电磁地震仪。

地震探测仅仅是人类通过设计装置探测感兴趣事物的一个方面,随着 19 世纪现代科技理论的不断发展和完善,人类研究和设计装置来实现对感兴趣的目标和事物进行探测和感知的活动越来越频繁和深入。

进入 19 世纪 80 年代,随着赫兹(Heinerich Hertz)研制出能产生无线电波的仪器、麦克斯韦(James Clerk Maxwell)电磁波理论的不断完善以及其他科学家在无线电领域研究成果的取得,使得无线电在探测领域展现出巨大的优势和潜能。20 世纪初,德国人克里斯琴·威尔斯姆耶(Christian Hülsmeyer)发明了电动镜(telemobiloscope),它是一种用于避免船只相撞的无线电波回声探测装置。然而,由于无线电探测当时仍处于实验室阶段,号称"永不沉没的船"Titanic 号仍然采用瞭望员观测的方法来实现航行障碍观测,使得当夜晚来临时瞭望员视线受限,发现冰山时已经来不及使巨轮安全转向或停下避障,从而撞上了冰山并沉没在大西洋,成为 20 世纪十大灾难之一。因此,接下来的几十年里,人们一直在研究能够全天候、全天时有效工作的探测器。

在 20 世纪二三十年代,无线电探测技术得到了长足发展,特别是第二次世界大战期间,对新技术的旺盛需求促使各种新技术蓬勃发展,其中比较有代表性的便是雷达(Radar)的诞生。"Radar"是"Radio Detection And Ranging"首字母合成的一个新词,即雷达是一种"无线电探测和测距"装置,当然,随着技术的发展,现代雷达的种类和功能要丰富得多。下面将无线电探测发展的简要历程逐一列出。

1842 年多普勒(Christian Andreas Doppler)率先提出了多普勒效应。

1864 年麦克斯韦(James Clerk Maxwell)发表电磁波(EM)的 Maxwell 理论。

1888 年赫兹(Heinerich Hertz)成功利用仪器产生无线电波。

1897 年汤姆逊(J. J. Thomson)展开对真空管内阴极射线的研究。

1903 年德国人克里斯琴·威尔斯姆耶(Christian Hulsmeyer)研制出原始的船用防撞雷达并获得专利权。

1906 年德弗瑞斯特(De Forest Lee)发明真空三极管,该三极管是世界上第一种可放大信号的主动电子元件。

1916 年马可尼(Marconi)和富兰克林(Franklin)开始研究短波信号反射。

1917 年罗伯特·沃特森·瓦特(Robert Watson-Watt)成功设计了雷暴定位装置。

1920 年马可尼实现了无线电目标探测,并于 1922 年在美国电气及无线电工程师学会(American Institutes of Electrical and Radio Engineers)发表演说,题目是"可防止船只相撞的平面角雷达"。

1922 年美国海军研究实验室(Naval Research Lab.)的 A. H. Talor 和 L. C. Yang 用一部波长为 5 m 的连续波实验装置探测到了一只木船。由于当时无有效的隔离方法,只能把收发机分置,这实际上是一种双基地雷达。

1924 年英国的爱德华·阿普尔顿和 M·A·巴特尔为了探测大气层的高度而设计了一种阴极射线管,并附有屏幕。

1925 年英国霍普金斯大学的伯烈特(Gregory Breit)与杜武(Merle Antony Tuve)第一次在阴极射线管荧光屏上观测到了从电离层反射回来的短波窄脉冲回波。

1930 年美国海军研究实验室的汉兰德采用连续波雷达探测到了飞机。

1935 年法国古顿研制出用磁控管产生 16 cm 波长的信号,可以在雾天或黑夜发现其他船只。这是雷达和平利用的开始。

1935 年英国罗伯特·沃特森·瓦特发明了第一台实用雷达。

1936 年美国海军实验所发明了天线收发开关(环行器),实现了收发共用天线(雷达两大发明之一)。

1937 年美国第一个舰载雷达 XAF 试验成功。

1937 年瓦里安兄弟(Russell and Sigurd Varian)研制出高功率微波振荡器,又称速调管(klystron)。

1939 年布特(Henry Boot)与兰特尔(John T. Randall)发明了电子管,又称共振穴磁控管(resonant-cavity magnetron)。

1940 年英国伯明翰大学的 J. T. Randhall 和 A. H. Boot 发明了高频大功率多腔磁控管(multi-cavity-magnetron),开启了远距离探测的大门(雷达两大发明之一)。

1940 年英国研制了与雷达原理相同的无线电引信。

1941 年苏联最早在飞机上装备预警雷达。

1943 年美国麻省理工学院研制出机载雷达平面位置指示器——预警雷达。

1943 年 1 月无线电近炸引信首次在战场上使用。

1944 年马可尼公司成功设计、开发并生产出"布袋式"(bagful)系统,以及"地毯式"(carpet)雷达干扰系统。前者用来截取德国的无线电通信,而后者则用来装备英国皇家空军(RAF)的轰炸机队。

1947 年美国贝尔电话实验室研制出线性调频脉冲雷达。

20 世纪 50 年代中期美国装备了超距预警雷达系统,可以探测超声速飞机;不久又研制出脉冲多普勒雷达。

1959 年美国通用电器公司研制出弹道导弹预警雷达系统,可跟踪 4 828 km(3 000 mile)外、966 km(600 mile)高的导弹,预警时间为 20 min。

1964 年美国装置了第一个空间轨道监视雷达,用于监视人造地球卫星或空间飞行器。

1971 年加拿大伊朱卡等 3 人发明了全息矩阵雷达。与此同时,数字雷达技术在美国出现。

1993 年美国曼彻斯特市德雷尔·麦吉尔发明了多塔查克超智能雷达。

无线电近程探测技术是无线电技术发展过程中逐渐细分出来的一个方向。1920 年马可尼实现了无线电探测目标并成功用于船只的防碰撞应用中。1940 年英国伯明翰大学的 J. T. Randhall 和 A. H. Boot 发明了高频大功率多腔磁控管才开启了无线电远距离探测的大门。随着雷达技术的发展,无线电近程探测技术也得到了长足的发展,其中具有代表性的便是无线电引信(当时也称为雷达引信,Radar Fuze)。第二次世界大战期间,1940 年英国完成了与雷达原理相同的无线电引信的原理样机;美国参战后,由美国科技及研究局(Office of Scientific Research and Development)完成了无线电近炸引信的设计,并开始大量生产。自 1943 年 1 月 5 日,首次采用配有无线电近炸引信的 127 mm 火炮成功击落一架日军轰炸机以来,无线电引信有效地提高了火炮的毁伤概率(事后估计使火炮威力增加了约 7 倍),巴顿将军当时称:"这种引信将改变战争的方法"。在第二次世界大战中,雷达和无线电引信是美军的重要秘密武器,成为击败德军的重要保障之一。随着近几十年电子技术的迅猛发展,无线电探测技术也日新月异。

当然,无线电探测技术不仅仅在军事应用上发展迅速,在船舶、汽车防撞、高炉料位检测、液面检测、地下管线探测、人体违禁物品检测、飞机盲降、电动遥控、要地安保、工业自动化等民用领域也发展迅速。

随着微电子、计算机等各领域科学的进步,探测技术不断发展,其内涵和研究内容都在不断地拓展。探测技术已经由单一波段、单一体制探测器发展到了红外光、紫外光、激光、无线电、声、磁等多波段、多体制复合探测,无线电探测体制也从经典的多普勒、脉冲、线性调频等发展到脉冲压缩、脉间调频、伪码调相、捷变频等复杂体制。

本书针对本科探测制导与控制工程、电子信息工程、信息对抗等专业学生,主要围绕最基本的连续波多普勒、线性调频、脉冲以及被动辐射探测等几种经典探测体制,从工作原理、系统设计、信号分析等方面展开讨论,为后续学习复杂探测体制打下基础。

习　题

1. 填空题。

（1）主动式近程探测系统本身_____物理场信号,通过_____的反射,利用_____的反射特性来获取_____。

（2）被动式近程探测系统本身_____物理场信号,通过_____的辐射,利用_____的辐射特性来获取_____。

（3）近程探测系统通常由_____、_____、_____以及_____等部分组成。

（4）敏感装置指装有_____的装置,用来获取_____或_____,并转换为_____的信号形式。

（5）信号处理器用来对_____进行检测,提取_____信号,并对_____信号进行加工,实现_____等功能,以适当的信号形式作为_____的输入信号。

（6）控制与显示装置对_____的信号进行_____或变换成_____的形式。

（7）无线电收发装置是无线电近程探测系统中的_____,它主要用于_____、_____和_____无线电波。

（8）按_____的分类方法,信号可分为_____、_____和_____三种。

（9）主动式无线电近程探测系统的信号是属于_____信号,即发射信号为一种_____的载波信号,然后通过_____后获取信息。

(10) 被动式无线电近程探测系统的信号是属于＿＿＿＿＿＿＿＿＿＿＿＿＿信号。

(11) 第二次世界大战期间雷达的两大发明是＿＿＿＿＿＿＿＿＿＿＿＿＿＿＿＿＿

和＿＿＿＿＿＿＿＿＿＿＿＿＿。

2. 问答题。

(1) 什么叫探测信号？什么叫采集信号？什么叫传送信号？各有什么特点？

(2) 常用的雷达波段有哪些,各有什么优缺点？

第 2 章　无线电近程探测基础

主动无线电探测的基本工作原理和雷达一致，通过主动向外发射电磁波，碰到目标后携带目标特性返回接收机，接收机接收目标回波信号进行相应的处理，提取目标特征信号，从而实现对目标的探测及相关参数的检测。

本章围绕主动无线电探测中的目标雷达截面积、作用距离估算（雷达方程）、最小可检测信号等展开讨论。

2.1　目标雷达截面积

目标特性研究是近程探测系统研究的重要课题，所谓目标特性主要是指目标的物理场性能。例如红外近程探测系统主要研究目标的辐射特性，如红外线辐射的能谱强度、能谱的分布、介质的传播以及反射、散射等；磁近程探测系统主要研究地磁分布、导磁目标引入磁场的变化模式（分布特性）等。无线电探测系统中的目标特性则主要研究目标对探测系统辐射能量或其他波源所辐射的电磁波的反射、散射以及传播介质的吸收和极化转向等一系列问题。

无线电探测系统的目标特性是近程探测系统研究的重要基础理论问题之一，也是近程探测系统设计、研制、定型和生产以及使用、试验中经常遇到的问题。例如在设计初期，用户提出技术指标，首先要给定近程探测系统针对的是何种或何类目标。对于空中目标近程探测系统往往是针对某一种飞机；对于地面上的目标，可能就是某一种车辆；对于地面常说明是什么样的地面；对于水面目标常指定是什么样的船。这些给定的目标对无线电探测系统来讲，其反射能力，包括各个方位散射强度、探测交会过程中反射能谱和频谱的变化，以及时域上波形特征的变化等，都关系到近程探测系统的作用距离、线性动态范围、灵敏度、信号处理频带等一系列参数的设计、选定等问题。因此，从近程探测系统设计一开始，就应当也必须了解有关目标的特性。主动式无线电探测系统中，与一般雷达系统一样，其表征目标特性的一个常用的基本概念就是目标雷达截面积。

1. 基本概念

主动式无线电探测系统能检测、识别目标，是因为目标反射了照在上面的电磁波，探测系统接收到了回波信号；也就是说，主动式近程探测系统发射的电磁波在传播中遇到目标，除了少部分能量被目标吸收转化为热能而被消耗了以外，大部分能量被目标重新辐射。目标的重新辐射就称为二次散射或反射。如何定量地描述目标的这种反射电磁波的能力，对设计和分析无线电探测系统尤为重要。目标雷达截面积

(RCS,Radar Cross-Section)正是描述目标对照在其上的电磁波反射能力的一个物理量,一个目标的雷达截面积可以等效为一个与它有相等回波信号的金属球的投影面积。

金属球体具有各向同性,即电磁波照射在球体产生的回波与入射波的方向无关,而现实中绝大部分物体对电磁波的反射明显地随取向(发射和接收)而变化。实际上,目标反射电磁波的能力与近程探测系统的工作波长(或频率)、目标的几何形状及尺寸、对目标的入射视角和目标对电磁波的吸收能力(材质)等都密切相关。

暴露在电磁波中的物体能将入射能量朝各个方向散开,我们把这种能量的空间分布称为散射,物体本身称为散射体。返回到发射源方向的散射能量被探测器接收到,称之为后向散射。物体的雷达截面积 σ 表征物体反射电磁波的能力。假设目标具有各向同性(目标将接收的入射波能量朝各方向均匀地辐射出去,如图 2.1 所示),照射到目标上的平面电磁波的功率密度为 S_1,目标的雷达截面积为 σ,那么目标反射的功率即为

$$P_r = S_1 \sigma \tag{2.1}$$

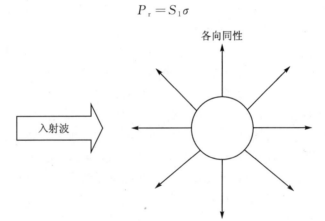

图 2.1　物体各向同性示意图

假如接收机与目标的距离为 R,则在接收机处由目标反射回来的能量功率密度为

$$S_2 = \frac{P_r}{4\pi R^2} = S_1 \frac{\sigma}{4\pi R^2} \tag{2.2}$$

从而可以定义目标雷达截面积为接收机处的散射功率密度与目标处的入射功率密度之比,即

$$\sigma = 4\pi R^2 \left(\frac{S_2}{S_1} \right) \tag{2.3}$$

考虑到假设条件中的平面波,即要求 R 趋于无穷,因此雷达截面积的正式定义为

$$\sigma = \lim_{R \to \infty} 4\pi R^2 \frac{S_2}{S_1}$$

同理,如果用 E_2 表示接收机处散射波的电场强度,E_1 表示目标处散射波的电场强度,则目标雷达截面积可表示为

$$\sigma = \lim_{R \to \infty} 4\pi R^2 \frac{|E_2|^2}{|E_1|^2} \tag{2.4}$$

在实际应用中,当探测器与目标满足远场条件 ($R \geqslant 2D^2/\lambda$) 时,在这一距离上,散射波的电场强度 E_2 的衰减与距离 R 成反比,因此式(2.3)和式(2.4)分子中的 R^2 被分母中隐含的 R^2 项去掉,并且求极限过程也不必要,据此,雷达截面积 σ 又可定义为

$$\sigma = 4\pi \frac{P_\Omega}{S_1} \tag{2.5}$$

即在远场条件(平面波照射的条件)下,目标处每单位入射功率密度在接收机处每单位立体角内产生的反射功率乘以 4π:

$$\sigma = 4\pi \frac{\text{返回接收机单位立体角内的反射功率}}{\text{目标处入射功率密度}}$$

目标雷达截面积描述的是目标在探测器(雷达)"眼"中的大小,它的单位为面积单位"m^2",一般用对数来表示:

$$\sigma(\text{dBm}^2) = 10\lg[\sigma(\text{m}^2)] \tag{2.6}$$

目标的雷达截面积与目标的几何截面积有一定的关系,但含义不同,这一点要注意。为了进一步了解雷达截面积 σ 的意义,我们按照上述定义,用理想的(具有良好导电性能——全反射、无折射)各向同性的金属球来等效目标的后向散射特性,即假想有这么一个标准样板,能客观反映目标的后向散射特性,金属球就具有这样的特性。下面就来考虑具有良好导电性能的各向同性的金属球体截面积。设球体的几何投影面积为 A,则目标所获取的功率为 $S_1 A$。由于该球导电性能良好,且各向同性,所以它将获取的功率 $S_1 A$ 全部均匀地辐射到 4π 立体角内。因此根据式(2.5)有

$$\sigma = 4\pi \frac{S_1 A / 4\pi}{S_1} = A \tag{2.7}$$

式(2.7)表明,导电性能良好且各向同性的球体的截面积等于该球体的几何投影面积;也就是说,任何一个反射体的截面积都可以想象成一个具有各向同性的等效球体的截面积。等效的意思是指该球体在接收机方向每单位立体角所产生的功率与实际目标散射体所产生的功率相同,从而将雷达截面积理解为一个等效的无耗各向均匀反射体的截获面积(投影面积)。

式(2.5)可写为 $4\pi P_\Omega = S_1 \sigma$,可见,因 P_Ω 为接收机方向上单位立体角内的目标散射功率,而 4π 是球的立体角,那么 $4\pi P_\Omega$ 就等效为某一均匀反射体所有方向都按 P_Ω 散射时的总反射功率。这里等效的意思是指实际的目标与等效球体在接收方向散射功率是相等的,但实际目标的总散射功率并不等于等效球体的总散射功率

$4\pi P_\Omega$,所以不能用这一式子计算实际目标的总散射功率。然而这样处理对研究实际目标在接收机方向上的散射功率是等效的。

一般来说,实际上的目标外形是复杂的,因此它的后向散射特性是各部分散射的矢量合成,因而不同的照射方向,其雷达截面积 σ 的值也不同。这一问题,将在下面的复杂目标的雷达截面积中再详细论述。

2. 目标特性与波长的关系

目标的后向散射特性除与目标本身的性能有关外,还与视角、极化和入射波的工作波长有关,其中与波长的关系最大,常以相对于波长的目标尺寸来对目标进行分类。为了讨论目标后向散射特性与波长的关系,比较方便的办法是考察一个各向同性的球体。因为球具有最简单的外形,理论上已经获得其截面积的严格解答,且与视角无关,因此常用金属球来作为截面积的标准,用于校正数据和实验测定。金属球散射的精确解为熟知的 Mie 级数。球体截面积与波长 λ 的关系如图 2.2 所示(采用对数坐标表示),其中 r 为球体的半径,横坐标为周长与波长之比。

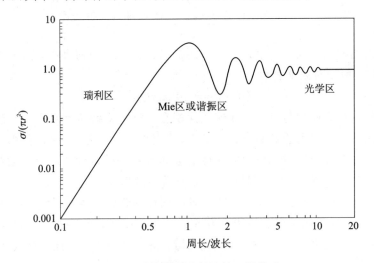

图 2.2　球体截面积与波长 λ 的关系

当球体周长 $2\pi r \ll \lambda$ 时,称为瑞利区,这时的截面积正比于 λ^{-4};

当球体周长与波长可比拟时(一般可接受的是周长与波长之比上限 ≈ 10),就进入 Mie 区或谐振区,截面积在极限值之间振荡;

对于 $2\pi r \gg \lambda$(周长与波长之比大于10)的区域称为光学区,截面积振荡地趋于某一固定值,它就是几何光学的投影面积 πr^2。

目标的尺寸相对于波长很小时呈瑞利区散射特性,即 $\sigma \propto \lambda^{-4}$。绝大多数目标都不处于这个区域中。处于瑞利区的目标,决定它们截面积的主要参数是体积而不是形状。例如气象微粒通常属于这一区域。

实际上大多数目标都处于光学区。光学区来源是因为当目标尺寸比波长大得多时,如果目标表面比较光滑,就可以用几何光学的原理来确定目标雷达截面积,此时雷达截面积为 πr^2,不随波长 λ 而变化。

光学区和瑞利区之间是振荡区,这个区的目标尺寸与波长相近,其截面积随波长变化而呈振荡波形。最大值较光学值约高 5.6 dB,而第一个凹点的值又较光学值约低 5.5 dB。工作于这一区域的近程探测系统的目标特性将是比较复杂的,这一点体现在雷达截面积急剧变化上,应引起注意。

其他简单形状物体的雷达截面积与波长的关系也有以上类似的规律。下面就来讨论这一问题。

3. 简单形状目标的雷达截面积

几何形状比较简单的目标,如球体、圆板、锥体等,它们的雷达截面积可以计算出来。其中球是简单的目标。上面已经讨论了球体截面积的变化规律,在光学区内,球体截面积等于几何投影面积 πr^2,与视角无关,且与波长无关。对于其他形状简单的目标,当反射面的曲率半径大于波长时,也可应用几何光学的方法来计算它们在光学区的雷达截面积。一般情况下,其反射面在"亮斑"附近不是旋转对称的,可通过"亮斑"并包含视线作互相垂直的两个平面,这两个切面上的曲率半径分别为 ρ_1 和 ρ_2(例:从头向尾看一架飞机),则雷达截面积为

$$\sigma = \pi \rho_1 \rho_2 \tag{2.8}$$

对于非球体目标,其截面积和视角有关,而且在光学区其截面积不一定趋于一个常数,但利用"亮斑"处的曲率半径可以对许多简单几何形状的目标进行分类,并说明它们对波长的依赖关系。表 2.1 给出了几种常见的简单物体的截面积的计算公式,并且当视角改变时截面积一般都有很大的变化(球体除外)。

表 2.1　几种常见简单物体雷达截面积的计算公式

目　标	相对入射波的视角	雷达截面积 σ	优　点	缺　点
面积为 A 的大平板	法线	$\dfrac{4\pi A^2}{\lambda^2}$	RCS 最大	沿两个坐标轴方向均为镜面,难以对准
边长为 a 的三角形反射器	对称轴平行于照射方向	$\dfrac{4\pi a^4}{3\lambda^2}$ 在 25° 内大致不变	非镜面	不能用于交差极化测量
半径为 r 的半圆角反射器	对称轴平行于照射方向	$\dfrac{16\pi r^4}{3\lambda^2}$ 在 35° 内大致不变	RCS 大,非镜面	不能用于交差极化测量

续表 2.1

目　标	相对入射波的视角	雷达截面积 σ	优　点	缺　点
边长为 a 的直角反射器	对称轴平行于照射方向	$12\pi\dfrac{a^4}{\lambda^4}$ 在 $15°$ 内大致不变	RCS 大，非镜面	不能用于交差极化测量
高为 b、半径为 a 的圆柱	垂直于对称轴	$2\pi ab^2/\lambda$	沿径向轴非镜面	RCS 小，沿轴向镜面
双平面	对称轴平行于照射方向	$\sigma=\dfrac{8\pi a^2 b^2}{\lambda^2}$	RCS 大，沿一个轴向非镜面。对测试极化很有用	沿一个轴向镜面
	φ 是对于圆柱体的仰角，$\varphi=0°$ 与圆柱垂直。$c>b$ 对于极化角 $\varphi=45°$、$90°$ 旋转是有效的		RCS 大，相比于顶帽结构较容易对准旋转缝	沿一个轴适度镜面

　　在实际雷达测试过程中，由于角散射器在一定入射角范围内 RCS 变化不大，因此通常用角散射器来模拟目标。图 2.3 为角散射器在不同入射角下的 RCS 变化曲线图。

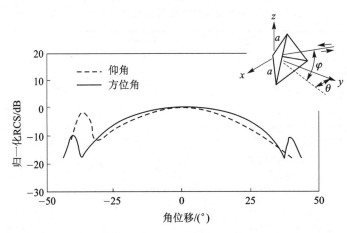

图 2.3　角散射器归一化 RCS 随入射角变化曲线图

4. 复杂目标的雷达截面积

复杂目标可视为是由大量的独立反射体组成的，这些反射体向各个方向散射能量,我们关注的是在近程探测系统方向的散射能量,将这些能量信号进行矢量叠加,有可能相互加强,也有可能相互抵消。

例如飞机、舰艇、汽车、地物等复杂目标,其雷达截面积是视角和工作波长的复杂函数。尺寸大的复杂反射体常常可以近似分解成许多独立的散射体,假设每一个独立散射体的尺寸仍处于光学区,各部分没有相互作用(不相关),在这样的条件下总的雷达截面积 σ 就是各部分截面积的矢量和,可表示为

$$\sigma = \left| \sum_k \sqrt{\sigma_k} \exp\left(\frac{\mathrm{j}4\pi d_k}{\lambda}\right) \right|^2 \tag{2.9}$$

式中,σ_k 是第 k 个散射体的截面积;d_k 是第 k 个散射体与接收机之间的距离。这一公式对确定散射器阵的截面积有很大的用途。各独立单元的反射回波由于其相对相位关系,可以是相加,从而增大雷达截面积;也可以是相减,从而减小雷达截面积。如果复杂目标各散射单元的间隔可以和工作波长相比拟,则观察方向改变时,在接收机输入端收到的各单元散射信号间的相位也在变化,使其矢量和 σ 相应改变,这就形成了起伏的回波信号。

图 2.4 给出了螺旋桨飞机 B-26(第二次世界大战时中程双引擎轰炸机)雷达截面积的例子,数据是根据试验测得的,工作波长为 10 cm。从图中可以看出雷达截面积是视角的函数,视角改变约 $(1/3)°$,截面积就可以变化大约 15 dB。

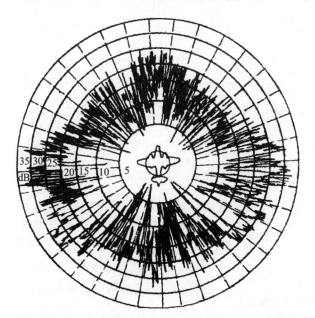

图 2.4　B-26 飞机实测雷达截面积与观测方位角的关系
(工作波长为 10 cm,摘自 *Ridenour*:"Radar System Engineering",1947 年)

可见,对于复杂目标,如飞机、舰船、汽车等,其雷达截面积可以通过实际测量而

获取,也可以将复杂目标分解为一些简单形状散射体的组合,通过计算机仿真模拟而得。关于采用散射中心分布模型来进行目标识别,是当前信号处理技术的热门话题之一,如要进行深入研究可参考有关文献。

从上面的讨论中可以看出,对于复杂目标的雷达截面积,是入射角和工作波长的函数,所以当入射角或工作波长稍有变化时,就会引起截面积的较大变化,从而引起回波信号大的起伏。至今尚无一个统一标准来确定复杂目标的雷达截面积,但常用其各方向截面积的平均值或中值来作为一个复杂目标的截面积,有时也用最小值来表示;也可以根据实测数据的作用距离反过来计算确定其雷达截面积。表2.2列出了在微波波段几种复杂目标雷达的截面积,要注意的是,这些数据不能完全反映复杂目标截面积的性质,而只是截面积“平均值”的一个度量。

表 2.2　复杂目标的雷达截面积举例(微波波段)

类　别	平均值/m²
小型单引擎飞机	1
大型歼击机	6
中型轰炸机或客机	20
大型轰炸机或客机	40
小船小艇	0.02～2
巡逻艇	10
卡车	30

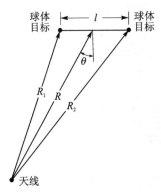

图 2.5　两个散射体组成的复杂目标的几何关系

例如:两个散射体组成的一个复杂目标,它由两个相距 l、大小相等的各向同性反射体(例如球体)组成(见图2.5),这里假定它是各向同性反射体,即表明它的雷达截面积与观测方向无关。假设 $l < \dfrac{c\tau}{2}$,其中 c 为电波传播速度,τ 为脉冲宽度。在这个假定下,两个反射体将被同一个脉冲内的能量照射,并设探测器和目标之间的距离为 R,若 $l \ll R$,则有 $R_1 \approx R_2 \approx R$,假定两个反射体的截面积相等,并用 σ_0 表示。于是根据式(2.5),两个反射体的合成截面积 σ 可表示为

$$\frac{\sigma}{\sigma_0} = 2\left[1 + \cos\left(\frac{4\pi l}{\lambda}\sin\theta\right)\right] \qquad (2.10)$$

显然,σ/σ_0 的最小值为零,最大值为 4,σ/σ_0 可以在 0～4 之间取值。σ/σ_0 随 $1/\lambda$ 变化的极坐标图如图 2.6 所示。

由此可见,由两个散射体组成的一个颇为简单的复杂目标,它的截面积已经够复

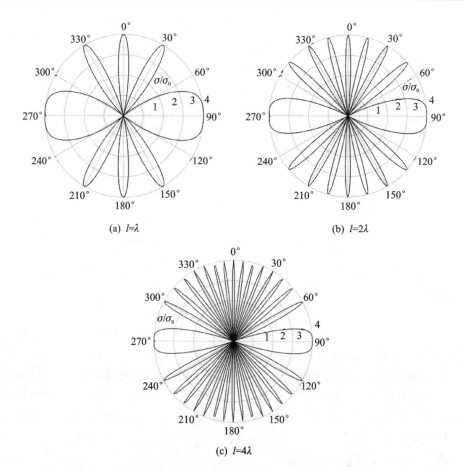

图 2.6　两个散射体组成的复杂目标的 σ/σ_0 与观测方向的关系

(a) $l=\lambda$　(b) $l=2\lambda$　(c) $l=4\lambda$

杂的了。实际目标的雷达截面积与观测方向的关系将比上述更为复杂。实际目标可视为是由多个具有不同散射特性的散射体组成的,各散射体之间的相互作用将影响合成的截面积的大小。

5. 几种典型复杂目标的 RCS

复杂目标的 RCS 计算非常复杂,一般通过经验估算和实际测试相结合的方法给出实际目标的 RCS 范围。下面给出一种舰船和车辆的 RCS 估算及测量值。

实际探测中,舰船一般是运动状态,其行进产生的浪花对探测具有很大的影响。要测量舰船的 RCS,应测量舰船航行一圈时某一定点的回波,并补偿一定范围内的变化。图 2.7 为舰船 RCS 测试示意图。

在低掠射角的情况下,一艘典型舰船的平均 RCS 与它的排水量有关,其经验公式为

$$\sigma = 52 f^{1/2} D^{3/2}$$

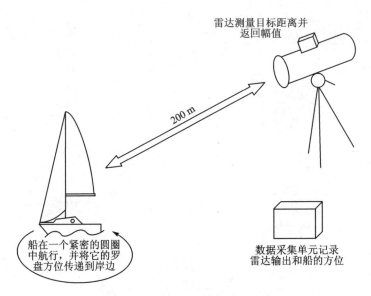

图 2.7　舰船 RCS 测试示意图

式中，f 是雷达频率(单位为 GHz)；D 是舰船的满载排水量(单位为 kt)。在高掠射角的情况下，平均 RCS 大致等价于舰船的排水量吨位。

　　舰船的 RCS 也包括与介质的相互作用。例如由水面和船的垂直面形成的夹角，在较高的掠射角下会大幅增加回波幅度。图 2.8 给出了水平入射角度下海军补给舰在两个不同频率下的 RCS，可以看到在所有方位角上都可以达到 50 dBm²，而只有在宽边处才能超过 70 dBm²。

　　表 2.3 给出了典型船只的 RCS。

表 2.3　典型船只几何尺寸及平均 RCS

类　型	长度/ m	质量/ t	平均RCS/dBm²
渔船	10	5	Q (约10)
小型货船	50	225	S — B/Q (10→30)
货船	65	500	nS — B/Q (20→30)
大型货船	80	900	BW — Q (30→35)
运煤船	85	1 570	nB — Q (25→35)
护卫舰	120	2 000	BW — Q (35→50)
定期货轮	135	8 000	BW — Q (30→35)
散装货轮	200	8 200	nB — B/Q (25→35)
矿砂船	240	25 400	— nB (30→45)
集装箱货船	250	26 500	BW — B/BW (35→50)
中型油轮	260	35 000	nB — Q (45→60)

注：S—Stern On，Q—Quarter，B—Broadside，BW—Bow，n—Near。

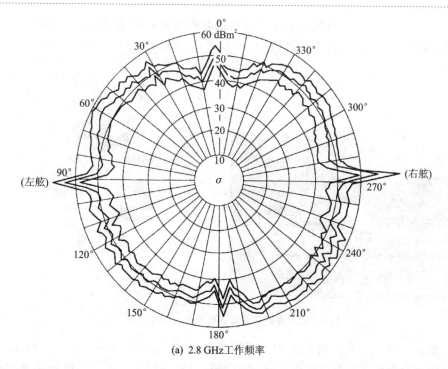

(a) 2.8 GHz工作频率

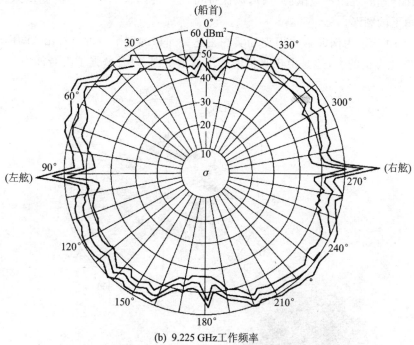

(b) 9.225 GHz工作频率

图 2.8　水平入射角度下海军补给舰在两个不同频率下的 RCS

(Skolnik 1980,Courtesy McGraw-Hill Book Company)

　　图 2.9 所示为一艘观光游艇及其雷达截面积的例子,数据是在 94 GHz 工作频率和 2.5°掠射角的试验条件下所得到的。可以看出,该船的平均 RCS 约为 10 dBm² 。

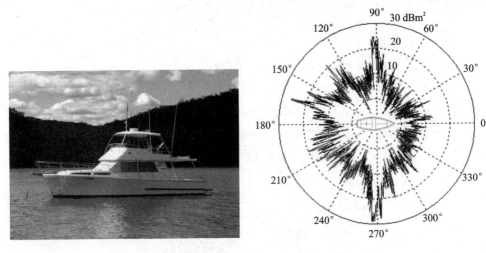

图 2.9　观光游艇实测雷达截面积(Brooker 等,2008)

　　地面车辆 360°方位角下的 RCS 需要将车辆放置于转台上进行测量。该 RCS 测量通常在合理的近距离范围内进行,以保证可以通过调整测量雷达的高度来得到不同掠射角下的图形。

　　图 2.10 所示为南非獴式坦克的实测雷达截面积的例子。可以看出,军用车辆的RCS 通常比飞机的大,这是由于飞机的外形通常更圆,以及增强了隐身能力。

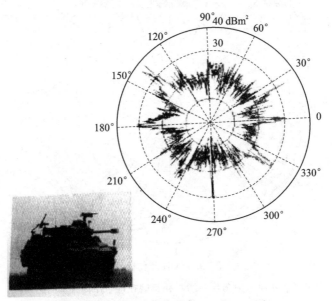

图 2.10　大型军用装甲车 RCS(94 GHz)

2.2　作用距离估算(雷达方程)

主动式无线电探测系统是自身产生无线电波并通过天线向外发射电磁波,电磁波在空气(或其他介质)中传播照射在目标上,目标对电磁波进行二次反射(极少部分被吸收),经二次反射后的电磁波又被近程探测系统接收,通过对接收到的信号进行分析处理实现对目标的探测。从上述主动式无线电近程探测原理可知,接收机接收到的回波能量的大小与发射机、接收机自身参数以及传播媒介和目标特性(雷达截面积)等因素密切相关,如何能对探测距离用一个公式来进行估算,对雷达参数的设计将起到一个理论指导的作用。由于实际探测过程中,电磁波是在介质中传播以及周围环境并不是完全热噪声等因素,雷达的距离只能在特定的条件下进行估算。距离估算可以显示预期的距离性能的相对变化,探测距离估算给系统设计者提供了强有力的分析手段。自雷达诞生起,就有许多学者对雷达探测距离估算进行了深入研究,从检测概率、虚警概率、匹配滤波、检波效率、脉冲积累效果等方面进行分析建模,得出了不同的距离估算模型。本节针对近程探测应用,在一定条件下,对近程探测系统和目标通过电磁波的相互作用做一定量分析,并引出作用距离方程——雷达方程。

1. 基本雷达方程

设 P_t 为近程探测系统的发射功率,采用不定向天线(在所有方向上均匀辐射),在相距天线 R 远的目标处,其接收面积为以 R 为半径的假想球面积,如果入射功率密度为 S_1,即有

$$S_1 = \frac{P_t}{4\pi R^2} \quad (\text{不定向天线}) \tag{2.11}$$

图 2.11 为距离估算点目标探测示意图。

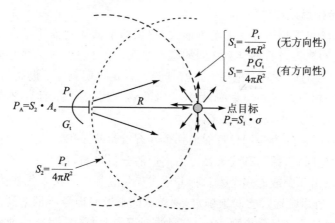

图 2.11　距离估算点目标探测示意图

如果采用定向天线,可将辐射功率 P_t 集中到某些特定的方向。天线增益 G_t 是与采用各向同性(即不定向)天线时的辐射功率相比时辐射功率增长倍数的一种度量。它可定义为被试验的定向天线产生的最大辐射强度与输入同样功率且无损耗的各向同性天线产生的辐射强度的比值(辐射强度是指给定方向上每单位立体角的辐射功率)。具有发射增益 G_t 的天线在目标处产生的功率密度可表示为

$$S_1 = \frac{P_t G_t}{4\pi R^2} \quad (\text{定向天线}) \tag{2.12}$$

目标截获入射的部分功率并且又将它向各个方向再辐射出去。由目标截获的入射功率经过再辐射又返回天线方向上的度量可用雷达截面积 σ 来表示,故目标的反射功率为

$$P_r = S_1 \sigma = \frac{P_t G_t}{4\pi R^2} \cdot \sigma \tag{2.13}$$

因此定向天线方向回波信号的功率密度可表示为

$$S_2 = \frac{P_r}{4\pi R^2} = \frac{P_t G_t}{4\pi R^2} \cdot \frac{\sigma}{4\pi R^2} \tag{2.14}$$

设天线的有效面积为 A_e,则近程探测系统天线接收到的功率为

$$P_A = S_2 A_e = \frac{P_t G_t}{4\pi R^2} \cdot \frac{\sigma}{4\pi R^2} \cdot A_e \tag{2.15}$$

当接收回波的信号功率 P_A 等于最小可检测信号功率 $P_{A\,min}$ 时,根据上式可获得最大作用距离为

$$R_{max} = \left[\frac{P_t G_t A_e \sigma}{(4\pi)^2 P_{A\,min}} \right]^{\frac{1}{4}} \tag{2.16}$$

这就是雷达方程的基本形式。

对于探测距离估算,一般把目标看作点目标。下面来讨论点目标时的作用距离。

2. 点目标作用距离估算

式(2.16)给出了雷达方程的基本形式,它从能量的角度描述了近程探测系统参数和最大作用距离以及目标参数之间的基本关系。在上述这些参数中除目标截面积 σ 以外,其余参数均可在一定范围内进行选择。该式表明:为了提高作用距离,必须增大发射功率,辐射能量必须集中;如采用窄波束,则应使用高增益、有效口径面积大的天线;另外,要提高接收机灵敏度,即减小 $P_{A\,min}$。

对于点目标,实际上是把目标看成一个具有雷达截面积 σ 的点目标,这样是为了便于理解和讨论问题,并具有代表性。由前面的分析可知,对于一个具体的复杂的体目标,同样可以用几个或许多个点目标并通过矢量叠加的方法来代替体目标的计算;而且实际中,σ 值通常通过实验来确定,这样可减小近似推导所带来的误差。一般情况下,这种近似是能满足精度要求的。这样,对于点目标,采用雷达截面积的概念之后,就可以应用上面推导的基本雷达方程了。

根据天线理论可知：

$$G = \frac{4\pi A_e}{\lambda^2} \quad \text{或} \quad A_e = \frac{G\lambda^2}{4\pi} \tag{2.17}$$

假设接收机天线增益为 G_r，则由式（2.15）可得

$$P_A = S_2 A_e = \frac{P_t \lambda^2 G_t G_r \sigma}{64\pi^3 R^4} \tag{2.18}$$

这里假设近程探测系统收发共用一个天线（增益为 G），故在接收机天线负载匹配时，由式（2.15）知，接收机输入端功率（即天线接收到的功率）可表示为

$$P_A = S_2 A_e = \frac{P_t \lambda^2 G^2 \sigma}{64\pi^3 R^4} \tag{2.19}$$

如果考虑大气的衰减 L，则有

$$P_A = S_2 A_e = \frac{P_t \lambda^2 G^2 \sigma}{64\pi^3 R^4 L} \tag{2.20}$$

通常在计算时，多个量的单位均采用对数形式表示，当全部用对数来表示时，式（2.20）可写成

$$P_A(\text{dBW}) = P_t(\text{dBW}) + 2G(\text{dB}) + 10\lg\frac{\lambda^2}{(4\pi)^3} + \sigma(\text{dBm}^2) - 40\lg R - L(\text{dB})$$

$$\tag{2.21}$$

应当指出，式（2.20）中，G 是天线波束中心的增益（一般是最大增益），所以此时 P_A 是指最大可能接收的功率。而实际上，天线是有方向性的，如果设 $F(\varphi)$ 为天线方向性函数，D 为方向性系数，则式（2.21）中 G 应以 $DF(\varphi)$ 来代替，其中 φ 为方位角。所以当含有天线方向性函数时，在目标与近程探测系统的相对运动过程中，目标相对近程探测系统的方位迅速变化，方向性函数值也随之很快地变化，除非两者的相对运动是沿着两者间的连线进行的。幅度法角度测量正是基于这个原理。

与基本雷达方程一样，设近程探测系统可正常检测所需的最小接收功率为 $P_A = P_{A\min}$，则由式（2.16）可得最大作用距离为

$$R_{\max} = \sqrt[4]{\frac{P_t \lambda^2 G^2 \sigma}{64\pi^3 P_{A\min}}} \tag{2.22}$$

式中，雷达截面积 σ 是统计量。需要指出的是，近程探测系统做不同目标检测、不同用途时所需的 $P_{A\min}$ 是不同的。作为在一定概率下发现目标所需的 $P_{A\min}$ 一般较小，而作为测速、定距、速度变化等检测时，则需要较大的 $P_{A\min}$；如果要作为成像系统，则需要更好的信噪比，此时要求有更大的 $P_{A\min}$。因此，应针对近程探测系统的不同用途、不同要求选择设计 $P_{A\min}$，从而确定作用距离。

3. 平面目标作用距离估算

在实际目标中，经常遇到被照射的目标表面大于天线波束投影面的情况，这样的目标被称为分布反射目标。例如，地面就是典型的分布反射目标。当目标表面起伏

远小于工作波长时,可以认为其表面反射为镜面反射,其反射场可以通过镜像原理来求得。设 A 处为近程探测系统天线,根据镜像原理,天线 A 处的反射功率通量密度,就等于 A' 点(A 的镜像,如图 2.12 所示)的假想辐射源在 A 点所产生的功率通量密度。假想辐射功率就等于近程探测系统的辐射功率,其方向图为近程探测系统天线方向图的映像。于是假想辐射源在近程探测系统天线处入射功率密度 S 为

$$S = \frac{P_t G}{4\pi(2R)^2} \tag{2.23}$$

式中,R 为近程探测系统天线至目标表面的距离。

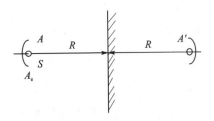

图 2.12　近程探测系统与平面目标的相互作用

当实际目标表面不是理想镜面时,为考虑反射面的损耗,引入目标表面反射系数 N。其定义为:目标表面在天线处产生的场强与理想镜面在天线处产生的场强之比。

由于 N 通常以场强来表示,在功率表达式中则以平方关系出现。目标反射系数 N 可通过实验来测定。对于大多数地面来讲,可把地面看作一个平面目标,其反射系数 N 的大小与工作波段有关。例如在米波波段,$N \approx 0.6$;而在毫米波波段,$N < 0.1$。

考虑到反射系数 N 后,式(2.23)可表示为

$$S = \frac{P_t G N^2}{4\pi(2R)^2} \tag{2.24}$$

与点目标类似,有

$$P_A = S A_e = \frac{P_t \lambda^2 G^2 N^2}{64\pi^2 R^2} \tag{2.25}$$

设近程探测系统可正常检测所需的最小接收功率为 $P_A = P_{A\,\min}$,于是得最大作用距离为

$$R_{\max} = \frac{\lambda G N}{8\pi} \sqrt{\frac{P_t}{P_{A\,\min}}} \tag{2.26}$$

比较式(2.22)和式(2.26)可看出,对点目标和平面目标,近程探测系统接收信号功率 P_A 与距离 R 的关系式中,R 的幂次不同。

对于点目标,P_A 与 R 的四次方成反比;

对于平面目标,P_A 与 R 的二次方成反比。

对于某些地形条件复杂的平面目标,且频率比较高的波段,将不满足镜面反射条件。这时可将天线波束照射范围内的地面看成具有一定雷达反射截面积的体目标来处理。

2.3　最小可检测信号

由 2.2 节的讨论可知,作用距离是最小可检测信号的函数。在接收机的输出端,微弱的回波信号总是和噪声及其干扰混杂在一起。在一般情况下,噪声是限制微弱信号检测的基本因素。假如只有信号而没有噪声,那么任何微弱的信号在理论上都可以经过任意放大后被检测到,因此检测的能力实质上取决于信号与噪声之比。为了计算最小可检测信号,首先要讨论接收机的噪声,然后讨论近程探测系统可靠检测时必需的信号与噪声的比值。

1. 接收机噪声

接收机在接收和检测有用信号的同时,不可避免地要混入某些干扰与噪声。这些干扰和噪声与有用的微弱信号一起被放大,妨碍了对信号的检测,成为限制近程探测系统接收机灵敏度的主要因素。

在接收机中,噪声的来源主要分为两种,即内部噪声和外部干扰。

① 内部噪声主要是由接收机中的有源器件(如混频管、场效应管、双极晶体管、二极管、集成电路等)、无源器件(如电阻、实际的电容器、实际的电感器等)、馈线等元器件产生的。接收机内部噪声在时间上是连续的,而振幅和相位是随机的,通常被称为"起伏噪声",或简称噪声。

例如,电阻热噪声,它是由于导体中自由电子的无规则热运动形成的噪声。根据奈奎斯特定律,电阻两端产生的起伏噪声电压均方值为

$$\bar{u}_n^2 = 4kTR_\Omega B_n \tag{2.27}$$

式中,$k = 1.38 \times 10^{-23}$ J/K(焦耳/热力学温度);T 为电阻温度(单位：K),对于室温 $17\,℃$,$T = T_0 = 290$ K;R_Ω 为电阻的阻值;B_n 为噪声带宽,通常用接收机带宽或测试设备带宽来代替。

式(2.27)表明,电阻热噪声的大小与电阻的阻值、温度和测试设备带宽成正比。

电阻热噪声的功率谱密度 $p(f)$ 是表示噪声频谱分布的重要统计特性,其表达式如下:

$$p(f) = 4kTR_\Omega \tag{2.28}$$

显然,电阻热噪声的功率谱密度与频率无关,因而是白噪声。

另外,器件的散粒噪声、分配噪声、$1/f$ 噪声等都是内部噪声,这里不再一一讨论。

② 外部干扰是由近程探测系统外部干扰引起的噪声,它是由天线引入到接收机的各种人为干扰、天电干扰、工业干扰、宇宙干扰和天线的热噪声等组成的。其中对近程探测系统而言,以天线的热噪声的影响为最大,它是由于天线周围介质的热运动产生的电磁辐射,由天线接收进来而产生的。天线热噪声也是一种起伏噪声。天线噪声的大小用天线噪声温度 T_A 表示,其电压均方值为

$$\overline{u}_{\mathrm{nA}}^{2} = 4kT_{\mathrm{A}}R_{\mathrm{A}}B_{\mathrm{n}} \tag{2.29}$$

式中，T_{A} 为天线噪声温度(等效)(K)；R_{A} 为天线等效电阻。

天线噪声温度 T_{A} 取决于接收天线方向图中(包括旁瓣和尾瓣)各辐射源的噪声温度，它与波瓣角和工作频率等因素有关，它并非真正的白噪声，但在接收机通带内可以近似为白噪声。

2. 噪声带宽

功率谱均匀的白噪声，通过具有频率选择性(或一定带宽)的线性系统后，输出的

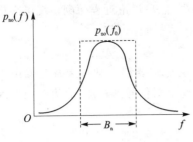

图 2.13　等效噪声带宽示意图

功率谱 $p_{\mathrm{no}}(f)$ 就不再是均匀的了，如图 2.13 的实曲线所示。为了分析和计算方便，通常把这个不均匀的噪声功率谱等效为在一定频带 B_{n} 内是均匀的功率谱，这个频带 B_{n} 就称为等效噪声带宽，简称噪声带宽。其等效的实质是能量相等，即实曲线下的面积可用一个宽为 B_{n} 和高为 $p_{\mathrm{no}}(f_0)$ 的矩形面积来表示。

因此，噪声带宽可由下式求得，即

$$\int_{0}^{\infty} p_{\mathrm{no}}(f)\mathrm{d}f = p_{\mathrm{no}}(f)B_{\mathrm{n}}$$

即

$$B_{\mathrm{n}} = \frac{\int_{0}^{\infty} p_{\mathrm{no}}(f)\mathrm{d}f}{p_{\mathrm{no}}(f)} = \frac{\int_{0}^{\infty} |H(f)|^{2}\mathrm{d}f}{H^{2}(f_{0})} \tag{2.30}$$

式中，$H^{2}(f_0)$ 为线性系统(电路)在谐振频率 f_0 处的功率传输系数。式(2.30)表明，噪声带宽 B_{n} 与信号通频带(3 dB 带宽)B 一样，只与电路本身的参数有关。当电路形式和参数确定后，B_{n} 和 B 也就确定了，且两者之间有一定的关系，如表 2.4 所列。由表可知，谐振电路级数越多，B_{n} 就越接近于 B。通常可用 B 来近似 B_{n}。

表 2.4　噪声带宽与信号通频带的比较

电路形式	级　数	B_{n}/B
单调谐	1	1.571
	2	1.220
	3	1.155
	4	1.129
	5	1.114

续表 2.4

电路形式	级　数	B_n/B
双调谐或两级参差调谐	1	1.110
	2	1.040
三级参差调谐	1	1.048
四级参差调谐	1	1.019
五级参差调谐	1	1.101
高斯形	1	1.065

3. 噪声系数

接收机本身引起的噪声即内部噪声,可以用接收机输入端的信噪比 S_i/N_i 通过接收机后的相对变化来衡量。如果接收机没有内部噪声,即接收机本身不引入噪声,对噪声无贡献,则称该接收机为"理想接收机",此时接收机输出信噪比 S_o/N_o 与输入信噪比 S_i/N_i 相同。但是,实际的接收机总是有内部噪声的,因此,将使 $S_o/N_o <$ S_i/N_i;如果内部噪声越大,输出信噪比就减小得越多,则表明接收机性能越差。通常可用噪声系数 F 来衡量接收机的噪声性能。

噪声系数 F 的定义:接收机输入信噪比与输出信噪比之比,即

$$F = \frac{S_i/N_i}{S_o/N_o} \tag{2.31}$$

其物理意义是:由于接收机存在内部噪声,故使接收机输出端的信噪比相对其输入端的信噪比变化了 F 倍。

由定义可见:$F \geqslant 1$;当接收机是"理想接收机"时,$F = F_{min} = 1$。

下面对噪声系数作几点说明:

① 噪声系数只适用于接收机的线性电路和准线性电路,即检波器以前的部分。检波器是非线性电路;混频器可看作准线性电路。

② 噪声系数大小由接收机本身的参数决定。

③ 噪声系数是无量纲值,通常用 dB 来表示:

$$F(dB) = 10\lg F \tag{2.32}$$

④ 噪声系数的概念和定义,可推广到任何无源或有源的四端口网络。

⑤ 可以证明:n 级电路级联时,其总的噪声系数 F 可表示为

$$F = F_1 + \frac{F_2 - 1}{K_{p1}} + \frac{F_3 - 1}{K_{p1}K_{p2}} + \cdots + \frac{F_n - 1}{K_{p1}K_{p2}\cdots K_{p(n-1)}} \tag{2.33}$$

式中,F_i、$K_{pi}(i=1,2,\cdots,n)$ 分别为第 i 级电路的噪声系数和功率增益。

由式(2.33)可见,如果各级功率增益很大(远大于1),则总噪声系数主要取决于第一级,即

$$F \approx F_1 \tag{2.34}$$

所以,对于 n 级级联放大器,第 1 级的低噪声设计很重要,常采用低噪声、高增益设计方法。

例 2.1　一个接收机如图 2.14 所示,其中天线与前置低噪声放大器之间的损耗为 0.5 dB,前置低噪声放大器的噪声系数为 1.2 dB,其增益为 20 dB,混频器的变频损耗为 6 dB。中频放大器的噪声系数为 4 dB,增益为 30 dB,匹配滤波器的增益为 -1 dB(插入损耗为 1 dB)。计算当温度为 290 K 时,接收机的总噪声系数。

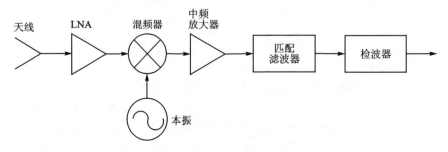

图 2.14　典型雷达接收机原理框图

解:对于有耗二端口网络,其噪声系数可表示为

$$F = 1 + \frac{T_e}{T_0} = 1 + (L-1)\frac{T}{T_0}$$

式中,L 为衰减因子(即插入损耗)。显然,在室温 290 K 时,有耗二端口网络的噪声系数就等于其插入损耗,即 $F = L$。

由题目已知条件可知:

$F_1 = 0.5 \text{ dB} = 10^{0.5/10} = 1.122, K_{p1} = -0.5 \text{ dB} = 10^{\frac{-0.5}{10}} = 0.891$;

$F_2 = 1.2 \text{ dB} = 1.318, K_{p2} = 20 \text{ dB} = 100$;

$F_3 = 6 \text{ dB} = 3.981, K_{p3} = -6 \text{ dB} = 0.251$;

$F_4 = 4 \text{ dB} = 2.511, K_{p4} = 30 \text{ dB} = 1\,000$;

$F_5 = 1 \text{ dB} = 1.259, K_{p5} = -1 \text{ dB} = 0.794$。

将其代入级联网络噪声系数计算公式,可求得系统总噪声系数为

$$F = F_1 + \frac{F_2 - 1}{K_{p1}} + \frac{F_3 - 1}{K_{p1}K_{p2}} + \cdots + \frac{F_n - 1}{K_{p1}K_{p2}\cdots K_{pn}}$$

$$= 1.122 + 0.357 + 0.033 + 1.7 \times 10^{-5} + 3.7 \times 10^{-6}$$

$$= 1.512$$

4. 等效噪声温度

接收机噪声性能还可用噪声温度来衡量。前面已经提到,一个电阻的噪声电压可由式(2.27)来表示。如果用噪声功率来表示,则可把接收机内阻(即输入阻抗的实部)看作是一个电阻 $R = R_i$,把接收机看作是一个负载 R_L,当获得功率匹配时,$R_i = R_L$,由式(2.27),噪声功率 N_T 可表示为

$$N_{\mathrm{T}} = \frac{\overline{u}_{\mathrm{n}}^2}{4R_{\mathrm{i}}} = kTB_{\mathrm{n}} \tag{2.35}$$

由上式可见,在频带 B_{n} 一定的情况下,噪声功率 N_{T} 与温度 T 成正比,与内阻大小无关。

实际的接收机的输出噪声功率 N_{no} 应由两部分组成,其中一部分为由式(2.35)所示的 $K_pN_{\mathrm{T}} = K_p kTB_{\mathrm{n}}$;另一部分为接收机内部噪声在输出端呈现的噪声功率 N_{Fo}:

$$N_{\mathrm{Fo}} = kB_{\mathrm{n}}K_p T_{\mathrm{e}} \tag{2.36}$$

这里温度 T_{e} 称为"等效噪声温度",简称"噪声温度",定义如下:

如果在接收机输入端串接一个电阻,其大小等于输入内阻 R_{i},当在某个温度 T_{e} 时,其上所产生的热噪声等于接收机本身(不包括内阻 R_{i} 产生)的噪声,则称 T_{e} 为接收机的噪声温度。

经过这样的处理,接收机内本身产生的噪声就全部"折合"到接收机的输入端,变为没有噪声的"理想接收机"。其等效电路原理如图 2.15 所示。其物理意义就是把接收机内部噪声看成是"理想接收机"在温度 T_{e} 时所产生的"热噪声",而实际的接收机变成了无噪声的"理想接收机"。这种处理方法称为"折合热噪声法",是微弱信号检测技术中无噪化处理方法的一种。

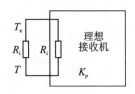

图 2.15 接收机内部噪声"折合"至输入端原理图

因此接收机输入端总温度为

$$T_{\mathrm{op}} = T + T_{\mathrm{e}} \tag{2.37}$$

式中,T 为实际温度,或称环境温度;T_{op} 称为工作噪声温度,又叫总输入噪声温度,实际上可以理解为由于接收机内部噪声的存在,在原环境温度 T 的基础上,额外加上一个噪声温度 T_{e},从而增加了内阻 R_{i} 的工作温度。

要注意的是,这里的温度 T_{e} 是一种等效温度,与物理学上热力学中的温度不同。对于真正的理想接收机,$F=1$,则 $T_{\mathrm{e}}=0$。由噪声系数定义式(2.31)和式(2.35)及式(2.36)可得

$$F = \frac{K_pN_{\mathrm{T}} + N_{\mathrm{Fo}}}{K_pN_{\mathrm{T}}} = 1 + \frac{T_{\mathrm{e}}}{T} \tag{2.38}$$

或写成

$$T_{\mathrm{e}} = (F-1)T \tag{2.39}$$

当 n 级电路级联时,接收机总的噪声温度表示为

$$T_{\mathrm{e}} = T_{\mathrm{e1}} + \frac{T_{\mathrm{e2}}}{K_{p1}} + \frac{T_{\mathrm{e3}}}{K_{p1}K_{p2}} + \cdots + \frac{T_{\mathrm{en}}}{K_{p1}K_{p2}\cdots K_{p(n-1)}} \tag{2.40}$$

式中,$T_{\mathrm{e}i}$、$K_{pi}(i=1,2,\cdots,n)$ 分别为第 i 级电路的噪声温度和功率增益。

可见,与噪声系数一样,噪声温度主要取决于第一级。

5. 接收机灵敏度

接收机的灵敏度表示接收机接收微弱信号的能力。噪声总是伴随着微弱信号同时出现的,如何从噪声中检测微弱信号有许多方法,本书不作详细讨论。这里,我们用接收机输入端的最小可检测信号功率 $S_{i\,min} = P_{A\,min}$ 来表示接收机灵敏度。

在噪声背景中检测信号,接收机输入端不仅要使信号放大到足够的数值,更重要的是使其输出信噪比 S_o/N_o 达到所需的要求。

根据噪声系数式(2.31)的定义,有

$$\frac{S_i}{N_i} = F\frac{S_o}{N_o} \tag{2.41}$$

如果接收机的噪声系数 F 已确定,且噪声功率 $N_i = N_T = kTB_n$,则输入信号功率可表示为

$$S_i = kTB_n F\left(\frac{S_o}{N_o}\right) \tag{2.42}$$

设在一定检测概率下定义接收机最小输出信噪比为 $(S_o/N_o)_{min}$,令 $(S_o/N_o) \geqslant (S_o/N_o)_{min}$ 时对应的接收机输入信号功率为最小可检测信号功率,即接收机灵敏度为

$$S_{i\,min} = kTB_n F\left(\frac{S_o}{N_o}\right)_{min} \tag{2.43}$$

对于点目标,将式(2.43)代入式(2.16)中,可得

$$R_{max} = \left[\frac{P_t\lambda^2 G^2\sigma}{64\pi^3 kTB_n F\left(\dfrac{S_o}{N_o}\right)_{min}}\right]^{1/4} \tag{2.44}$$

同样,对于平面目标,将式(2.43)代入式(2.26)中,可得

$$R_{max} = \frac{\lambda GN}{8\pi}\sqrt{\frac{P_t}{kTB_n F\left(\dfrac{S_o}{N_o}\right)_{min}}} \tag{2.45}$$

式(2.44)和式(2.45)是以信噪比表示的雷达方程。

由式(2.44)和式(2.45)可见,为了提高接收机的灵敏度,可减小最小可检测信号功率 $S_{i\,min}$,或提高作用距离。对接收机而言,可采用以下几种方法:

① 尽可能降低接收机总的噪声系数 F,通常可采用低噪声、高增益的高频放大器。

② 减小系统带宽 B_n,一般取决于中放带宽,但它也不能太小,否则会使信号失真。通常接收机中频带宽采用匹配滤波器,以便在白噪声背景下输出最大信噪比。

③ 在保证检测质量的前提下,减小 $(S_o/N_o)_{min}$,即设法提高信号处理方法的水平,从而降低信号处理对信噪比的要求。

④ 降低工作温度 T,通常在有条件的情况下,采用低温恒温系统,如将接收系统

(特别是高频前端部分)置于 77 K 的液氮循环系统中,或采用半导体制冷器件。

在工程设计中,接收机灵敏度常以相对 1 mW 的分贝数来表示,即

$$S_{i\,min}(dBm) = 10\lg\frac{S_{i\,min}(W)}{10^{-3}} \qquad (2.46)$$

例如,对于超外差式接收机,其灵敏度一般为 $-90 \sim -110$ dBm。

在米波波段,有时用最小可检测电压 $V_{si\,min}$ 表示灵敏度,即

$$V_{si\,min} = 2\sqrt{S_{i\,min}R_A} \qquad (2.47)$$

例如,对于超外差式接收机,$V_{si\,min}$ 一般为 $10^{-6} \sim 10^{-7}$ V。

6. 门限检测

在接收机的输出端,微弱的回波信号总是和噪声及其他干扰混杂在一起的,这里主要讨论噪声的影响。一般情况下,噪声是限制微弱信号检测的基本因素。假如只有信号而没有噪声,任何微弱信号在理论上都是可以经过任意放大后被检测到的。因此,检测能力实质上取决于信噪比。

从前面的讨论中我们知道,复杂目标的回波信号本身也是起伏的(特别在近距离内存在闪烁效应),故 σ 是一个随机统计量。因此最大作用距离也不是一个确定值,而是统计值。对于一个近程探测系统而言,不能简单地说它的作用距离是多少,而通常是首先确定目标是什么,然后在概率意义基础上确定当发现概率(或正常作用率)一定时,其作用距离为多少。

近程探测系统中检测目标的存在与否通常采用门限检测法。这里只讨论由于噪声的随机性导致的检测性能的随机性。图 2.16 所示是三种目标回波多普勒信号与噪声叠加后的情况(关于多普勒体制的近程探测系统及信号分析将在第 3 章中讨论)。

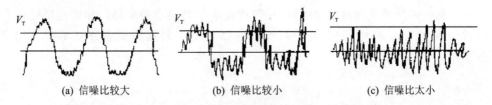

|(a) 信噪比较大|(b) 信噪比较小|(c) 信噪比太小|

图 2.16 噪声中多普勒信号的检测门限

检测时设置一个门限电平 V_T,如果多普勒信号幅度电压超过门限值,就认为检测到了目标。对于图 2.16(a),由于信噪比较大,检测目标容易实现;在图 2.16(b)中,信噪比较小,检测目标就比较困难;而对于图 2.16(c),则由于信噪比太小,而丢失目标,或者表明在该距离上对此目标尚在作用距离之外,可以通过降低门限电平 V_T 值来增加作用距离 R_{max},但这样会因没有目标信号时,只有噪声存在,其噪声峰值超过门限电平 V_T 的概率也将增加。噪声超过门限电平而误认为信号的事件称为"虚警","虚警"是应该设法避免的。

检测时门限的高低影响以下两种错误判断的多少:

① 漏报:有信号而误判为无信号;

② 虚警:无信号时将噪声误判为有信号。

所以在其他条件不变时,门限越高,漏报就越大;门限越小,虚警就越大。在实际使用中应根据两种误判的影响大小来选择合适的门限。由此可见,门限检测是一种统计检测。由于存在噪声,总输出是一个随机量,在输出端根据输出信号的振幅是否超过门限来判断有无目标的存在,可能出现以下四种情况:

① 有目标,判为有目标。这是正确判断,称为发现,其概率称为发现概率 P_d。

② 有目标,判为无目标。这是错误判断,称为漏报,其概率称为漏报概率 P_{la}。

③ 无目标,判为无目标。这是正确判断,称为正确不发现,其概率称为正确不发现概率 P_{an}。

④ 无目标,判为有目标。这是错误判断,称为虚警,其概率称为虚警概率 P_{fa}。

显然以上四种概率存在以下关系:

$$P_d + P_{la} = 1, \quad P_{an} + P_{fa} = 1 \tag{2.48}$$

每对概率中只要知道其中一个即可。因此,我们只要讨论发现概率 P_d 和虚警概率 P_{fa} 即可。

(1) 虚警概率

虚警概率 P_{fa} 和噪声统计特性、噪声功率以及门限大小密切相关。通常加到接收机中频放大器上的噪声是宽带高斯噪声,其概率密度为

$$p(v) = \frac{1}{\sqrt{2\pi}\sigma_n} \exp\left(-\frac{v^2}{2\sigma_n^2}\right) \tag{2.49}$$

式中,$p(v)dv$ 是噪声电压处于 v 和 $v+dv$ 之间的概率;σ_n^2 是噪声方差,噪声的均值为零。宽带高斯噪声通过窄带中放(其带宽远小于其中心频率)后,加到包络检波器中,根据随机信号理论可知,包络检波器输出端电压幅度的概率密度函数为瑞利分布:

$$p(r) = \frac{r}{\sigma_n^2} \exp\left(-\frac{r^2}{2\sigma_n^2}\right) \tag{2.50}$$

式中,r 表示检波器输出端噪声包络的振幅值。设置门限电平 V_T,噪声超过门限电平的概率就是虚警概率 P_{fa},它可由下式给定:

$$P_{fa} = P(V_T \leqslant r < \infty) = \int_{V_T}^{\infty} \frac{r}{\sigma_n^2} \exp\left(-\frac{r^2}{2\sigma_n^2}\right) dr = \exp\left(-\frac{V_T^2}{2\sigma_n^2}\right) \tag{2.51}$$

图 2.17 给出了输出噪声包络的概率密度函数并定性地说明了虚警概率与门限电平之间的关系。当噪声分布函数一定时,虚警的大小完全取决于门限电平。

表征虚警数量除用虚警概率外,还可用虚警时间 $T_{fa}(s)$ 来表示,两者之间有一定的关系。

虚警时间 T_{fa} 定义为：虚假回波（噪声超过门限）之间的平均时间间隔。

虚警时间如图 2.18 所示，可得

$$T_{fa} = \lim_{N \to \infty} \frac{1}{N} \sum_{k=1}^{\infty} T_k \qquad (2.52)$$

式中，T_k 为噪声包络电压超过门限 V_T 的时间间隔。

虚警概率 P_{fa} 是指仅有噪声存在时，噪声包络电压超过门限 V_T 的概率，因此也可近似用噪声包络实际超过门限的总时间与观察时间之比来求得，即

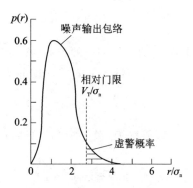

图 2.17 门限电平和虚警概率

$$P_{fa} = \frac{\sum\limits_{k=1}^{N} t_k}{\sum\limits_{k=1}^{N} T_k} = \frac{E(t_k)}{E(T_k)} = \frac{1}{T_{fa}B} \qquad (2.53)$$

式中，噪声脉冲的平均宽度 $E(t_k)$ 近似为带宽 B 的倒数，在包络检波的条件下，带宽 B 为中频带宽 B_{IF}。同样，也可求得虚警时间与门限电平、接收机带宽等参数之间的关系。将式 (2.53) 代入式 (2.51)，即可得

$$T_{fa} = \frac{1}{B_{IF}} \exp\left(-\frac{V_T^2}{2\sigma_n^2}\right) \qquad (2.54)$$

实际应用中，对于探测器的虚警时间一般要求比较长（一般都在几小时以上），因此要求探测器虚警概率非常小，一般 $P_{fa} < 10^{-6}$，当然具体虚警概率的要求应根据实际应用需求提出。

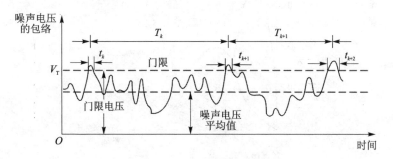

图 2.18 虚警时间

（2）发现概率

为了讨论发现概率 P_d，必须研究信号加噪声通过接收机的情况，然后再考虑信号加噪声电压超过门限的概率，即发现概率 P_d。

窄带放大后信号加噪声的概率密度函数一般服从广义瑞利分布（即 Rice 分布）：

$$p_{\mathrm{d}}(r) = \frac{r}{\sigma^2} \exp\left(-\frac{r^2 + A^2}{2\sigma^2}\right) I_0\left(\frac{rA}{\sigma^2}\right) \tag{2.55}$$

式中,r 为信号加噪声的包络,A 为输入到中频放大器的正弦波幅值,σ 为噪声均方值,$I_0(z)$ 是宗量为 z 的零阶修正贝塞尔函数,定义为

$$I_0(z) = \sum_{n=0}^{\infty} \frac{z^{2n}}{2^{2n} n! \; n!} \tag{2.56}$$

信号发现概率 P_{d} 就是 r 超过预定门限 V_{T} 的概率,可表示为

$$P_{\mathrm{d}} = \int_{V_{\mathrm{T}}}^{\infty} p_{\mathrm{d}}(r) \mathrm{d}r = \int_{V_{\mathrm{T}}}^{\infty} \frac{r}{\sigma_{\mathrm{n}}^2} \exp\left(-\frac{r^2 + A^2}{2\sigma_{\mathrm{n}}^2}\right) I_0\left(\frac{rA}{\sigma_{\mathrm{n}}^2}\right) \mathrm{d}r \tag{2.57}$$

这个积分式计算较为复杂,可采用数值计算或级数展开来近似。

　　计算表明,当虚警概率 P_{fa} 一定时,信噪比越大,发现概率 P_{d} 就越大,即门限电平 V_{T} 一定时,发现概率 P_{d} 随信噪比的增大而增大。换句话说,如果表征近程探测系统检测能力的信噪比一定,则虚警概率 P_{fa} 越小(门限越高),发现概率 P_{d} 就越小。

　　这也可以用信号加噪声的概率密度函数来说明,如图 2.19 所示。图中只表示有噪声和信号加噪声的概率密度函数,信号加噪声的概率密度函数是在 $A/\sigma_{\mathrm{n}} = 3$ 时按式(2.55)画出的,相对门限 $V_{\mathrm{T}}/\sigma_{\mathrm{n}} = 2.5$。噪声加信号的概率密度函数的变量 r/σ 超过该相对门限值曲线下的面积就是发现概率 P_{d},而仅有噪声时包络超过该门限值曲线下的面积就是虚警概率 P_{fa}。显然,当相对门限提高时虚警概率降低,但同时发现概率也会降低。所以,要想在虚警概率一定时提高发射概率,只有提高接收机的信噪比才能办到。

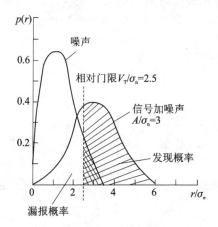

图 2.19　信号加噪声的概率密度函数

　　当考虑到目标起伏特性时,在满足同样的虚警概率下,高的发现概率则需要大的信噪比。在近程探测系统中,在不同应用条件下,对虚警概率的要求各不相同,一般都在 10^{-1} 以下,有的甚至在 10^{-12} 以下。在发射信号功率、天线参数、接收机噪声系数、目标特性等一定的条件下,在某一确定距离上,接收机的输出信噪比是一定的,要

想降低虚警概率,就只有降低作用距离。

习　题

1. 填空题。

(1) 光学区指＿＿＿＿＿＿＿＿＿＿＿＿＿的区域,此时＿＿＿＿＿＿＿＿＿＿比＿＿＿＿＿＿＿＿＿＿＿＿＿＿＿大得多,处于光学区的球体目标其雷达截面积为＿＿＿＿＿＿＿＿＿＿＿。

(2) 复杂目标可视为由大量的＿＿＿＿＿＿＿＿＿＿＿＿＿所组成。

(3) 电阻热噪声的功率谱与＿＿＿＿＿＿＿＿＿＿＿无关。

(4) n 级级联放大系统的总噪声系数主要取决于＿＿＿＿＿＿＿＿。

(5) 在频带一定的情况下,噪声功率与＿＿＿＿＿＿＿＿成正比,与＿＿＿＿＿＿＿＿无关。

2. 单项选择题。

(1) 目标雷达截面积与＿＿＿＿有关。

　　A. 目标本身特性　　B. 入射角　　C. 极化　　D. 波长　　E. A、B、C 及 D

(2) 在一般情况下,复杂目标回波信号是起伏的,是因为＿＿＿＿变化。

　　A. 目标回波强度　　　　　　　B. 近感系统与目标距离
　　C. 目标雷达截面积　　　　　　D. 发射功率

(3) 下面＿＿＿＿叙述是错误的。

　　A. 复杂目标的雷达截面积是入射角和工作波长的函数
　　B. 雷达截面积是表征目标而且仅取决于目标的一个重要参数
　　C. 主动式无线电近感系统是利用目标对电磁波的反射现象来发现目标并测定位置的
　　D. 被动式无线电近感系统是利用目标的电磁波自然辐射现象来探测和识别目标的

(4) 复杂目标起伏的回波信号的产生,是由于复杂目标各散射单元＿＿＿＿大小不一致引起的。

　　A. 距离间隔　　　　　　　　　B. 信号幅度
　　C. 信号间的相位　　　　　　　D. 上述三条

(5) 近感系统的最大作用距离与＿＿＿＿成正比,与＿＿＿＿成反比。

　　A. 发射功率　天线增益　　　　B. 雷达截面积　工作波长
　　C. 天线增益　灵敏度　　　　　D. 工作波长　雷达截面积

(6) 在雷达方程中,除＿＿＿＿以外,其余参数均可在一定范围内进行选择。

　　A. 发射功率　　B. 工作波长　　C. 天线增益　　D. 雷达截面积

(7) 被照射的目标表面＿＿＿＿,这样的目标称为分布反射目标。

A. 小于天线波束投影面　　　　B. 大于天线波束投影面

C. 等于天线波束投影面　　　　D. 很平滑

(8) 对于点目标,天线接收的功率与_____成反比。

A. 工作波长　　　　　　　　B. 距离的四次方

C. 距离的平方　　　　　　　D. 距离的一次方

(9) 对于平面目标,天线接收的功率与_____成反比。

A. 平面的反射系数　　　　　B. 距离的四次方

C. 距离的平方　　　　　　　D. 距离的一次方

(10) 噪声系数表明由于_____,使接收机输出端的信噪比相对其输入端的信噪比变化的倍数。

A. 外界干扰噪声的影响　　　B. 接收机内部噪声的影响

C. A 和 B　　　　　　　　D. A 和 B 以及天线噪声的影响

(11) 对于接收机,当噪声加信号的概率密度函数一定时,如要想通过降低检测门限来增加最大作用距离,则必然导致_____的增加。

A. 虚警概率　　B. 漏报概率　　C. 发现概率　　D. A 和 C

(12) 对于接收机,当噪声概率密度函数一定时,虚警概率取决于_____。

A. 检测门限电平　　　　　　B. 信噪比

C. 信号加噪声的概率分布特性　D. 发现概率

(13) 对于接收机,当虚警概率一定时,提高发现概率取决于_____。

A. 检测门限电平降低　　　　B. 信噪比增大

C. 漏报概率增大　　　　　　D. A 和 B

3. 问答题。

(1) 什么叫噪声带宽?其物理意义是什么?

(2) 雷达截面积的定义是什么?与哪些参数有关?

(3) 有无这样的目标:其几何截面积大于理想导电性能良好且各向同性球体的几何截面积,而其雷达截面积却小于该球体几何截面积?

(4) 有无这样的目标:其几何截面积小于理想导电性能良好且各向同性球体的几何截面积,而其雷达截面积却大于该球体几何截面积?

(5) 降低接收机噪声一般有哪些方法?

4. 证明:

(1) 噪声系数为实际接收机输出噪声功率与理想接收机输出噪声功率之比;

(2) 设由接收机内部噪声在输出端引起的噪声功率为 N_{Fo},则噪声系数可表示为

$$F = 1 + \frac{N_{Fo}}{kTB_n K_p}$$

式中,K_p 为接收机功率增益,B_n 为接收机带宽。

5. 如图 2-1 所示的接收机系统, 其中 $F_1 = 2\ \mathrm{dB}$, $F_2 = 6\ \mathrm{dB}$, $K_{p1} = 12\ \mathrm{dB}$, $K_{p2} = 10\ \mathrm{dB}$, 且各参数均与频率无关, $B_{n1} = B_{n2} = 3\ \mathrm{MHz}$, $T = 290\ \mathrm{K}$, 求总噪声系数和总输出噪声功率。

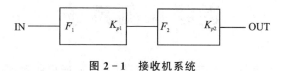

图 2-1　接收机系统

6. 设工作温度为 290 K, 当噪声系数从 0 dB 变化至 2 dB 时, 噪声温度如何变化?

7. 已知某一主动式无线电近感系统的工作频率为 10 GHz, 发射功率为 10 mW, 所采用的天线增益为 20 dB, 接收机带宽为 100 MHz, 噪声系数为 6 dB, 工作环境温度为 15 ℃。

（1）如果对某一雷达截面积为 20 m^2 的点目标进行测量, 要求作用距离大于 100 m, 求接收机的输出信噪比。

（2）如果某种地面的反射系数为 0.2, 要求输出信噪比不小于 5, 则该系统对地作用距离能达多少?

第 3 章　连续波多普勒无线电
近程探测系统

连续波多普勒无线电近程探测系统是利用目标与近程探测系统之间存在相对运动时电磁波的多普勒效应进行工作的无线电探测装置。它是通过发射连续的无线电波,测量回波信号的多普勒频移和多普勒信号的幅度及其变化特征,来测定近程探测系统与目标之间的相对速度和相对位置的。

多普勒效应原理应用简单,多普勒体制的近程探测系统容易实现小体积、低成本,因此早期就广泛应用于军事领域内的引信中作为近距离探测及定距装置;现在,在其他领域中应用也很广泛,例如在雷达中用以动目标检测,在现代飞行器的导航和控制中测定相对地面的运动速度、运动方向和飞行器所在位置的坐标,宇宙飞行器的软着陆,直升机自动悬停、平衡,汽车测速、防碰撞,要地防盗报警等。

多普勒效应原理不仅可用于未调制(例如等幅单频)的连续波近程探测系统,也可用于脉冲、调频等体制的近程探测系统中。本章主要以发射等幅单频、未调制的连续波多普勒探测系统为例,讨论多普勒近程探测系统的收发原理、信号特征、系统组成、测量方法及应用实例。为阐明目标与近程探测系统相对运动过程中多普勒信号的特征,本章将从两个方面讨论:一方面讨论相对运动过程中多普勒频率及其变化规律;另一方面讨论多普勒信号幅度的大小及规律,并导出作用距离公式。在此基础上,介绍多普勒近程探测系统的组成及测速方法、目标角度信息的获取方法、定距的手段等。

3.1　多普勒效应与多普勒频率

3.1.1　多普勒效应

多普勒效应是指当发射源和接收者之间有相对运动时,接收到的信号频率相对于发射频率将发生变化。这一物理现象首先由奥地利物理学家克里斯顿·多普勒(Christian Doppler)于 1842 年发现,1930 年前后开始将这一规律运用到电磁波范围。

无线电近程探测系统通过天线发射电磁波,并接收由被照射物体反射到接收天线的电磁波能量,当近程探测系统与被照射物体之间存在相对运动时,就会产生多普勒效应。

3.1.2　多普勒频率

设连续波多普勒近程探测系统发射的电磁波为正弦信号,表示为

$$u_t = U_{tm}\sin(\omega_0 t + \varphi_0) \tag{3.1}$$

式中,U_{tm} 为振荡幅度;ω_0 为振荡角频率;φ_0 为初始相位。

近程探测系统天线接收到的回波信号为

$$u_r(t) = \alpha u_t(t - \tau) = U_{rm}\sin[\omega_0(t - \tau) + \varphi_0] \tag{3.2}$$

式中,$U_{rm} = \alpha U_{tm}$,为回波振幅,α 为回波的衰减系数;$\tau = 2R/c$,为电磁波在近程探测系统与目标间往返传播所产生的时间延迟,即回波滞后于发射信号的时间,其中 R 为目标与发射源之间的距离,c 为电磁波的传播速度,等于光速,且一般有 $c \gg V_R$,V_R 为目标与发射源之间的接近速度。

因此,式(3.2)可写成

$$u_r(t) = U_{rm}\sin[\omega_0 t - \omega_0 \tau + \varphi_0] \tag{3.3}$$

比较式(3.1)和式(3.3)可见,近程探测系统接收的回波信号相位与发射信号相位之差为

$$\phi_d = -\omega_0 \tau = -\omega_0 \frac{2R}{c} = -\frac{4\pi R}{\lambda_0} \tag{3.4}$$

从式(3.4)可见,ϕ_d 是 R 的函数。当近程探测系统与目标之间无相对运动时,距离 R 为常量,ϕ_d 亦为常量;而当近程探测系统与目标之间有相对运动时,R 为时间 t 的函数,即

$$R(t) = R_0 - V_R t \tag{3.5}$$

式中,R_0 为 $t = 0$ 时的距离,此时 ϕ_d 也随之变化。每当 R 变化 $\lambda_0/2$ 时,ϕ_d 变化 2π。相位随时间而变化,则有频率分量产生。所以回波信号相对发射信号产生的频移为

$$f_d = \frac{1}{2\pi}\frac{\mathrm{d}\phi_d}{\mathrm{d}t} = -\frac{2}{\lambda_0}\frac{\mathrm{d}R}{\mathrm{d}t} = \frac{2V_R}{\lambda_0} \tag{3.6}$$

该频移 f_d 被称为多普勒频率,它是由于近程探测系统与目标之间的相对运动所引起的。f_d 在近程探测系统与目标相接近时为正值(接收信号频率高于发射信号频率),相远离时为负值(接收信号频率低于发射信号频率);二者之间不存在相对运动,或接近速度为零时,f_d 亦为零。于是,由式(3.3)可将回波信号表示为

$$u_r(t) = U_{rm}\sin[(\omega_0 + \omega_d)t + \varphi_0] \tag{3.7}$$

回波信号在频率轴上的多普勒频移如图 3.1 所示。

通过上述分析可知,当近程探测系统发射连续波信号时,由于相对运动使目标回波产生的多普勒效应,就表现在回波信号的频率相对于发射信号变化了一个多普勒频率,其数值大小与目标间的接近速度 V_R 成正比,与发射源工作波长成反比。

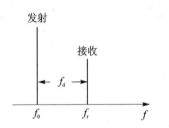

图 3.1　回波信号在频率轴上的平移
(近感系统与目标相接近时)

应该指出,虽然上述多普勒频率表达式(3.6)的精度对于近程探测系统中实际应用是足够的,但要注意它是一个近似式(基于 $c \gg V_R$)。当考虑到探测器与目标之间的相对运动速度可能与电磁波传播速度接近时,就必须考虑时间膨胀效应,需要采用狭义相对论思想进行分析。本书讨论的相对运动速度都远小于电磁波的传播速度,因此不涉及相对论的内容。多普勒频率的精确表达式可根据相对论电动力学和洛仑兹变换求得,其表达式为

$$f_d = \frac{2V_R}{\lambda_0}\left(1 + \frac{V_R}{c} + \frac{V_R^2}{c^2} + \frac{V_R^3}{c^3} + \cdots\right) \tag{3.8}$$

多普勒频率可直观地解释为:振荡源发射的电磁波以恒速 c 传播,如果接收者相对于振荡源是不动的,则它在单位时间内收到的振荡数目与振荡源发出的相同,即二者频率相等。如果二者之间有相对接近的运动,则接收者在单位时间内收到的振荡数目要比它不动时多一些,即接收频率增高;当二者相背运动时,结果相反。

3.1.3　多普勒信号的频率特性

由式(3.6)可知,在发射信号频率一定的条件下,多普勒频率 f_d 是随近程探测系统与目标间接近速度 V_R 的变化而变化的,f_d 的大小和正负反映了 V_R 的大小和方向。

一般情况下,由于目标的复杂性,近程探测系统与目标的交会条件千变万化,故接近速度 V_R 的变化也极其复杂,由近程探测系统所测得的多普勒频率变化也难以给出一个具体的表达式。但也正是由于这点,我们可以利用近程探测系统测得的多普勒频率和回波信号幅度的变化,来大致描绘出目标与近程探测系统间的运动轨迹。当然这项工作是比较复杂的,并且往往需要实时处理,通常由计算机(或单片机)来完成。

下面就几种典型目标与近程探测系统的特定交会条件下多普勒频率的变化规律进行讨论。

在近程探测中,无线电探测多用于探测器与目标之间存在相对运动的情形,在探测过程中目标与探测器之间有一个交会过程,在交会过程中如何探测到目标,特别是在某些应用(如引信)中,要判断在交会过程中在什么位置和什么时刻给出起爆指令时显得尤为关键。为此,在对多普勒频率的变化规律进行讨论之前,先简单介绍一下脱靶距离(脱靶量)的概念。在引信中,脱靶量定义为弹与目标在交会过程中的最小距离。作为衡量导弹制导性能的重要参数,其大小直接影响导弹对目标的命中概率和毁伤效果,因此脱靶量是导弹最重要的战技指标之一,它在导弹研制过程中对于完

善设计和提高性能有着十分重要的意义。

随着探测器与目标之间距离的变化,其回波信号的幅度有一定的变化规律;同时,由于相对运动与探测器和目标之间的夹角密切相关,因此在交会过程中多普勒频率会有一定的变化。另外,对于近距离探测,一些较大体积的目标不能再当作点目标,在同一时刻,目标不同部位与探测器之间的相对运动速度是不一样的,因此回波信号中的多普勒频率是复杂的。下面,对于典型的点目标、面目标以及体目标三类目标展开讨论。

1. 点目标

天线角度分辨单元一般用天线波束来衡量:波束越窄,分辨单元越小,角分辨率越好;波束越宽,分辨单元越大,角分辨率越差。

点目标指目标尺寸远小于近程探测系统天线角度分辨单元的目标,即目标比天线波束小许多,且产生的多普勒频率在任何时刻为单一频率的信号。

设近程探测系统和目标都以一定的速度按各自的轨迹运动,且两者的轨迹是共面的,交会条件如图 3.2 所示。图中实际上是两艘船在水面上的交会过程,A 为装载近程探测系统的船只,B 为目标船只。其中 $\boldsymbol{V}_S$ 为近程探测系统的运动速度;$\boldsymbol{V}_T$ 为目标速度;$\boldsymbol{V}_r$ 为近程探测系统与目标间的相对速度;$\boldsymbol{V}_R$ 为二者间的接近速度(径向速度,可以理解为瞬时相对速度);ρ 为目标到相对轨迹的距离,可称为安全交会距离(引信上称为弹目交会的脱靶距离);θ 为二者连线与相对轨迹之间的夹角;β 为近程探测系统速度矢量与目标速度矢量之间的夹角,称为交会角。

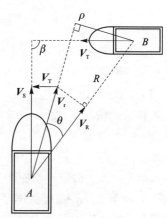

图 3.2　两船水面交会示意图

根据相对运动原理,由图 3.2 可得

$$V_R = V_r \cos\theta \tag{3.9}$$

$$V_r = \sqrt{V_S^2 + V_T^2 - 2V_S V_T \cos\beta} \tag{3.10}$$

$$\cos\theta = \frac{\sqrt{R^2 - \rho^2}}{R} = \sqrt{1 - \left(\frac{\rho}{R}\right)^2} \tag{3.11}$$

将式(3.9)~式(3.11)代入式(3.6)得

$$f_d = \frac{2}{\lambda_0}\sqrt{V_S^2 + V_T^2 - 2V_S V_T \cos\beta} \cdot \sqrt{1 - \left(\frac{\rho}{R}\right)^2}$$

$$= f_{d\,\max} \cdot \sqrt{1 - \left(\frac{\rho}{R}\right)^2} \tag{3.12}$$

式中,$f_{d\,\max}$ 为当 λ_0、$\boldsymbol{V}_S$、$\boldsymbol{V}_T$、β 一定时 f_d 的最大值,等于相应条件下近程探测系统与

目标间距无限远时的 f_d 值,记为

$$f_{d\,max} = \frac{2}{\lambda_0} \sqrt{V_S^2 + V_T^2 - 2V_S V_T \cos \beta} \tag{3.13}$$

从式(3.12)中可知,两船交会过程中,多普勒频率 f_d 与工作波长 λ_0、近程探测系统速度 $\boldsymbol{V}_S$ 和目标速度 $\boldsymbol{V}_T$、交会角 β 以及距离 R/ρ 有关。其中 λ_0、$\boldsymbol{V}_S$、$\boldsymbol{V}_T$、β 决定了一定交会条件下 f_d 的最大值 $f_{d\,max}$。而 $f_{d\,max}$ 一定时,f_d 随 R/ρ 值的增大而升高,如图 3.3 所示。

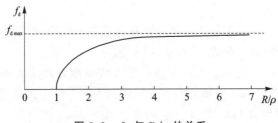

图 3.3　f_d 与 R/ρ 的关系

由图 3.3 可见:当 $R = \rho$,即近程探测系统处于最接近目标点时,$f_d = 0$;

当 $R = \rho \sim 3\rho$ 时,f_d 随 R 的变化较快;

当 $R \geqslant 3\rho$ 时,$f_d \approx f_{d\,max}$。

在特殊的情况下,当 $\rho = 0$ 时,f_d 与 R 无关,此时如果近程探测系统和目标速度不变,则 f_d 始终等于 $f_{d\,max}$。

基于以上理论分析,利用 MATLAB 软件建立近程探测系统与目标交会过程仿真模型。仿真过程中假设近程探测系统与目标保持匀速运动,相对速度为 1 000 m/s,零时刻二者相距 20 m,近程探测系统工作于 Ka 波段。当脱靶距离为 2 m 时,目标回波多普勒信号(不含噪声)波形如图 3.4(a)所示,图 3.4(b)为局部放大图。

由于回波信号频率较高,无法从时域得到多普勒信号频率变化特性,这里采用短时傅里叶变换对这种具有非平稳随机特性的信号进行频率特征提取,得到的时频曲线如图 3.5 所示。

短时傅里叶分析方法由 Gabor 在 1946 年提出,其基本思想是:傅里叶分析是频域分析的基本工具,为了达到时域上的局部化,在信号进行傅里叶变换前乘上一个时间有限的窗函数,并假定非平稳信号在分析窗的短时间隔内是平稳的,通过窗在时间轴上的移动从而使信号逐段进入被分析状态,这样就可以得到信号的一组"局部"频谱,从不同时刻"局部"频谱的差异上,便可以得到信号的时变特性。(短时傅里叶变换)给定一个时间宽度很短的窗函数 $\eta(t)$,让窗滑动,则信号 $z(t)$ 的短时傅里叶变换(STFT)为

$$STFT(t,f) = \int_{-\infty}^{\infty} z(t')\eta^*(t'-t)e^{-j2\pi f t'}dt' \tag{3.14}$$

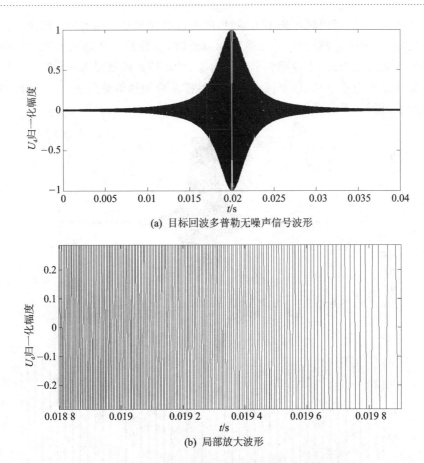

(a) 目标回波多普勒无噪声信号波形

(b) 局部放大波形

图 3.4 目标回波多谱勒信号波形及局部放大波形 (1)

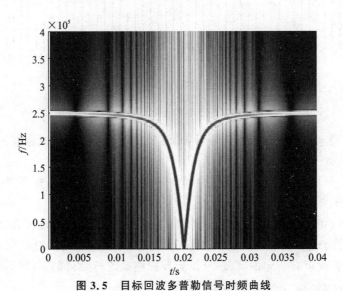

图 3.5 目标回波多普勒信号时频曲线

　　仿真结果表明,当脱靶距离不为零时,随着近程探测系统与目标之间距离的逐渐减小,多普勒频率呈递减趋势,且距离目标愈近时,多普勒频率递减愈明显。当近程探测系统到达脱靶点时,多普勒频率减小为零,其时频曲线近似为一个"V"字形。

　　在脱靶距离为零,即在近程探测系统与目标将会相撞的情况下,目标回波多普勒信号波形及时频关系曲线如图3.6和图3.7所示。

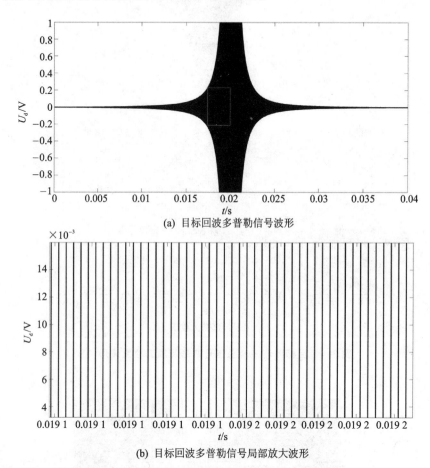

(a) 目标回波多普勒信号波形

(b) 目标回波多普勒信号局部放大波形

图3.6　目标回波多普勒信号波形及局部放大波形(2)

　　仿真结果表明,当脱靶距离为零时,回波多普勒信号频率在近程探测系统与目标接近过程中保持不变。

　　V_S 与 V_T 不共面的情况比较复杂(如空中交会),建立三维坐标系,同样可进行推导计算,这里不再详细讨论。

　　应该指出,在近程探测系统的工作条件下,一般来说目标不能视为点目标。这里的计算只是帮助理解理想化计算。实际上,由于从目标各点反射的信号引起的 f_d 不同,以及天线波束有一定的宽度,所以近程探测系统所测得的多普勒信号具有一定

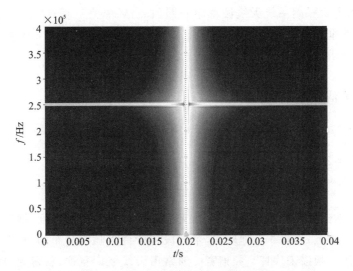

图 3.7　目标回波多普勒信号时频曲线

的频谱宽度——多普勒频谱,其特性取决于天线参数、目标类型以及交会条件等。

2. 面目标

当目标为面目标,或在近程探测系统的天线波束范围内目标表面可看成平面时,假定近程探测系统是运动的,而目标是静止的(反之亦然),或者两者都运动,根据运动相对性,等效为只有近程探测系统运动的情况,下面来讨论这种情况。

假设近程探测系统装在滑翔机上,目标为平坦地面或悬崖,近程探测系统测试两者的相对速度,以便驾驶员控制着陆速度或防止与悬崖相撞,其接近过程如图 3.8 所示。

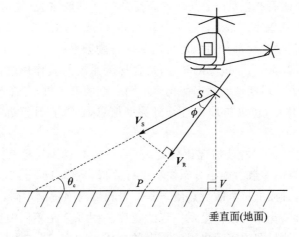

图 3.8　对地面作用示意图

图 3.8 中,V_S 为近程探测系统接近地面时的速度,θ_c 为着落角,S 点为近程探测

系统，P 点为近程探测系统天线波束中心照射点，V 点为近程探测系统天线波束中心在地面上的垂直投影，ϕ 为飞机的速度矢量 $\boldsymbol{V}_S$ 与 S、P 连线间的夹角。故近程探测系统与地面 P 点间的接近速度为

$$V_R = V_S \cos \phi \tag{3.15}$$

P 点反射信号的多普勒频率为

$$f_d = \frac{2V_R}{\lambda_0} = \frac{2V_S}{\lambda_0} \cos \phi \tag{3.16}$$

当 P 点与 V 点重合时(垂直下降)，有

$$f_d = \frac{2V_S}{\lambda_0} \sin \theta_c \tag{3.17}$$

实际上，不论是垂直面还是水平面，天线波瓣都有一定的宽度，被天线波束照射的地面不是一个点，而是一个地段，这个地段包含许多随机分布的"点"。因此，多普勒频率应该用一频谱来代替。频谱宽度通常由天线波束宽度、反射地段的位置和性质、工作波长和接近速度决定。

当地面起伏远小于工作波长且能满足镜面反射条件时，f_d 只取决于近程探测系统的速度在与地面垂直方向上的分量。这时 f_d 由式(3.17)计算可得。由式(3.17)可见，当近程探测系统工作频率一定时，f_d 取决于近程探测系统的速度 V_S 和落角 θ_c。

3. 体目标

在第 2 章 2.1 节"目标雷达截面积"一节中，曾讨论了复杂目标的雷达截面积，它可视为是由大量的独立反射体组成的，其合成叠加后的雷达截面积是十分复杂的，如式(2.5)所示。同样，对于体目标，实际上就是一个复杂的目标。由于这些独立的反射体位置不同，由此而产生的 f_d 也是较为复杂的。一般来说，此时的 f_d 不再是单频的，而是多频率的叠加。如果目标上有转动部位(或运动部件)，则除了接近速度引起的 f_d 以外，其传动变化部分将引起更高的多普勒频率的产生。

例如，对于直升机，由于机翼的转动，近程探测系统与其作用时，将会在 f_d 上额外产生转动信息——周期性的频率变化。不同类型的直升机，有着不同的转动信息。因此，从 f_d 的变化中，可以提取出直升机类型信息，这为直升机机型识别或敌我识别提供了基础。

由体目标产生的 f_d 特性情况比较复杂，而且要对具体目标及交会条件作具体的分析。可采用目标多散射中心分布模型进行分析，将体目标分解成许多点目标后，再进行叠加分析，目标上每个散射点由于其位置和散射强度的不同，对整个多普勒信号的贡献也不同，多普勒频谱将呈现一定的宽度。图 3.9 是不同散射点合成建立目标散射模型的示意图，图中表示出了三个点的合成。图中，D 点为探测器，a、b、c 为目标上的三点，V_r 为相对速度，V_R 为接近速度，ρ 为脱靶量，R 为探测器与目标之间的距离。图 3.10 和图 3.11 分别为在脱靶距离不为零的情况下，三点共同作用时目

标回波多普勒波形及时频曲线。

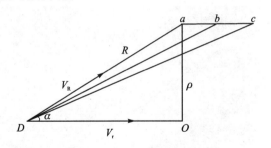

图 3.9　三点目标交会模型

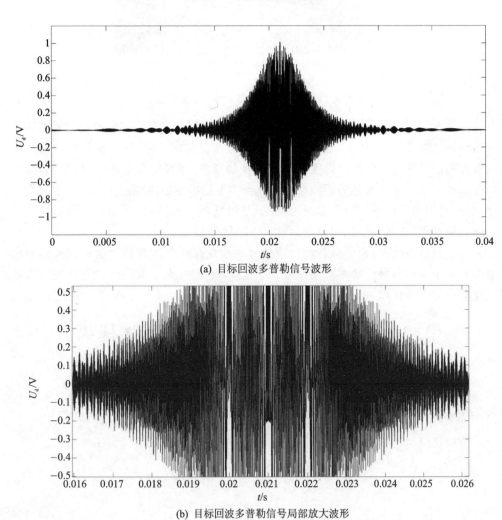

(a) 目标回波多普勒信号波形

(b) 目标回波多普勒信号局部放大波形

图 3.10　三点共同作用时的目标回波多普勒波形及局部放大波形

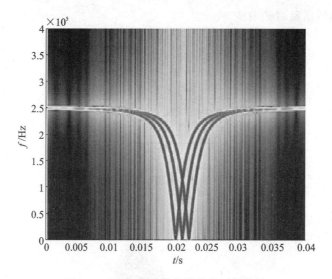

图 3.11　目标回波多普勒信号时频曲线

　　由图 3.10 和图 3.11 可知,此时目标近场体的目标效应显著,多普勒信号的幅度和相位发生畸变,但总体上,幅度信息仍符合迅速递增的特征,近程探测系统所测得的多普勒信号具有一定的频谱宽度——多普勒频谱,多普勒频率随探测器与目标之间距离的接近仍呈递减趋势,且越接近目标,多普勒频率的递减越为明显。要注意的是,在近程探测系统作用距离范围内,特别是极近距离范围内,有相当多的目标应作为体目标处理,这增大了识别难度。这里不再展开讨论。

　　综上所述,我们讨论了多普勒回波信号的变化规律。多普勒效应使回波信号的频率相对于发射信号的频率产生了 f_d 的频移,f_d 值的大小取决于接近速度 V_R,并随交会条件等变化作一定规律的变化。

3.2　连续波多普勒无线电近程探测系统的组成及参数分析

3.2.1　多普勒信号的提取方法

　　前面已经讨论了多普勒频率:

$$f_d = \frac{2V_R}{\lambda_0} = \frac{f_0}{c} 2V_R$$

即
$$\frac{f_d}{f_0} = \frac{2V_R}{c} \tag{3.18}$$

可见,多普勒频率的相对值正比于接近速度 V_R 与光速 c 之比,f_d 的正负值取决于相对运动的方向。一般来说,$V_R \ll c$,所以相对多普勒频率 f_d/f_0 是很小的。在多数情况下,多普勒频率 f_d 处于音频范围。

例如当 $\lambda_0 = 10$ cm,$V_R = 300$ m/s 时,可求得 $f_d = 6$ kHz。而此时工作频率 $f_0 = 3$ GHz,因此目标回波频率为 $f_r = 3$ GHz ± 6 kHz,可见,f_d 与 f_0 相差很大。

所以,要从接收信号中提取多普勒频率信号,一般可采用差拍(或混频后取其差频)的方法,即设法取其差值:

$$|f_0 - f_r| = f_d$$

对于连续波多普勒无线电探测系统,应通过天线发射未调制的连续正弦波,即单频等幅的连续正弦波,故不需要调制电路。目标反射回来的信号经天线接收,与发射源信号进行混频取出差频信号——差拍。如果近程探测系统与目标之间存在相对径向运动,则差拍后或相干检波后,输出多普勒频率信号。

3.2.2　收发装置及组成

前面讨论了多普勒信号的提取方法,主要是利用差拍(即混频)的方法来实现。实现差拍的方式主要可分为外差式和自差式两种。下面分别讨论实现这两种差拍的外差式和自差式收发装置。

1. 外差式

外差式体制的敏感装置(即无线电收发装置)的原理框图如图 3.12 所示,它主要由振荡器和混频器组成。振荡器作为发射机通过天线辐射频率为 f_0 的正弦电磁波,同时为混频器提供本振信号 u_{LO}。如式(3.7)所示的回波信号,其频率为 $f_0 \pm f_d$,由天线接收后输入混频器,于是混频器的输出端信号中含有本振与回波信号的差频信号,该差频信号的频率就是多普勒频率 f_d,习惯上称为多普勒信号或有用信号。混频器输出的多普勒信号幅度 u_d 随天线与目标之间的距离的接近而不断增大。对于报警系统(或引信系统),当信号幅度 u_d 达到一定门限电平 U_{do} 时,发出报警信号(或发火信号)。定义 U_{do} 为低频启动灵敏度。

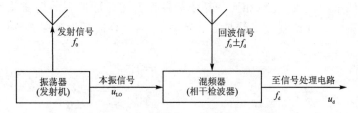

图 3.12　外差式体制收发装置原理框图

对于图 3.12 所示的外差式系统,发射系统和接收系统虽有功能上的联系(提供本振信号),但发射和接收的过程是独立进行的,故称其为外差式。

实际上,常用一个天线——收发共用形式的外差式体制,其原理框图如图 3.13 所示。图 3.13 中,射频振荡器(或发射机)经环流器耦合至天线,向空间发射电磁波。环流器将发射源(射频振荡器)信号功率绝大部分耦合到天线,极少部分泄漏到相干检波器作为其基准信号,将由目标反射回天线的回波信号几乎全部耦合至相干检波器。回波信号和基准信号经过相干检波器,把回波信号和基准信号之间的相对相位或频率变化转换为电压值的变化,这就是多普勒信号。故这种检波又称为相干检波。相干检波器实际上就是一种相位检波器。

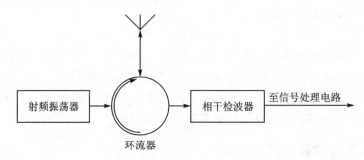

图 3.13　天线收发共用外差式体制收发装置原理框图

2. 自差式

对于作用距离很近的无线电探测系统,由于回波信号一般比较强,可以采用较低灵敏度的接收机。低灵敏度的接收机对混频器的性能要求不高,所以可以使发射系统和接收系统共用。这样的接收-发射机称为自差式收发装置,简称自差机。

发射系统和接收系统共用,也就是振荡器和混频器共用,如图 3.14 所示。从发射角度看,它是射频振荡器;从接收角度看,它是自激式混频器。

我们可以这样来理解自差机的工作原理:自差机实质上是一个振荡器加检波器。自差机振荡时,在天线上产生电动势 E_A,如图 3.15 所示,相距为 R 的目标反射的信号在天线上引起附加的电动势 e_A。E_A 和 e_A 之间的相位差取决于距离 R,并且在自差机与目标接近的过程中,当 R 值改变 $\Delta R = \lambda/2$ 时,该相位差改变 2π(这时全部波程变化为 λ)。因此,e_A 和 E_A 之间的相位差在与目标接近过程中周期性变化,从而引起天线中的电流 I_A 以相同的频率周期性变化。这种周期性变化使原有振荡频率受到了调制。其调制频率就是多普勒频率,通过检波后得到多普勒信号。

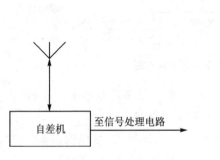

图 3.14　自差机原理框图

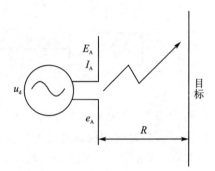

图 3.15　自差机与目标相互作用

自差式近程探测系统不仅收发天线共用,而且它的射频振荡发射、接收回波以及混频(检波)都是共用的,一般用一个管子来完成。

回波信号作用于自差收发机的理论分析的常用方法有两种。

一种方法是用天线阻抗的变化等效回波信号的作用,即将回波信号在天线上感应的电动势等效为天线阻抗的变化,天线阻抗又是自差机振荡器负载的一个组成部分,从而把回波信号的作用与自差机振荡器联系在一起,负载的变化引起振荡器幅度的变化(该变化的大小反映了自差机灵敏度的高低),通过检波器后可得到多普勒信号。这种方法的实质就是把自差机和目标一起构成了一个自动振荡系统。

另一种方法就是在自差机振荡回路中直接引入相应的回波信号。回波信号在自差机中与发射振荡频率产生差拍振荡,通过检波器后,输出多普勒信号。这种方法称为再生接收机原理。

自差收发机的理论分析方法可参阅有关文献,这里不再展开讨论。

对于发射功率比较小的近程探测系统,自差式近程探测系统较易实现,且具有体积小、结构简单、成本低等特点。而外差式近程探测系统在抑制本机噪声、提高信噪比等方面具有一定的优越性,且易于调试(振荡与混频分开,易于调试和匹配)。当发射功率较大时,自差机较难兼顾大功率与高灵敏度这两方面的要求,而外差式系统则容易兼顾这一要求。

3.2.3　自差式近程探测系统的作用距离及灵敏度

我们在第 1 章中讨论了雷达方程,它适合于外差式近程探测系统。对于自差式近程探测系统,由于发射与接收合成为一个自差机,因此,其作用距离与外差式近程探测系统计算有所不同。自差机的工作是以发射和接收信号之间的相位关系为基础的。但在功率形式表达的雷达方程中,没有明显的相位关系,因此必须将能量关系转换成电压或电流之间的关系。

1. 点目标(例如空中目标)

反射信号在自差机天线输入端产生感应电动势 e_A,与原自差机在天线上的激励电动势 E_A 之间有一定的相位关系。这种相位关系也可以认为是由于反射信号的作用而在天线回路中引了附加阻抗 ΔZ_A,其模数和幅角(或相应的实部和虚部)的周期性变化,导致自差机中高频电压或电流也以多普勒频率作周期性变化,形成了调制振荡。对这种调制振荡进行检波,在自差机输出端即可得到多普勒信号。

设自差式近程探测系统的辐射功率 $P_t = P_A$,收发共用天线的方向性系数为 D,方向性函数为 $F(\varphi)$(在天线波束中心附近,天线增益 $G = DF^2(\varphi)$),点目标的雷达截面积为 σ,则距离为 R 的目标反射信号在天线处形成的信号功率密度为

$$p_r = \frac{P_t DF^2(\varphi)\sigma}{(4\pi R^2)^2} \tag{3.19}$$

相应的场强为

$$E_r = \sqrt{2\eta p_r} \tag{3.20}$$

式中，$\eta = 120\pi\ \Omega$，为自由空间的波阻抗。

根据天线理论，天线感应电动势 e_A 可由下式求得，即

$$e_A = E_r L_g F(\varphi) \tag{3.21}$$

式中，L_g 为天线的有效长度，与辐射电阻 R_Σ 有如下关系：

$$L_g = \frac{\lambda_0\sqrt{DR_\Sigma}}{\sqrt{\pi\eta}} \tag{3.22}$$

又发射功率可表示为

$$P_t = \frac{1}{2}I_m^2 R_\Sigma \tag{3.23}$$

式中，I_m 为天线辐射电流的最大振幅。将式(3.20)、式(3.22)代入式(3.21)并考虑式(3.23)和式(3.19)得

$$e_A = KI_m \tag{3.24}$$

式中

$$K = \frac{e_A}{I_m} = \frac{\lambda_0 DF^2(\varphi)R_\Sigma\sqrt{\sigma}}{4\pi\sqrt{\pi}R^2} \tag{3.25}$$

很显然，e_A 是回波信号在天线上的感应电动势，所以系数 K 是感应阻抗或称引入阻抗。

自差体制的核心就是讨论天线感应电动势 e_A 和天线上电动势 E_A 之间的相位关系。下面讨论这个问题。

在如图 3.16 所示的自差机天线回路中，为讨论简单，忽略天线损耗，根据基尔霍夫电压定律可得

$$\dot{E}_A = \dot{I}_m(R_\Sigma + jX_A) + \dot{e}_A = \dot{I}_m Z_A + \dot{e}_A \tag{3.26}$$

式中，$Z_A = R_\Sigma + jX_A$，表示天线输入阻抗。上式可改写为

$$\dot{E}_A = \dot{I}_m(Z_A + \dot{e}_A/\dot{I}_m) = \dot{I}_m(Z_A + \Delta Z_A) \tag{3.27}$$

式中，$\Delta Z_A = \dot{e}_A/\dot{I}_m$，表示在天线回路中由于反射信号作用而引入的附加阻抗，包含着目标的信息。因此我们着重讨论 ΔZ_A。

令时间 $t=0$，I_m 的相位为零，所以天线电流瞬时值 i 可表示为

$$i = I_m e^{j\omega_0 t} \tag{3.28}$$

回波信号所感应的电动势瞬时值 e 与其相差一个多普勒频率，所以其表达式为

$$e = e_A e^{j(\omega_0 + \omega_d)t} \tag{3.29}$$

式(3.28)和式(3.29)表示的瞬时值仍然可表示成相量

$$\dot{I}_m = I_m \tag{3.30}$$

$$\dot{e}_A = e_A e^{j\omega_d t} \tag{3.31}$$

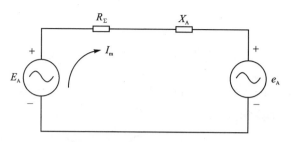

图 3.16 自差机天线回路等效电路

于是

$$\Delta Z_A = \frac{\dot{e}_A}{\dot{I}_m} = \frac{e_A}{I_m} \mathrm{e}^{\mathrm{j}\omega_\mathrm{d}t} = |\Delta Z_A| \mathrm{e}^{\mathrm{j}\omega_\mathrm{d}t} = K \mathrm{e}^{\mathrm{j}\omega_\mathrm{d}t} \tag{3.32}$$

上面的分析过程可用图 3.17 所示的天线阻抗变化图来表示。由图 3.17 可见,当近程探测系统与目标做相对接近运动时,随着距离的接近,天线引入阻抗的模 $|\Delta Z_A| = K$ 逐渐增大,相位角以 ω_d 在变化。ΔZ_A 的电阻分量 R_Σ 和电抗分量 X_A 也在周期性地变化。当 $\omega_\mathrm{d}t = k\pi$ 时,ΔZ_A 为纯电阻;当 $\omega_\mathrm{d}t = (k+1/2)\pi$ 时,ΔZ_A 为纯电抗,$k = 1,2,3,\cdots$

由以上分析可知,在有回波信号作用时,自差机是一个在交变负载作用下的振荡器。交变负载的电阻变化引起调幅,交变负载的电抗变化引起调频。因此,在有回波信号作用时,振荡回路中时域波形是以多普勒频率为调制频率的调频调幅波,如图 3.18 所示。于是采用检波的方法就可以得到多普勒信号。

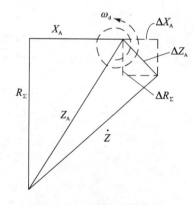

图 3.17 天线阻抗变化图

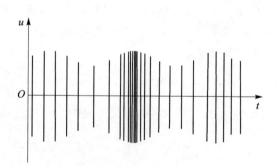

图 3.18 振荡回路中的调频调幅波

对于具体的自差机电路,多普勒信号可以反映 ΔZ_A 的实部 ΔR_Σ 的变化,也可以反映虚部 ΔX_A 的变化。幅度检波电路可取出 ΔR_Σ 的变化(包络),而频率检波电路则可取出 ΔX_A 的变化(鉴频)。一般来说,幅度检波的自差机容易实现,所以连续波多普勒近程探测系统几乎都采用幅度检波。幅度检波只与辐射电阻变化量有关。辐射电阻的最大变化量为

$$\Delta R_{\Sigma} = |\Delta Z_{A}| = K = \frac{e_{A}}{I_{m}} \tag{3.33}$$

于是感应电动势

$$e_{A} = \Delta R_{\Sigma} I_{m} \tag{3.34}$$

可见,由式(3.24)和式(3.34)比较可知,当有回波信号时,产生感应电动势,相当于在天线回路中引入一个附加电阻:

$$\Delta R_{\Sigma} = K = \frac{\lambda_{0} D F^{2}(\varphi) R_{\Sigma} \sqrt{\sigma}}{4\pi \sqrt{\pi} R^{2}} \tag{3.35}$$

这里,定义自差机的高频灵敏度为

$$S_{A} = \frac{U_{d}}{\Delta R_{\Sigma}/R_{\Sigma}} \tag{3.36}$$

式中,U_{d} 为自差机输出的有用信号,由式(3.35)可得

$$U_{d} = S_{A} \frac{\Delta R_{\Sigma}}{R_{\Sigma}} = \frac{S_{A}\lambda_{0} D F^{2}(\varphi) \sqrt{\sigma}}{4\pi \sqrt{\pi} R^{2}} \tag{3.37}$$

如设 U_{do} 为自差机低频启动灵敏度,即近程探测系统为完成预定功能所设置的最小门限电压——自差机输出的最小电压振幅。当 $U_{d} = U_{do}$ 时,近程探测系统将实现预定功能(如报警、反馈控制、引爆等),此时作用距离为

$$R_{0} = \sqrt{\frac{S_{A}\lambda_{0} D F^{2}(\varphi) \sqrt{\sigma}}{4\pi \sqrt{\pi} U_{do}}} \tag{3.38}$$

2. 平面目标(例如地面)

这里只讨论满足镜面反射条件的平面目标。

设平坦而光滑的地面反射系数为 N,自差机发射功率为 P_{t},天线波束中心与地面垂直,此时 $G = D F^{2}(\varphi)$,天线距地面高度为 H,参照式(3.19),可得到天线处目标反射功率密度为

$$p_{r} = \frac{P_{t} G N^{2}}{4\pi(2H)^{2}} \tag{3.39}$$

利用式(3.20),反射信号电场分量为

$$E_{r} = \frac{N \sqrt{2\eta P_{t} G}}{4H \sqrt{\pi}} \tag{3.40}$$

将上式代入式(3.21),并考虑式(3.22)和式(3.23),可求得回波信号在天线上产生的感应电动势为

$$e_{A} = \frac{\lambda_{0} G R_{\Sigma} N}{4\pi H} I_{m} \tag{3.41}$$

比较式(3.41)与式(3.34)得

$$\Delta R_{\Sigma} = \frac{\lambda_{0} G N}{4\pi H} R_{\Sigma} \tag{3.42}$$

引入高频灵敏度 S_A,求得自差机输出端多普勒信号振幅

$$U_d = S_A \frac{\Delta R_\Sigma}{R_\Sigma} = \frac{S_A \lambda_0 GN}{4\pi H} \tag{3.43}$$

设 U_{do} 为低频启动灵敏度,当 $U_d = U_{do}$ 时,对应的作用距离为

$$H_0 = \frac{S_A \lambda_0 GN}{4\pi U_{do}} \tag{3.44}$$

3. 自差机灵敏度的物理意义

从以上分析中可以看出:上述对自差机的讨论是认为自差机与目标共同组成了一个自动振荡系统,该系统包含随距离以某种速率变化的可变参数,并在系统中产生自动调制;同时,把回波信号对自差机作用的复杂问题,归结为自激振荡器承受缓慢变化的很小负载的较简单的问题。在这种前提下导出了自差机多普勒近程探测系统的作用距离。

从对点目标或平面目标作用距离公式中可看出,通过多普勒信号幅度定位时,近程探测系统的作用距离 R 与自差机高频灵敏度 S_A、低频启动灵敏度 U_{do}、工作波长 λ_0、天线参数 G 以及目标反射特性 σ 或 N 有关。若目标、工作波长及天线参数等已定,作用距离则主要取决于 S_A 和 U_{do}。另外,从表面上看,作用距离似乎与发射功率无关,但这只是表面现象。实际上,发射功率和高频灵敏度都与自差机的工作状态有关,改变高频灵敏度 S_A,发射功率 P_t 也将随之变化;换句话说,发射功率对作用距离的影响是通过 S_A 体现的。

式(3.36)定义了自差机的高频灵敏度,其中 $\Delta R_\Sigma / R_\Sigma$ 起决定作用。在忽略天线损耗的条件下,ΔR_Σ 是天线阻抗的有功分量。若工作波长和天线结构一定,则不论辐射功率大小,由于天线输入端电压和电流总是成正比的,天线输入阻抗不变化,故天线的辐射电阻也不变化。可见 ΔR_Σ 只取决于工作波长和天线结构。当目标存在时,回波信号的作用就相当于在天线中引入一个附加阻抗,这一点上面已经阐述清楚了。为简化分析,假设 $D=1,F(\varphi)=1$,即采用无方向性天线($G=1$),于是式(3.35)变为

$$\Delta R_\Sigma = \frac{\lambda_0}{4\pi\sqrt{\pi}} \frac{\sqrt{\sigma}}{R^2} R_\Sigma \tag{3.45}$$

式中,$\dfrac{\sqrt{\sigma}}{R^2}$ 表征了目标信息的强度。目标的雷达截面积 σ 越大,近程探测系统与目标之间的距离 R 越小,目标信息强度就越大。由式(3.45)改写为辐射电阻相对变化量的形式:

$$\frac{\Delta R_\Sigma}{R_\Sigma} = \frac{\lambda_0}{4\pi\sqrt{\pi}} \frac{\sqrt{\sigma}}{R^2} \tag{3.46}$$

该式排除了天线结构因素的影响,只与目标信息强度有关。

可见 $\dfrac{\Delta R_\Sigma}{R_\Sigma}$ 反映了目标信息强度,其物理意义就是相对目标信息强度,又称为相对高频灵敏度。

因此,由式(3.36)定义的自差机高频灵敏度 S_A 的物理意义就是表示自差机探测目标信息的能力。相对目标信息强度 $\dfrac{\Delta R_\Sigma}{R_\Sigma}$ 一定时,灵敏度高(S_A 数值大),表示自差机获得目标信息的能力强;当自差机输出信号 U_d 一定时,灵敏度高,表示可以探测目标信息强度较弱的目标。

自差机高频灵敏度的高低,取决于振荡器的工作状态和检波器的检波效率(电压传输系数),而其中工作状态起主要作用。灵敏度高就是当负载变化时,振荡器的振荡幅度改变大,增加调制深度。从这个意义上讲,就是振荡器工作不稳定。可见,自差机高频灵敏度又是振荡器工作不稳定性的指标。

通过以上分析,可以看出,自差机灵敏度与一般接收机灵敏度不同,但就各自承担的任务而言又是相似的。前者表示探测目标信息的能力,后者表示接收微弱信号的能力。对于前者,灵敏度高表示能探测到更远的目标;对于后者,灵敏度高表示能接收到更远的电台信号。

3.2.4　灵敏度测试及系统标定

目前,对于连续波多普勒无线电探测系统的灵敏度测试方法,主要有同轴线法、屏蔽箱法、反射板法等,这些方法沿用了无线电引信的测试方法,并以吊弹实验为基础,作为标准进行校验。详细方法在"引信系统概论"等课程中已作介绍,并可参阅有关资料,我们这里不再讨论。这里主要介绍两种室内测试及标定方法。

1. 半实物信号仿真系统

随着仿真技术和计算机技术的发展,对各种设备(或仪器等)自动化测试的要求日益提高。近程探测系统作为一种特定的电子设备,更应提高自动化测试程度,加强室内的仿真测试,这给原先必须依赖于室外动态检测实验来标定的近程探测系统带来了很大的灵活性和便利性,并对设计、研制以及验收近程探测系统的性能检测、参数测试、降低成本、缩短研制周期、提高工效等具有重大意义。这里介绍一种室内仿真测试方法,其测试原理框图如图3.19所示。

被测的近程探测系统产生单频的连续波信号,由天线发射出去到达反射器,再由反射器天线返回被测的近程探测系统。多普勒信号仿真系统可根据目标特性、交会条件、被测系统参数等建立数学模型,然后进行仿真计算,得到理论计算的由计算机产生的多普勒信号;再通过接口电路,将数字信号变换成模拟信号,加到调制器上。调制器接收到被测近程探测系统发射的信号,同时受模拟多普勒信号调制,又返回被测近程探测系统;被测近程探测系统接收的回波信号中就含有了模拟多普勒信号。因此,虽然近程探测系统与反射器之间没有相对运动,但是通过对回波信号的调制,模拟了两者之间的相对运动。

通过调节距离 L 和隔离放大器的放大量 K_v,可以控制被测近程探测系统接收回波信号的大小。如果结合实际的室外动态试验,则可以对 L 和 K_v 进行标定。这

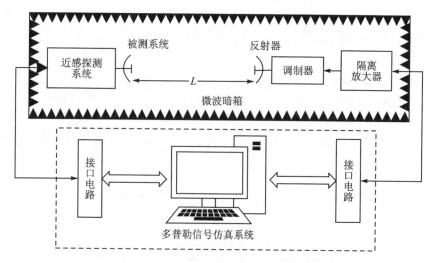

图 3.19 连续波多普勒近程探测系统测试半实物信号仿真系统原理框图

样,半实物信号仿真系统可以作为一种精确的测量装置,对被测近程探测系统进行标定;同时利用该装置可进行更深入的系统和信号处理研究。

要注意的是,应尽量避免外部环境对测试系统的影响,如有条件,则应尽量在无线电无回波的暗室中进行。图 3.20 为本课题组完成的毫米波引信半实物仿真测试

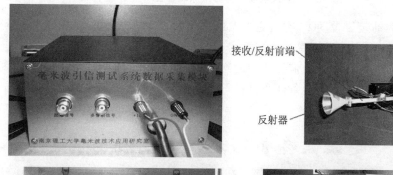

图 3.20 毫米波引信半实物仿真测试系统

系统,被测引信放置在电波暗箱中,通过上位机软件设置参数,可编程器件生成所需波形,完成弹目交汇模拟仿真,通过实测数据校正建立的回波模型能很好地模拟实际探测过程的回波信号。该系统主要用于毫米波引信的科研和生产,减少外场试验。

2. 角反射器测量方法

在第1章中,曾讨论了几种常见反射体的雷达截面积 σ。其中角反射器的雷达截面积可以在边长、波长已知的条件下进行预估,而且在一定角度范围内 σ 保持不变,并有较高的增益。利用角反射器,可对近程探测系统进行慢速测量,得到高频幅值变化的大小。其测试原理框图如图 3.21 所示。

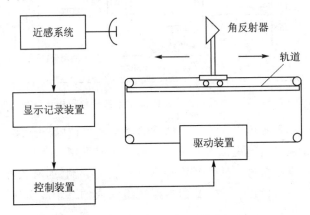

图 3.21　角反射器测量方法原理框图

角反射器在驱动装置带动下,在轨道上做慢速的来回运动,从而使近程探测系统获得多普勒信号,此时多普勒频率可能与真实交会情况不符,但在敏感装置(如外差机或自差机)输出端得到的(未经信号处理的)多普勒信号幅值是相同的。利用该幅值大小、被测近程探测系统、交会条件及目标等已知参数,可计算出被测近程探测系统的灵敏度。

3.3　连续波多普勒无线电近程探测系统的测量原理及组成

3.3.1　测速原理及系统组成

1. 接近速度的测量——多普勒频率测量

连续波多普勒近程探测系统可用于检测目标的运动速度。当然,正如前面所讨论的,它首先测量的是目标与近程探测系统之间的径向速度分量——接近速度:

$$V_{\mathrm{R}} = \frac{1}{2} f_{\mathrm{d}} \lambda_0 \tag{3.47}$$

然后再通过径向速度分量 V_{R} 以及它与目标之间的夹角 α,求得目标运动的速度 V_{T},

如图 3.22 所示。这里假设近程探测系统不动,故接近速度(瞬时相对速度)与相对速度相等,即 $V_r = V_R$,所以

$$V_T = \frac{V_R}{\cos \alpha} \qquad (3.48)$$

目标的运动速度也可由 $\Delta R / \Delta t$ 测量而得,但所需时间长,且不能测定瞬时速度,准确度也差。故采用测定 f_d 从而得到 V_T 的方法,这样精度高,且实时性好。

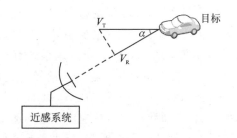

图 3.22 目标运动速度测量示意图

2. 基本测速系统的原理及组成

连续波多普勒无线电探测测速系统(以下简称测速系统)主要由天线、收发装置(主要包括连续波振荡源和相干检波器(或混频器))、多普勒信号放大器、测频电路、显示电路等组成。其收发装置主要有自差式和外差式体制,如图 3.23 所示为外差式测速系统基本框图以及获取多普勒频率的差拍矢量图和各主要点的频谱图。

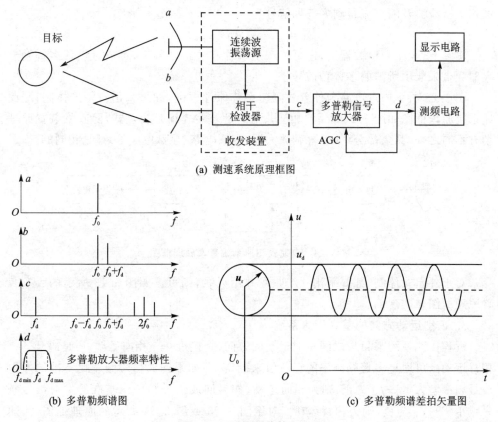

图 3.23 测速系统基本原理

　　由发射源(连续波振荡源)产生等幅连续波高频振荡信号 f_0,其中绝大部分能量从发射天线辐射到空中,很少一部分能量(漏功率)耦合到接收机(相干检波器)输入端作为基准信号。当目标与测速系统有相对运动(见图 3.23(b),b 为接近相对运动)时,a 点发射信号和 b 点回波信号经过相干检波器得到 c 点输出信号,其中含有 f_d,$f_0 \pm f_d$,$2f_0 \pm f_d$…频率成分,由多普勒放大器选出 f_d 频率信号。通过测频、显示等电路,从而获得与目标速度接近的速度信息。

　　设 b 点回波信号振幅 U_r 远小于基准信号振幅 U_0,从图 3.23(c)所示矢量图上可求得合成电压为

$$U_\Sigma = U_0 + U_r \cos \varphi \tag{3.49}$$

　　包络检波器输出正比于合成信号振幅 U_Σ。对于固定目标,合成矢量不随时间变化,检波器输出为一直流电平,经隔直后为零输出。而运动目标回波信号与基准信号的相位随时间按多普勒频率变化,即回波信号矢量 u_r 围绕基准信号 U_0 端点以等角速度 $\omega_d = 2\pi f_d$ 旋转,这时合成矢量的振幅为

$$U_\Sigma \approx U_0 + U_r \cos(\omega_d t - \varphi_0) \tag{3.50}$$

经相干检波器及隔直流得到多普勒信号为

$$U_d = U_r \cos(\omega_d t - \varphi_0) \tag{3.51}$$

　　实际上,经相干检波器后,还可能产生多种和差组合频率,可通过设计多普勒放大器频带来取出所需的多普勒信号 f_d。

　　图 3.23 所示原理电路为外差式测速系统原理框图,如果采用自差式体制,则测速系统原理框图如图 3.24 所示。可见,无论是外差式还是自差式,除收发装置原理稍有不同之外,其余部分(如多普勒放大器、测频电路、显示电路等)都是相同的。

图 3.24　自差式测速系统基本原理框图

　　对于外差式体制,如要采用一个收发共用天线,则可参照图 3.13 所示的收发装置原理框图来实现。

3. 识别运动方向的基本测速系统

　　近程探测系统与目标之间相对运动的方向(是接近——相向运动,还是离开——相背运动),可通过多普勒频率的正负值来确定,即如果回波信号频率比基准的发射信号频率增大——f_d 为正,则为相向运动;如果回波信号频率比基准的发射信号频率减小——f_d 为负,则为相背运动。对于图 3.23 或图 3.24 所示的原理框图,测速系统是在检波后的多普勒频率范围内进行信号处理的,由于检波后的频谱折叠效应,测量时将不能区分多普勒频率的正负性,即无法得知目标的运动方向。所以要得到

f_d 的正负性,可采用正交双通道处理方法,其收发装置原理框图如图 3.25 所示。

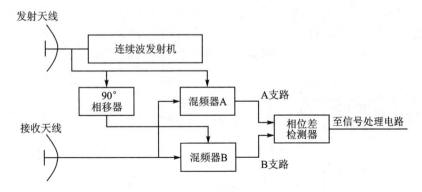

图 3.25　测量 f_d 正负的收发装置原理框图

设发射信号为

$$u_t = U\cos \omega_0 t$$

运动目标回波信号为

$$u_r = U_r\cos \left[(\omega_0 \pm \omega_d)t + \varphi_0\right]$$

式中,多普勒频率 ω_d 的正负表示运动的方向,相位角 φ_0 是一个固定的相移量,它与初次检测时目标的距离 R_0 有关。

接收信号和发射信号在混频器中混频,取出其差频信号。设两混频器的混频效率(或传输系数)均为 K_d,在 A 混频器输出端得到的差频信号为

$$u_A = K_d U_r\cos(\pm \omega_d t + \varphi_0) \tag{3.52}$$

B 混频器输出端得到的差频信号为

$$u_B = K_d U_r\cos(\pm \omega_d t + \varphi_0 + \pi/2) \tag{3.53}$$

当 f_d 为正时(目标趋近),两路混频器的输出分别为

$$u_A^+ = K_d U_r\cos(\omega_d t + \varphi_0) \tag{3.54a}$$

$$u_B^+ = K_d U_r\cos(\omega_d t + \varphi_0 + \pi/2) \tag{3.54b}$$

当 f_d 为负时(目标远离),两路混频器的输出分别为

$$u_A^- = K_d U_r\cos(\omega_d t - \varphi_0) \tag{3.55a}$$

$$u_B^- = K_d U_r\cos(\omega_d t - \varphi_0 - \pi/2) \tag{3.55b}$$

由此可见,根据混频器 B 的相移是超前还是滞后混频器 A 的相移 $\pi/2$,即可确定 f_d 的正负值。因此,通过相位差检测器,可获得目标运动方向的信息。

4. 超外差式测速系统

在图 3.23 所示的外差式测速系统中,接收机工作的参考信号为发射机功率的泄漏信号,不需要本地振荡器;又因为是零中频混频(直接通过差拍得到 f_d),所以也不需要中频放大器,因此结构简单,成本低廉,这对于作用距离近的应用场合是可行的。但也正因为如此,外差式(自差式更是如此)测速系统的灵敏度低,不利于作用距离的

提高。

　　为了提高作用距离,就接收机而言,我们在第 1 章中就指出：提高接收机灵敏度是关键。因此,为了提高接收机的灵敏度,改善其工作效能,可采用改进后的超外差式连续波多普勒近程探测测速系统,其原理框图如图 3.26 所示。

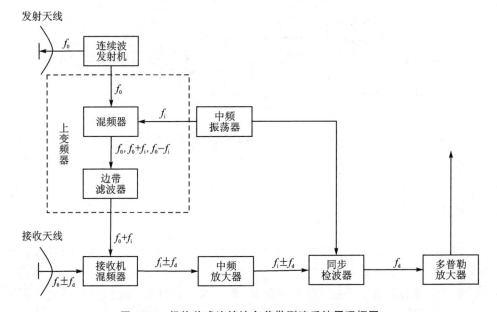

图 3.26　超外差式连续波多普勒测速系统原理框图

　　由图 3.26 可见,接收机混频器的参考信号不再是由发射机漏信号直接输入,而是通过中频振荡频率 f_i 变频,变成 $f_0 + f_i$ 信号后作为参考信号；而混频器输出端取出的也不再是 f_d 信号,而是由中频放大器取出中频信号 $f_i + f_d$,设计时一般选择 $f_0 \gg f_i \gg f_d$。然后通过同步检波器取出 f_d 信号。

　　限制零中频测速系统(包括自差式和外差式)灵敏度的主要因素是半导体器件的闪烁效应噪声,这种噪声的功率差不多和频率成反比,因而在低频段,即大多数多普勒频率所占据的音频段和视频段,其噪声功率较大。当测速系统采用零中频混频时,相干检波器(一般采用半导体二极管或三极管混频器)将引入明显的闪烁噪声,因而降低了接收机的灵敏度。而采用超外差式接收机可克服闪烁噪声,它将中频 f_i 的值选得足够高($f_i \gg f_d$),使频率为 f_i 时的闪烁噪声功率降低 1 个数量级以下。当然,这要求设计时要保证发射信号不能直接耦合到接收机混频器,显然设计和实施的难度也增加了。

　　另外,零中频测速系统由于采用收发之间直接耦合,除发射功率过大(为提高作用距离)可能造成接收机过载甚至烧毁外,还会增大接收机噪声从而降低其灵敏度。因此,由于发射机噪声以及其他不稳定因素的存在,为提高接收机的灵敏度,收发耦合不宜过紧；但为提高接收机的混频效率,希望收发耦合不宜过小。零中频测速系统较难解决这一矛盾,而超外差式测速系统则可较好地解决这一问题。

图 3.26 中,如要测量 f_d 的正负值,从而获知目标运动方向的信息,则可仿照图 3.25 采用正交双通道处理的方法,以解决单路检波器产生的频谱折叠效应。具体实现的方法留作习题,由大家自行解决。

以上介绍的自差式、外差式以及超外差式测速系统可用来发现运动目标并能测定其径向速度;利用天线的方向性可以测定目标的方位;一般不能测出与目标之间的距离,但在特定条件下可以通过信号处理的方法在很近距离范围内利用 f_d 信号的幅值变化进行精度不高的定距(将在后面进行讨论)。

连续波近程探测测速系统具有明显的优点:发射系统简单,接收信号频谱集中(便于滤波),在作用距离内可发现任一距离上的运动目标,适用于强杂波背景条件下的动目标检测,最小作用距离不受限制等。

5. 测频的基本方法

无论是自差式、外差式还是超外差式测速系统,它们的信号处理电路(包括多普勒放大器、测频电路等)的工作原理都是相同的,所用部件是可以互换的。下面主要对单一点目标的测频方法进行讨论。显然,通过频谱分析的方法,可以对任一复杂目标进行测速。但对于单一点目标,它的多普勒频率在频域上是单一谱线,故可采用以下几种简单的基本测频方法。

(1) 计数法

计数法的实质就是按照频率的定义来测量,即单位时间内信号周期的个数即为频率。其测量的基本原理框图如图 3.27 所示。

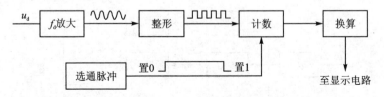

图 3.27　计数法原理框图

图 3.27 中,由选通脉冲提供一个基准闸门时间,在该时间内,对已转换成脉冲方波的多普勒信号,用数字电路中的计数器进行计数,再经过换算电路(乘以一定的系数)得到频率信息。

计数法有较好的线性范围和很宽的频带范围,可将多普勒频率直接转换成数字信号,且易于显示或传递给计算机处理。特别是它的测量可利用发展日趋完善的数字电路,集成度高,快速简便,还可根据测频精度通过控制选通脉冲闸门时间,来对频率变化范围很大的信号进行测频。但计数法对多普勒信号要求较高,如波形比较规则(最好为单一点目标)、信噪比要求高且对于频率较高的测量精度,取决于数字器件的转换速度,测频精度依赖于闸门时间的长短和精确度。

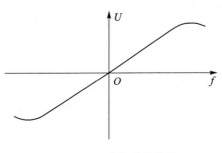

图 3.28　鉴频特性曲线

（2）鉴频法

鉴频法的实质就是利用某些器件或电路对不同频率的信号具有不同的电压传输比的性质进行测频,即利用器件或电路频率特性进行测频。例如,鉴频器就具有这样的性质,其鉴频特性曲线如图 3.28 所示,组成的测频电路基本原理框图如图 3.29 所示。通过鉴频器可将一定频率范围内变化的信号转换成相应电压幅值变化的信号。

图 3.29　鉴频法原理框图

鉴频法测频速度快,适用于频率较高场合的测量,对于一定频率范围内的多普勒信号的幅值、信号的规则性、信噪比的要求低,具有较高的灵敏度。输出的电压信号可直接由模拟显示装置(如指针式电压表、示波器等)显示,也可经 A/D 转换器转换成数字信号后再送至显示电路。但鉴频法测频范围小,电路不易调试,且精度有限。

（3）窄带滤波法

窄带滤波法的实质就是利用信号的频率特性进行测频,即采用窄带滤波器组对于选定的几个频率点进行测量。其测试的基本原理框图如图 3.30 所示。

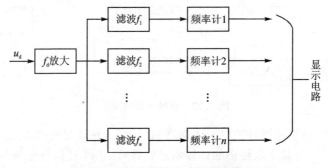

图 3.30　窄带滤波法原理框图

在图 3.30 中,采用了滤波器组,依次排列并覆盖目标可能出现(或所需频率点——速度值)的多普勒频率范围。根据目标回波出现的滤波器序号,即可判定其多普勒频率。对于单一点目标,如果其回波出现在两个相邻滤波器内,则可采用插值计算的方法确定多普勒频率。

窄带滤波法对信号的信噪比、波形规则性、信号幅值的要求最低,且测频速度快,还可用于对复杂目标或多个目标的速度进行测量(多频测量)。但窄带滤波法只适用于测几个点频率值,显然电路形式随所测频率点的增加而越来越复杂,测频精度依赖于窄带滤波器的带宽和中心频率的稳定度。

　　窄带滤波法常用于定速和速度跟踪的场合。如对于单一频率测量,可采用电调滤波器,可对 f_d 进行跟踪,从而大大提高信噪比。图 3.31 是一种频率跟踪滤波器原理框图,它可以对某一频率进行跟踪滤波,从而大大提高测量精度。

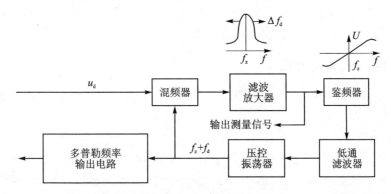

图 3.31　频率跟踪滤波器原理框图

　　跟踪滤波器的带宽很窄(和信号谱线相匹配),且当多普勒频率变化时,滤波器的中心频率也随之变化,始终使多普勒频移信号通过而滤去带外噪声。图 3.31 所示频率跟踪滤波器,是一个自动频率微调系统,它调节压控振荡器的频率而保证输入信号的差频为一固定值 f_z。输入信号频率为 f_d,与压控振荡器输出信号经混频器差拍后,经过滤波放大器送到鉴频器。如果差拍信号频率偏离中频 f_z,则鉴频器将输出相应极性和大小的误差控制电压,经低通滤波器后送去控制压控振荡器的工作频率,从而构成一个负反馈闭环回路,使闭环回路达到稳定工作状态,这时压控振荡器的输出频率接近于输入频率和中频频率之和。压控振荡器频率的变化就代表了信号的多普勒频率,因而从经过处理后的压控振荡器频率中即可获取目标的速度信息。

　　(4) 周期法

　　周期法的实质就是按照周期的定义来测量,即信号周期的倒数即为频率。其基本原理框图如图 3.32 所示。

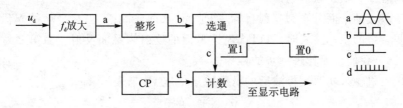

图 3.32　周期法原理框图

　　选通脉冲产生器可采用双稳触发电路。多普勒信号经过整形后,其上升沿使双稳触发电路产生与 f_d 的周期 T_d 相同宽度的方波,该方波 T_d 作为计数器的"置 1"

和"置 0"的选通闸门时间。时钟 CP 则产生频率远大于多普勒频率 f_d 的时钟信号，在选通闸门时间 T_d 内，由计数器对 CP 进行计数，从而获得 f_d。

显然，周期法与图 3.27 的计数法相比，实质是相同的，所不同的是选通闸门时间和被计数的脉冲方波的位置互换了一下。因此，周期法很适合多普勒频率很低的测量场合。

上面讨论了 4 种测频的基本方法，但实际应用时一定不会局限于这些方法，通过举一反三和研究，定会产生许多更有效的好方法。

3.3.2　定距原理及方法

连续波多普勒近程探测系统可用于测速，这在上面已讨论了。现在讨论在一定条件下实现定距功能。

1. 定距原理

由式(2.19)或式(2.25)雷达方程中可以看出，回波信号中包含了距离信息。在近程探测系统发射功率 P_t、工作波长 λ_0、天线增益 G 都不变的条件下，对于一定的目标雷达截面积 σ，回波功率 P_A 与距离 R 之间有一一对应的关系。从这方面看，有可能实现定距的功能。

但是在目标与近程探测系统的相对运动中，由于发射功率 P_t、工作波长 λ_0 不可能绝对稳定，因 P_t 和 λ_0 的稳定性和其他一些因素都会造成天线增益 G 的变化；在不同距离 R 和视角的微小变化下，对于同一目标，其雷达截面积 σ 也会变化，加上本机噪声的影响，这些都会使得依据这种方法的测距和定距有较大的误差。特别是在较远的距离范围内，由于距离的变化而引起的回波信号功率的变化很小，测距误差已达到不能容忍的地步。而对于可能出现的不同雷达截面积的目标，即在事先未知目标特性的情况下，这种测距定距方法只有大致相对的意义。

在极近距离范围内(如零点几米至几十米)，目标与近程探测系统以一定的速度 V_R 接近，σ 在接近过程中变化不大，这样由于回波信号功率 P_A 随距离 R 的变化很快，通过一定的信号处理方法，就可以实现一定精度要求的定距功能。下面来讨论这一问题。

(1) 镜面平面目标

对于较大的平面分布型反射目标，如地面、水面或墙壁，当其平面的起伏远小于近程探测系统的工作波长时，可以认为该平面的反射为镜面反射。由第 2 章中讨论的式(2.25)，我们可以作进一步的推导。

设接收机输入功率用检波后的低频输出电压 V_d 来表示，即

$$V_d = \chi \sqrt{P_A} \tag{3.56}$$

式中，P_A 为接收机输入端功率(即接收到的回波功率)，由式(2.25)表示；χ 为混频或检波系数。

将式(2.25)代入式(3.56)可得

$$V_d^2 = \frac{P_t \lambda_0^2 G^2 N^2 \chi^2}{64\pi^2 R^2} \tag{3.57}$$

记

$$K_g = \chi \sqrt{\frac{P_t \lambda_0^2 G^2 N^2}{64\pi^2}} \tag{3.58}$$

则

$$V_d = \frac{K_g}{R} \tag{3.59}$$

由式(3.59)可见,检波器低频输出信号电压幅度 V_d 随距离 R 减小而增大。通常称 V_d 为增幅信号。

(2) 漫反射平面目标

对于具有一定几何面积的目标,平面的起伏不满足镜面条件,并设天线波束较窄(天线波束照射区小于目标范围,例如,工作波长很小(如 3 cm 或 8 mm 波段等)时,对粗糙地面的照射),被照射的目标有效雷达截面积可近似等于等效圆面积:

$$\sigma_T = \pi (R\theta_T/2)^2 \sigma_0 \tag{3.60}$$

式中,σ_T 为目标有效雷达截面积;θ_T 为天线波束宽度,常以天线波束半功率点计;σ_0 为地面单位面积等效雷达截面积,又叫归一化雷达截面积,与地面"粗糙"程度有关,是 λ_0 的函数。

由于是极近距离,根据经典雷达方程(2.19),可改写为

$$P_A = \frac{P_t \lambda_0^2 G^2 \sigma_T}{64\pi^3 R^4} \tag{3.61}$$

将式(3.60)代入式(3.61),可得

$$P_A = \frac{P_t G^2 \lambda_0^2 \theta_T^2 \sigma_0}{256\pi^2 R^2} \tag{3.62}$$

同样,将上式写成低频增幅信号的形式:

$$V_d = \frac{K_g}{R} \tag{3.63}$$

这里

$$K_g = \chi \sqrt{\frac{P_t \lambda_0^2 G^2 \theta_T^2 \sigma_0}{256\pi^2}} \tag{3.64}$$

对于天线波束较宽、目标小于天线波束照射面积的情况,由于目标特性的复杂性,难以用解析式表示。

由以上分析可知,检波输出后的低频增幅信号 V_d 具有与距离 R 成反比的关系。一般来说,有

$$V_d \propto \frac{1}{R} \quad \text{或} \quad V_d \propto \frac{1}{R^2}$$

不管哪种情况,V_d 都是随 R 的减小而增大。所以从中可以得到距离信息。对采用自差式体制也有相同的结果,可作为习题进行推导。

2. 定距方法和定距系统的组成

下面只讨论在 $V_d \propto \dfrac{1}{R}$ 的形式下,如何实现定距功能。

(1) 简单幅度定距法

由式(3.59)或式(3.63)所示的信号实际上是以 f_d 为载波的包络增幅信号 V_d,如图 3.33 所示。设检测门限为 V_T,当检波器包络 $V_d = V_T$ 时,对应了设定的距离 R_0,其实现的原理框图如图 3.34 所示。显然,这种简单幅度定距法的关键是检测门限的设定,其

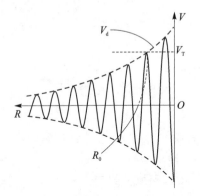

图 3.33　多普勒增幅信号

测量精度与目标参数、系统参数均有关,如这些参数不稳定,将带来很大的误差。所以简单幅度定距法只能用于测量精度不高的场合。

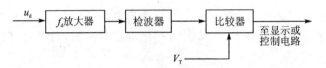

图 3.34　简单幅度定距法原理框图

(2) 双支路微分定距法

对于增幅信号 V_d,其增幅速度为

$$V_z = \frac{\mathrm{d}V_d}{\mathrm{d}t} = K_g \frac{V_R}{R^2} \tag{3.65}$$

式中,$V_R = -\dfrac{\mathrm{d}R}{\mathrm{d}t}$,为近程探测系统与目标之间的接近速度。

结合式(3.63)和式(3.65),可以组成如图 3.35 所示的处理电路。

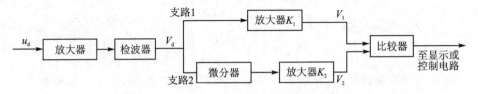

图 3.35　双支路微分定距法原理框图

在图 3.35 中,V_d 经支路 1 放大 K_1 倍后,与 V_d 经过微分器放大 K_2 倍后的支路 2 的输出进行比较,当两条支路信号相等时,比较器将输出信号,此时对应于预定的近程探测系统和目标之间的距离 R_0。

支路 1 输出为

$$V_1 = K_g \frac{K_1}{R} \tag{3.66}$$

支路 2 输出为

$$V_2 = V_z K_2 = K_g K_2 \frac{V_R}{R^2} \tag{3.67}$$

令 $V_1 = V_2$，得预定距离 $R = R_0$，即

$$R_0 = \frac{K_2}{K_1} V_R \tag{3.68}$$

由上式可见，定距值 R_0 只与两条支路的放大倍数以及与目标接近速度有关，而与目标特性及系统参数无关。如果接近速度 V_R 为一恒定值，则可调节两条支路放大倍数的比例 K_1/K_2，从而可确定预定距离 R_0 的大小。由此得到较高的测量精度。这也可由式(3.66)和式(3.67)画成如图 3.36 所示的曲线，来理解和说明 V_1 和 V_2 与预定距离 R_0 的关系。

对于接近速度 V_R 事先未知的情况，可通过 f_d 与 V_R 的关系来确定，即增加一路测频电路，从而确定预设距离 R_0。具体实现方法，留作习题。

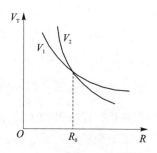

图 3.36　V_1 和 V_2 与预定距离 R_0 的关系示意图

关于极近距离时连续波多普勒近程探测系统的恒定定距方法有许多文献资料论及，如双支路浮动积分定距法、双支路固定积分定距法、对数微分定距法、双支路延时定距法等，可参阅有关资料，这里不再一一介绍。特别提醒：本节讨论的方法，仅适用于极近距离内，近程探测系统与目标以一定速度接近、V_d 变化较快的条件下，且距离越近，定距精度就越高。当然由于极近距离所带来的目标闪烁效应，将造成定距误差。

3.3.3　测角原理及方法

目标的方位角或仰角的测量，可利用天线方向性来实现。采用窄波束的天线，可将绝大部分能量汇集在波束内。当天线波束中心对准目标时，回波信号最强；而波束中心偏离目标时，回波信号减弱。根据回波的强弱可以确定目标的方位。这就是利用能量(或振幅)进行角度测量的基本原理。其物理基础是电磁波在均匀介质中传播的直线性和近程探测系统天线的方向性。

测角的方法可分为相位法、振幅法和连续波多普勒幅度法三类。

1. 相位法测角基本原理

相位法测角是利用两个或多个接收天线接收到的回波信号之间的相位差来实现测角的。设在 θ 方向有一较远的目标，则到达接收点的目标所反射的电磁波可近似

为平面波。采用双天线的近程探测系统,如图 3.37 所示。设两天线之间的距离为 L,波束中心轴平行,两接收机所收到的回波信号的波程差为 ΔR,由此对应的相位差为

$$\varphi = \frac{2\pi}{\lambda_0}\Delta R = \frac{2\pi}{\lambda_0}L\sin\theta \tag{3.69}$$

所以

$$\theta = \arcsin\frac{\lambda_0\varphi}{2\pi L} \tag{3.70}$$

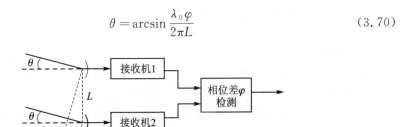

图 3.37　相位法基本原理框图

相位法测角要求接收天线无指向性或指向性必须与目标相接近,否则由于天线指向性的影响,将降低回波信号的信噪比,降低测角精度。

由于鉴相器范围一般为 $-\frac{\pi}{2} \sim \frac{\pi}{2}$,因此要保证测角不模糊,阵元之间的间隔必须小于半波长。而通过增大接收天线之间的距离(即增加基线)可有效提高测角精度,但是为了避免模糊,天线之间的间隔又不能大于半波长。为解决此矛盾,采用多天线(多基线)技术。

从前面的分析可知,相位法测角的前提就是回波到达不同接收天线时近似为平面波,也就是说相位法测角方法适用于远距离目标测量,而且需采用双天线系统,所以在近程探测系统中一般不常采用。

2. 振幅法测角基本原理

振幅法测角可分为最大信号法、最小信号法和等信号法三种,其原理如图 3.38 所示。其中最小信号法是利用天线方向图零点对准目标时测角,由于噪声的存在,信号此时被淹没在噪声中(信号最弱时),故测角精度较差。而等信号法需采用两个相同的彼此部分重叠的天线波束来测角(或两个接收系统),故近程探测系统中考虑结构、成本等因素时,一般也不采用。

最大信号法测角时,天线波束在一定角度范围内扫描,在收到回波信号最强时刻,波束中心轴线所指方向即为目标所在方向。其特点是结构简单,且由于用天线最大值方向测角,回波信号最强,故信噪比最大,有利于检测目标。

最大信号法的主要缺点是测量精度不高,通常其测角误差为天线波束半功率宽度的 $10\% \sim 15\%$。其原因是由于天线方向图最大值附近比较平坦,波束略有转动

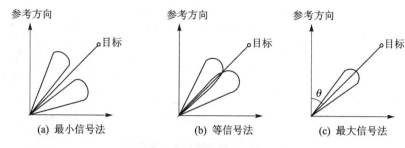

图 3.38　振幅法基本原理

时,回波强弱变化不明显,使最强点不易判别。但因为其简便易行,对测量要求不高,尤其在只要求判断目标是否在预定方向出现时,最大信号法是较常用的测角方法。最大信号法常用于目标的搜索,不能用于对目标的精确跟踪和精密测角。最大信号法测角的精度主要取决于天线方向图主瓣宽度和信噪比。

3. 连续波多普勒幅度法测角基本原理

振幅法的实现,可采用多种体制,如脉冲、调频以及其他调制方式的体制,均可实现测角功能。体制的不同,其信号处理的方法也不同。这里着重讨论未调制的连续波多普勒体制的幅度定角近程探测系统,并采用最大信号法来实现。

角度测量的前提是采用窄波束的天线。通常对近程探测系统采用扇形波束和针状波束两种基本形状波束。

扇形波束:其水平面为窄波束,垂直面为宽波束。主要扫描方式是在窄波束方向上进行圆周扫描和扇形(来回)扫描。扇形波束主要用于方位角的测量,可以在一个面上对目标切入波束的角度进行测量。

针状波束:其水平面和垂直面波束都很窄。它可以同时测量目标的方位角和俯仰角,适用于小范围内对点目标的角度进行测量。根据系统的不同用途,针状波束的扫描方式很多,常用的有:

① 螺旋扫描:在方位角上作圆周快速扫描,同时在仰角上缓慢上升;到顶点后,迅速回到起点并重新开始扫描。

② 分行扫描:在方位角上大角度向右扫描,接着在仰角上叠加一个小增量,然后在方位角上大角度向左扫描;如此在方位角上形成扇形(来回)扫描,在俯仰角上获得一个增量的扫描轨迹。

③ 锯齿扫描:在俯仰角上快速扫描,同时在方位角上慢速扫描。

图 3.39 表示针状波束上述三种常用扫描方式的轨迹。

现在讨论如何利用 f_d 信号进行测角的方法。设目标为单一的点目标,采用窄波束天线的连续波多普勒近程探测系统,由于系统与目标的相对运动,从而获得了 f_d 信号;又因为目标切入天线波束时,其回波信号的大小受到了幅度调制,所以经多普勒放大器检测后的信号如图 3.40 所示。

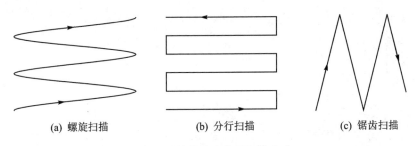

(a) 螺旋扫描　　　　　(b) 分行扫描　　　　　(c) 锯齿扫描

图 3.39　针状波束常用扫描方式

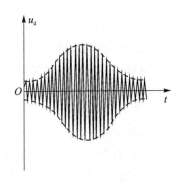

图 3.40　含有角度信息的 f_d 时域波形

　　显然,这是以 f_d 为载波的调幅信号,通过检波后就可获取包络——目标角度信息。其角度信息提取的原理框图可采用如图 3.41 或图 3.42 所示框图。

　　图 3.41 所示框图中,设置了一个门限电平 V_T,其大小由发现概率和虚警概率而定,实质上就是取决于噪声功率和信号功率的大小。当检波输出信号经过积分放大后,如果超过检测门限 V_T,则比较器输出矩形脉冲信号,从而表示在该天线最大方向上出现了预定的目标。

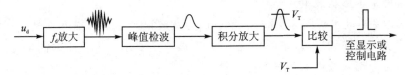

图 3.41　多普勒信号角度信息提取原理框图(1)

　　图 3.42 所示框图中,其检测原理与图 3.41 相同,只是积分放大后信号经过微分电路处理,将天线最大方向上对应目标的回波信号幅值最大点变成了过零点处理方式,从而更准确地描绘了目标经过波束中心的时刻。但显然,这种方法对于复杂目标是不适合的。

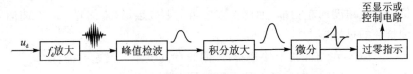

图 3.42　多普勒信号角度信息提取原理框图(2)

　　提醒注意的是:这里讨论的测角方法更准确地说应是定角方法,其定角坐标以天线波束中心为参考原点;要真正实现测角功能,在近程探测系统中可采用伺服控制系统。同时还要指出:上述讨论没有考虑在天线扫描目标过程中的多普勒频率的变化。实际上,如果是单一点目标,特别是天线对目标垂直扫描时,可能会出现 $f_\mathrm{d}=0$ 的情况,这是单频率未调制体制的固有缺陷。

3.4　连续波多普勒探测系统应用举例

连续波多普勒无线电近程探测系统可用于对做简谐运动目标的微多普勒特征的提取,典型的如人体肢体摆动和呼吸、心跳运动产生的微多普勒信号。以下以呼吸、心跳运动为例,简要说明连续波多普勒雷达在信号特征提取过程中遇到的"盲点"问题及信号处理方法。

非接触式生命信号探测技术的基本原理是基于多普勒频移,如图 3.43 所示,假设雷达与人体之间没有障碍物阻隔,多普勒雷达发送连续的电磁波信号到被探测对象,返回的信号的相位被人体胸腔的运动调制而具有被探测对象运动的信息,因此只要解调出返回信号就可以得到被测人体的呼吸与心跳信息。如果忽略幅度的变化,则由单频连续波雷达发射的信号可以表示如下:

$$T(t)=\cos[2\pi f_0 t+\Phi(t)] \tag{3.71}$$

式中,f_0 为振荡频率,t 为时间,$\Phi(t)$ 表示振荡器的相位噪声。

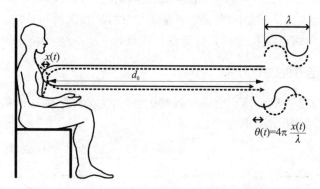

图 3.43　人体胸腔运动对发射信号的相位调制

被探测的人与雷达的距离为 d_0,人的胸腔随时间变化的位移为 $x(t)$,则从雷达发射机到接收机的总距离为 $2d(t)=2d_0+2x(t)$。信号发射到碰到目标的时间延时为 $d(t)/c$,c 表示信号在空间的传播速度,因为反射波向雷达方向传播的同时目标也在运动,所以天线接收到的信号是目标在 $t-d(t)/c$ 时刻的状态,目标与天线间的瞬时距离可表示为 $d[t-d(t)/c]$。因此发射与接收信号的延时 t_d 可表示为

$$t_\mathrm{d}=\frac{2d\left[t-\dfrac{d(t)}{c}\right]}{c}=\frac{2\left\{d_0+x\left[t-\dfrac{d(t)}{c}\right]\right\}}{c} \tag{3.72}$$

接收机接收到的信号为

$$R(t)=A_\mathrm{R}\cos[2\pi f_0(t-t_\mathrm{d})+\Phi(t-t_\mathrm{d})+\theta_0] \tag{3.73}$$

式中，A_R 表示回波信号的衰减；θ_0 为相移常量，其大小受多种因素的影响，如反射物体表面的相移特性、发射机与天线之间的时延、天线与接收机混频器之间的时延等。将式(3.72)代入式(3.73)得到

$$R(t) = A_R \cos\left\{2\pi f_0 t - \frac{4\pi d_0}{\lambda} - \frac{4\pi x\left[t - \dfrac{d(t)}{c}\right]}{\lambda} + \right.$$

$$\left. \Phi\left\{t - \frac{2d_0}{c} - \frac{2x\left[t - \dfrac{d(t)}{c}\right]}{c}\right\} + \theta_0\right\} \tag{3.74}$$

式中，$\lambda = c/f_0$ 表示波长。因为胸腔运动周期 $T \gg d_0/c$，所以可以忽略 $x\left[t - d(t)/c\right]$ 中 $d(t)/c$ 项。另外，因为 $x(t) \ll d_0$，可以忽略相位噪声中的 $2x\left[t - d(t)/c\right]/c$ 项，则简化之后的接收信号表达式可写为

$$R(t) \approx A_R \cos\left[2\pi f_0 t - \frac{4\pi d_0}{\lambda} - \frac{4\pi x(t)}{\lambda} + \Phi\left(t - \frac{2d_0}{c}\right) + \theta_0\right] \tag{3.75}$$

从式(3.75)中可以看到，胸腔周期微动 $x(t)$ 对接收信号 $R(t)$ 的相位产生了调制，如果给接收信号乘上与发射信号同源的本振信号，则这个相位调制就能够被解调，这里提到要用同一个本振信号是因为这样能保证与发射信号保持相关性。根据接收机的形式，可以分为单通道接收机和 I/Q 通道接收机。

3.4.1　单通道接收机原理

在 I/Q 通道接收机应用在生命探测雷达之前，生命探测雷达的接收机一般采用单通道结构，其结构框图如图 3.44 所示。

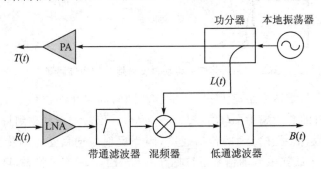

图 3.44　单通道接收机框图

如图 3.44 所示，功分器将本振信号分为两路，一路通过天线发射出去，另一路用来与接收信号混频，因为接收信号的相位噪声与发射信号的相位噪声相关，所以通过混频可以将相位噪声抵消。本振信号可以表示如下：

$$L(t) = \cos\left[2\pi f_0 t + \Phi(t)\right] \tag{3.76}$$

接收信号与本振信号混频再经过低通滤波后的基带信号为

$$B(t) = A_B \cos\left[\theta + \frac{4\pi x(t)}{\lambda} + \Delta\Phi(t)\right] \tag{3.77}$$

式中

$$A_B = A_R\sqrt{G_{RX}G_{CL}} \tag{3.78}$$

式中，G_{RX} 为接收机增益，G_{CL} 为混频器转换增益。

$\Delta\Phi(t)$ 是剩余相位噪声：

$$\Delta\Phi(t) = \Phi(t) - \Phi\left(t - \frac{2d_0}{c}\right) \tag{3.79}$$

θ 为相移常量，其值跟雷达与目标的象征距离 d_0 有关，可表示为

$$\theta = \frac{4\pi d_0}{\lambda} - \theta_0 \tag{3.80}$$

若 $x(t) \ll \lambda$，且 $\theta = \frac{\pi}{2}(2n-1)$，$n=1,2,\cdots,N$，则基带信号可近似表示为

$$B(t) \approx A_B\left[\frac{4\pi x(t)}{\lambda} + \Delta\Phi(t)\right] \tag{3.81}$$

此时输出的基带信号幅度近似与胸腔运动幅度成正比，达到最佳相位解调灵敏度，但是当 $\theta = n\pi$，$n=1,2,\cdots,N$ 时，基带信号近似表示为

$$B(t) \approx A_B\left\{1 - \left[\frac{4\pi x(t)}{\lambda} + \Delta\Phi(t)\right]^2\right\} \tag{3.82}$$

此时输出的基带信号不再与胸腔运动幅度成正比，解调灵敏度大幅下降，称为最差解调点，又称盲点（null point）。这种情况的发生是因为本振信号与接收信号同相或者存在 $180°$ 的相移。因为 θ 的可变部分仅取决于人与雷达的距离，由式（3.80）可知，这种盲点的情况每 $\lambda/4$ 就会发生一次。这种现象影响了系统探测的稳定性与准确性，所以必须解决盲点问题，目前使用最多的方法是采用 I/Q 通道接收机的形式对信号进行解调。

3.4.2　I/Q 通道接收机原理

I/Q 通道接收机框图如图 3.45 所示。

如果运用正交解调接收机，则因为两路接收存在 $90°$ 的相移，总能使得一路信号不出现盲点，两路输出可以表示为

$$B_I(t) = A_B\cos\left[\theta + \frac{\pi}{4} + \frac{4\pi x(t)}{\lambda} + \Delta\Phi(t)\right] \tag{3.83}$$

$$B_Q(t) = A_B\cos\left[\theta - \frac{\pi}{4} + \frac{4\pi x(t)}{\lambda} + \Delta\Phi(t)\right] \tag{3.84}$$

当 $\theta + \frac{\pi}{4}$ 是 π 的整数倍时，I 路输出处于盲点，此时，$\theta - \frac{\pi}{4}$ 是 $\frac{\pi}{2}$ 的奇数倍，因此 Q 路处

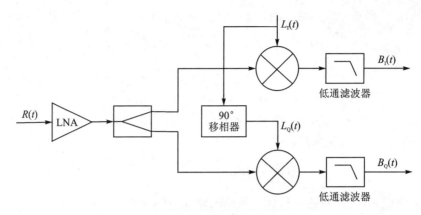

图 3.45　I/Q 通道接收机框图

于最佳接收的条件。正交解调接收机处于最坏的情况是,当 θ 是 π 的整数倍时,$\theta +$ $\dfrac{\pi}{4}$ 和 $\theta - \dfrac{\pi}{4}$ 都是 $\dfrac{\pi}{4}$ 的奇数倍,没有一路输出处于最佳接收条件,此时基带输出可以表示为

$$B_{Q}(t) = B_{I}(t) \approx \frac{1}{\sqrt{2}} - \frac{1}{\sqrt{2}} \left\{ \left[\frac{4\pi x(t)}{\lambda} + \Delta\Phi(t) \right] + \frac{1}{2} \left[\frac{4\pi x(t)}{\lambda} + \Delta\Phi(t) \right]^{2} \right\}$$
$$(3.85)$$

只要 $x(t) \ll \lambda$,式(3.85)的线性项就远大于二次方项,生命体征仍然可以被探测到。

3.4.3　生命信号建模仿真

呼吸和心跳引起的胸腔运动具有周期性,都可用单频正弦信号近似表示,因此胸腔运动 $x(t)$ 可表示为

$$x(t) = A_{r}\sin(2\pi f_{r}t) + A_{h}\sin(2\pi f_{h}t) \qquad (3.86)$$

式中,A_{r}、A_{h} 分别为呼吸和心跳引起的胸腔运动幅度,f_{r}、f_{h} 分别为呼吸和心跳的频率。设呼吸信号的频率为 $f_{r} = 0.3$ Hz,呼吸引起的胸腔运动幅度为 $A_{r} = 10$ mm,心跳信号的频率为 $f_{h} = 1.3$ Hz,心跳引起的胸腔运动幅度为 $A_{h} = 2$ mm,则 $x(t)$ 如图 3.46 所示。

将式(3.86)所示的胸腔位移 $x(t)$ 代入式(3.83)和式(3.84)中,并且令 $\theta = \pi/4$,得到的 $B_{I}(t)$、$B_{Q}(t)$ 波形图如图 3.47 所示。可见,I 路通道解调出的基带信号几乎没有失真,而 Q 路通道因为盲点效应,波形完全失真。

令 $\theta = 0$ 时,得到的 $B_{I}(t)$、$B_{Q}(t)$ 波形图如图 3.48 所示。可见,I、Q 两路信号都不在最佳解调点,无论选择哪一路通道,都存在一定程度的解调失真,但此时生命信号仍然可以检测出来。

结论:

由以上可知,为了解决生命信号探测的盲点问题,雷达的接收机一般采用 I/Q

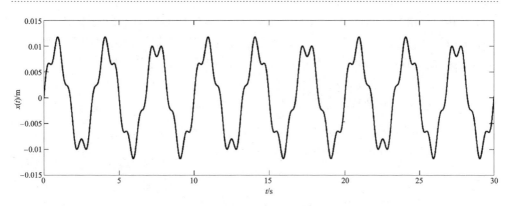

图 3.46　胸腔位移 $x(t)$

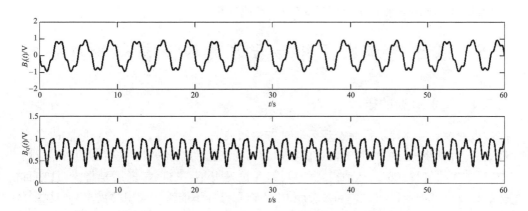

图 3.47　当 $\theta=\pi/4$ 时，I、Q 两路分别解调出的基带信号

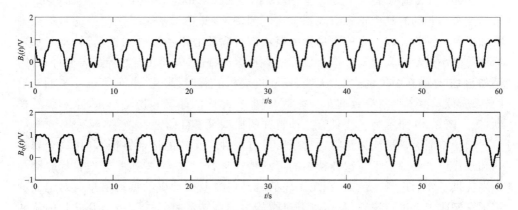

图 3.48　当 $\theta=0$ 时，I、Q 两路分别解调出的基带信号

两路通道，这样无论探测对象与雷达的距离是多少，I、Q 两路中至少有一路不在盲点上，选择不在盲点上的一路通道的信号作为输出，进行线性近似分析即可。但是这种方法只利用了一路通道的信息，使得解调信号的精确度下降，并且线性近似方法会导

致呼吸和心跳信号之间的谐波和互调效应,使心跳信号的检测准确度下降。而 AT (arctangent)解调很好地利用了 I、Q 两路通道的信息,且解调出的呼吸和心跳信号互不干扰,能实现精确解调,是目前生命信号解调应用较广泛的方法。

AT 解调就是利用反正切的方法进行解调,假设 I、Q 两路通道平衡,且输出的都是理想的没有杂波干扰的生命信号,则 AT 解调的表达式如下:

$$\phi(t) = \arctan\left[\frac{B_Q(t)}{B_I(t)}\right] = \arctan\left\{\frac{A_B\sin\left[\theta + \frac{4\pi x(t)}{\lambda} + \Delta\Phi(t)\right]}{A_B\cos\left[\theta + \frac{4\pi x(t)}{\lambda} + \Delta\Phi(t)\right]}\right\}$$

$$= \theta + \frac{4\pi x(t)}{\lambda} + \Delta\Phi(t) \tag{3.87}$$

可见,通过 AT 解调能将生命信号 $x(t)$ 完整地恢复。

3.5　基于连续波多普勒雷达的微多普勒特征分析

3.5.1　微多普勒的概念

多普勒效应体现了目标宏观运动对雷达回波的调制特性,通过检测回波的多普勒频移,可以获得目标相对于雷达的径向运动速度信息。事实上,在雷达的实际应用中,很难找到仅具有单一运动模式的目标,无论是卫星、飞机、车辆还是行人,这些目标的运动都是复杂运动,单一的速度和距离识别已经不能满足应用的需求,而这些复杂运动所包含的特征是目标精确识别的重要依据。

2000 年,美国海军研究实验室(Navy Research Laboratory)的 Victor C. Chen 将微动及微多普勒的概念正式引入到雷达观测领域,开拓了基于雷达信号的目标微动特征提取这一新领域。目标或目标的组成部分除质心平动以外的振动、转动和加速运动等微小运动称为微动。作为目标的一种运动特性,微动在自然界是普遍存在的,例如,弹道导弹在中段的进动,天线、发动机旋翼的旋转;坦克、卡车等机动车辆车轮的转动,以及由于引擎导致的车身振动,舰船在海面的颠簸和摆动,行人手和腿的摆动,等。图 3.49 所示为一些具有微动特征的典型军事目标。

微动特征通常被认为是雷达目标所具有的独一无二的运动特征,利用高分辨雷达和现代信号处理技术对这种精细的运动特征进行提取,为雷达非合作目标探测与识别提供了新的途径。例如,利用车轮的转动信息及发动机的振动信息可对地面的军用车辆或坦克进行识别;利用直升机螺旋桨的旋转和喷气式飞机引擎叶片的旋转等微动信息可对空中目标进行更加有效的识别;对于空间目标,也可利用弹头的进动信息提高对真假弹头的识别率。微动特征提取开辟了目标特征分析的新领域,为目标识别提供了稳定性好、可分性高的新特征。

在此以直升机螺旋桨叶片为研究对象,叶片旋转会对雷达回波产生周期性的调

图 3.49　具有微动特征的典型目标举例

制,这种调制相对于雷达载波而言是一种二次调制,也称为喷气引擎调制(Jet Engine Modulation)。这个概念不仅仅针对发动机的桨叶,对所有具有旋转部件的目标都适用。

3.5.2　旋转叶片模型的建立

由于直升机的旋翼尺寸远大于雷达发射信号波长,因此可以认为旋翼工作于光学区。在分析目标模型时,视单片桨叶为一个等效散射点,那么整个旋转部件的散射回波可认为是全部桨叶散射回波的线性叠加。这里以 AH‐64"阿帕奇"武装直升机的主旋翼为例建立旋转目标模型,模型建立基于以下几点理想前提:

① 每个桨叶均为线性、同质的刚性部件;

② 每个桨叶均不存在遮挡;

③ 旋转部件中心远离雷达中心;

④ 模型建立过程中,暂不考虑噪声与干扰。

雷达与旋翼叶片的几何关系如图 3.50 所示,雷达位于空间固定坐标系(X,Y,Z)的原点,而旋翼的中心取在物体固定坐标系(x,y,z)的原点,且在 xOy 平面上以角速度 ω_r($|\omega_r|=\Omega$)围绕 z 轴旋转。参考坐标系(X',Y',Z')并行于空间坐标系,且换算到与物体固定坐标系相同原点的空间固定坐标系上。假设直升机径向速度大小为 v,从雷达到参考坐标系原点的距离为 R_0,参考坐标系原点高度为 h,参考坐标系原点相对于雷达视线方向的方位角和俯仰角分别为 α 和 β。P 为桨叶上某一散射点,其距参考坐标系原点的距离 $OP=l_P$,桨叶根部距参考坐标系原点 O 的距离为 L_1,桨叶尖部距参考坐标系原点 O 的距离为 L_2,则有效桨长为 $L=L_2-L_1$。对于直升机旋翼,$L_1=0$,所以有效桨长为 $L=L_2$。设 P 点初相为 θ_0,则 t 时刻其相角为 $\theta_t=\theta_0+\Omega t$,则 t 时刻散射点 P 在参考坐标系中的坐标为($l_P\cos\theta_t$,$l_P\sin\theta_t$,0),O 点到雷达距离为 $R_t=R_0+vt$,O 点在空间固定坐标系中的坐标为($R_t\cos\beta\cos\alpha$,

$R_t \cos \beta \sin \alpha, R_t \sin \beta)$。

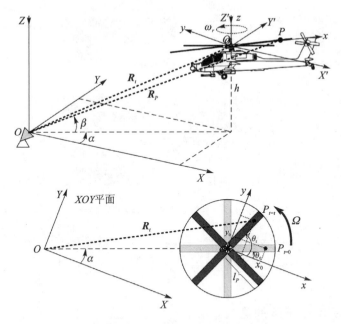

图 3.50　雷达与旋翼叶片的几何关系

散射点 P 到雷达的距离为

$$R_P(t) = |\mathbf{R}_t + \mathbf{l}_P|$$

$$= \left[(R_t \cos \beta \cos \alpha + l_P \cos \theta_t)^2 + (R_t \cos \beta \sin \alpha + l_P \sin \theta_t)^2 + (R_t \sin \beta)^2 \right]^{\frac{1}{2}}$$

$$= \left[R_t^2 + l_P^2 + 2R_t l_P \cos \beta (\cos \alpha \cos \theta_t + \sin \alpha \sin \theta_t) \right]^{\frac{1}{2}}$$

$$\cong \left[R_t^2 + l_P^2 \cos^2(\theta_t - \alpha) + 2R_t l_P \cos \beta \cos(\theta_t - \alpha) \right]^{\frac{1}{2}}$$

$$= R_0 + vt + l_P \cos \beta \cos(\Omega t + \theta_0 - \alpha) \tag{3.88}$$

假设处于雷达远场,$(l_P / R_0)^2 \to 0$,雷达发射的是一段窄带相参信号:

$$x(t) = \exp(j 2\pi f_0 t) \tag{3.89}$$

则雷达接收的散射点 P 的回波信号为

$$s_R(t) = \exp \left\{ j \left[2\pi f_0 t - \frac{4\pi}{\lambda} R_P(t) \right] \right\} = \exp \left\{ j \left[2\pi f_0 t + \Phi_P(t) \right] \right\} \tag{3.90}$$

式中,$\Phi_P(t) = -4\pi R_P(t)/\lambda$,是散射点的相位函数。结合式(3.88)可得散射点 P 的回波信号为

$$s_R(t) = \exp \left\{ -j \frac{4\pi}{\lambda} \left[R_0 + l_P \cos \beta \cos(\Omega t + \theta_0 - \alpha) \right] \right\} \exp \left[j 2\pi (f_0 - f_d) t \right]$$

$$\tag{3.91}$$

经混频后,得到散射点 P 的基带信号为

$$s_B(t) = \exp\left\{-j\frac{4\pi}{\lambda}\left[R_0 + l_P\cos\beta\cos(\Omega t + \theta_0 - \alpha)\right]\right\}\exp(-j2\pi f_d t) \quad (3.92)$$

对上式进行积分,得到整个叶片长度 L 上的回波基带信号为

$$s_L = \exp(-j2\pi f_d t)\exp\left(-j\frac{4\pi}{\lambda}R_0\right)\int_{L_1}^{L_2}\exp\left[-j\frac{4\pi}{\lambda}l_P\cos\beta\cos(\Omega t + \theta_0 - \alpha)\right]$$

$$= (L_2 - L_1)\exp(-j2\pi f_d t)\exp\left(-j\frac{4\pi}{\lambda}R_0\right)\exp\left[-j\frac{4\pi}{\lambda}\frac{L_2-L_1}{2}\cos\beta\cos(\Omega t + \theta_0 - \alpha)\right]\cdot$$

$$\sin c\left[\frac{4\pi}{\lambda}\frac{L_2-L_1}{2}\cos\beta\cos(\Omega t + \theta_0 - \alpha)\right] \quad (3.93)$$

式中,$\sin(\cdot)$ 是辛克函数:

$$\sin c(x) = \begin{cases} 1, & x = 0 \\ \sin(x)/x, & x \neq 0 \end{cases} \quad (3.94)$$

对于具有 N 个叶片的旋翼,N 个叶片的初始旋转角为

$$\theta_k = \theta_0 + k2\pi/N, \quad k = 0,1,2,\cdots,N-1 \quad (3.95)$$

则总的接收信号为

$$s_{\sum}(t) = \sum_{k=0}^{N-1} s_{L_k}(t) = (L_2 - L_1)\exp(-j2\pi f_d t)\exp\left(-j\frac{4\pi}{\lambda}R_0\right)\cdot$$

$$\sum_{k=0}^{N-1}\sin c\left[\frac{4\pi}{\lambda}\frac{L_2-L_1}{2}\cos\beta\cos(\Omega t + \theta_0 - \alpha + k2\pi/N)\right]\cdot$$

$$\exp\left[-j\frac{4\pi}{\lambda}\frac{L_2-L_1}{2}\cos\beta\cos(\Omega t + \theta_0 - \alpha + k2\pi/N)\right]$$

$$= \sum_{k=0}^{N-1} a_k(t)\exp\left[j\Phi_k(t)\right] \quad (3.96)$$

式中,$a_k(t)$ 为幅度分量,$\Phi_k(t)$ 为相位分量。对上式做傅里叶变换,可得到其频域表示为

$$S_N(f) = \sum_{k=-\infty}^{+\infty} 2\pi C_k\delta(f - f_d - kN\Omega) \quad (3.97)$$

式中,$\delta(\cdot)$ 为冲激函数。可见,调制谱是由一根根谱线组成的,当叶片在接近点和后退点有镜面反射时,旋转叶片回波有短暂的闪烁,闪烁之间的间隔为

$$f_{\text{JEM}} = PN\Omega \quad (3.98)$$

式中,N 为桨叶数,当 N 为奇数时 $P=2$,当 N 为偶数时 $P=1$,分别表示单桨或双桨垂直通过雷达视线。调制谱的单边谱线个数为

$$f_D = \frac{8\pi(L_2 - L_1)\cos\beta}{PN\lambda} \quad (3.99)$$

JEM 调制谱的单边谱宽为

$$B_D = \frac{8\pi\Omega(L_2 - L_1)\cos\beta}{\lambda} \quad (3.100)$$

对相位函数 $\Phi_k(t)$ 求导,可以得到第 k 个叶片引起的瞬时多普勒频移为

$$f_{\mathrm{d},k}(t) = \frac{L}{\lambda}\cos\beta\sin(\Omega t + \theta_0 - \alpha + k2\pi/N) \tag{3.101}$$

3.5.3　微多普勒信号仿真

在随机信号分析中,如果一个信号的数学期望与时间无关,而自相关函数仅与时间间隔有关,则该信号称为广义平稳信号,否则即为非平稳信号。微动本质上是一种非匀速运动或非刚体运动,目标微动特征信号具有非线性和非平稳的特点,因此对目标微动特征分析和处理的核心问题是对时变信号的处理。传统的信号分析方法是傅里叶变换,但对于频率随时间改变的非平稳信号,傅里叶变换在时间和频率上均缺乏定位功能。时频分析方法针对的对象是非平稳时变信号,因此,时频分析为研究复杂运动目标成像和特征提取提供了一种有效的途径,通过时频分析得到的时频特征为微动目标识别提供了依据。

对非平稳信号的时频分析方法主要分为两大类:一类是线性时频分析方法,另一类是二次型时频分析方法。线性时频分析方法是将信号分解成基本成分(即核)之和的形式。典型的线性时频表示有短时傅里叶变换(Short-Time Fourier Transform,STFT)、Gabor 展开和小波变换(Wavelet Transform,WT);当我们要用时频表示来描述或分析 LFM 等非平稳信号时,二次型时频分析方法是一种更加直观和合理的方法。Wigner 于 1932 年首先提出了 Wigner 分布的概念,并把它用于量子力学领域,直到 1948 年,首次由 Ville 把它用到信号分析领域。

这里采用 STFT 对直升机旋转叶片微动信号进行时频分析。短时傅里叶变换的基本思想是:傅里叶分析是频域分析的基本工具,为了达到时域上的局部化,在信号傅里叶变换前乘上一个时间宽度很短的窗函数 $\eta(t)$,并假定非平稳信号在分析窗的短时间隔内是平稳的,通过窗在时间轴上的移动从而使信号逐段进入被分析状态,这样就可以得到信号的一组"局部"频谱,从不同时刻"局部"频谱的差异上,便可以得到信号的时变特性。信号 $z(t)$ 的 STFT 定义为

$$\mathrm{STFT}_z(t,f) = \int_{-\infty}^{\infty} z(t')\eta^*(t'-t)\mathrm{e}^{-\mathrm{j}2\pi ft'}\mathrm{d}t' \tag{3.102}$$

由式(3.102)可知,正是由于窗函数 $\eta(t)$ 的存在,使得短时傅里叶变换具有了局域特性,它既是时间的函数,也是频率的函数。对于给定的时间 t,$\mathrm{STFT}_z(t,f)$ 可看作是该时刻的频谱。假定信号在窗函数极短时间间隔内是平稳的,通过窗函数在时间轴上的移动就可以得到信号的一组局部频谱,分析不同时刻局部频谱的差异便可以得到信号的时变特性。需要注意的是,窗函数一旦确定了以后,其形状就不再发生改变,从而短时傅里叶变换的分辨率也就确定了。

现对旋转叶片的微多普勒时频特征进行仿真,假设目标与雷达之间不存在相对运动,仿真参数如表 3.1 所列。

表 3.1　仿真参数

参数名称	数　值	参数名称	数　值
发射载频 f_0/GHz	35	平动速度 v/(m·s^{-1})	0
方位角 α/rad	0	旋转速率 Ω/(r·s^{-1})	50
俯仰角 β/rad	2	桨尖长度 L_1/m	0.590 5
初始相位 θ_0/rad	0	桨根长度 L_2/m	0.2
初始距离 R_0/m	50	观测时间/s	1

当叶片数 N 分别为 2 和 3 时,得到的叶片微多普勒时频曲线如图 3.51 所示。

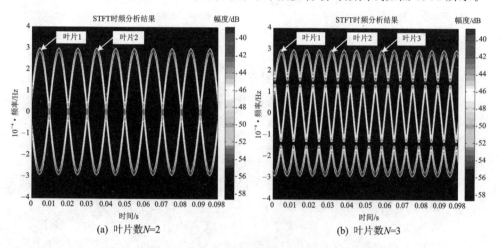

(a) 叶片数 $N=2$　　　　　　　　　　　(b) 叶片数 $N=3$

图 3.51　不同叶片个数下微多普勒 STFT 结果

由图 3.51 可知,当 $N=2$ 时,微多普勒时频曲线以 $f_d=0$ 为轴上下对称,在 0.1 s 的时间内,叶片 1 和叶片 2 各出现了 5 次闪烁;当 $N=3$ 时,微多普勒时频曲线关于 $f_d=0$ 不对称,在 0.1 s 的时间内,3 个叶片各出现了 5 次闪烁。图中余弦调频波幅度为

$$f_{d,max}=\frac{2V_{tip}}{\lambda}\cos\beta=\frac{4\pi(L_2-L_1)\Omega}{\lambda}\cos\beta=28.6\text{ kHz}$$

习　题

1. 填空题。

(1) 连续波多普勒无线电近程探测系统是利用与目标之间存在相对运动时 ＿＿＿＿＿＿＿＿进行工作的。

（2）多普勒效应是指 _____ 和 _____ 之间有 _____ 时，_____ 相对 于 _____ 将发生变化。

（3）多普勒频率在近感系统与目标相接近时为 _____ 值，相远离时为 _____ 值。

（4）f_d 的大小反映了 V_R 的 _____，f_d 的正负反映了 V_R 的 _____。

（5）设 ρ 为目标到相对运动轨迹的距离，则当 $\rho = 0$ 时，f_d 与 _____ 无关，此时若近程探测系统与目标速度保持不变，则 f_d 始终等于 _____。

（6）当地面起伏远小于工作波长且能满足镜面反射条件时，f_d 只取决于近程探测系统速度 _____。

2. 单项选择题。

（1）更为准确地说，f_d 与 _____ 速度成正比。
　　A. 近程探测系统运动　　　　　　　B. 目标运动
　　C. 近程探测系统与目标间相对运动　　D. 近程探测系统与目标间接近

（2）自差机的高频灵敏度表示了其输出低频多普勒信号幅度随 _____ 改变而改变的能力。
　　A. 目标回波强度　　　　　　　　　B. 多普勒频率
　　C. 自差机与目标距离　　　　　　　D. 目标雷达截面积

（3）在超外差式利用中频信号携带多普勒信号以保留目标运动方向信息的测速系统中，经多次混频后的待测频率应 _____ 待测 f_d。
　　A. 大大于　　　B. 大于　　　C. 小于　　　D. 等于

（4）利用发射信号作为本振信号的简单测速系统，又称为 _____ 测速系统。
　　A. 外差式　　　B. 自差式　　　C. 零中频　　　D. A 或 C

（5）连续波多普勒测速系统的优点中不包括 _____。
　　A. 最小探测距离不受限制　　　　　B. 接收信号频谱集中
　　C. 收发隔离度高　　　　　　　　　D. 能在强杂波中进行动目标检测

（6）零中频连续波测速系统灵敏度低的最主要原因是 _____。
　　A. 收发耦合过紧以致于引入本振噪声
　　B. 低频段的半导体器件引起的噪声
　　C. 发射机平均功率过低
　　D. 中频信号太强

（7）由自差机 _____ 获得目标相对测速系统的径向运动速度，_____ 获得目标的运动方向信息。
　　A. 可以　也能　　　　　　　　　　B. 可以　不能
　　C. 不能　但可以　　　　　　　　　D. 不能　也不能

（8）连续波多普勒无线电近程探测系统具有 _____ 的特点。

  A. 瞬时测速   B. 作用距离不受限制

  C. 定距精度较高   D. A、B 和 C

3. 问答题。

（1）为什么说一般情况下所测得的多普勒信号不是单频信号？

（2）简述连续波多普勒无线电近感系统的收发原理。

（3）自差机与外差式收发装置的主要区别是什么？

（4）如何提高外差式接收机的灵敏度？

（5）与自差式和外差式相比，为什么超外差式接收机能提高接收机的灵敏度？

（6）连续波多普勒无线电近程探测测速系统中常用的测频方法有哪些？其原理是什么？各有什么特点？

（7）最大信号法测角有哪些优缺点？

（8）能否采用双支路分别对 f_d 包络信号进行不同倍数的放大？当双支路差值达到一预定值时，能否认为实现了定高功能？

4. 设一连续波多普勒无线电近程探测系统的工作频率为 10 GHz，若一目标以 21 m/s 的速度沿其与近程探测系统之间连线的方向接近，求：

（1）近程探测系统能测得的多普勒频率为多少？

（2）为了检测方便，采用 2 个大小不一的三角形反射器作为模拟目标，其雷达截面积分别为 50 m^2 和 10 m^2，则三角形反射器的边长为多少？

5. 设一外差式近程探测系统，收发天线共用，其增益为 28 dB，工作频率为 35 GHz，发射功率为 30 mW，最小可检测信号功率为 −50 dBm，目标的雷达截面积为 2 m^2，求：

（1）最大作用距离；

（2）如其他条件不变，要增大 1 倍最大作用距离，则需增加多少发射功率？

（3）如其他条件不变，要增大 1 倍最大作用距离，则需增加多少天线增益？

6. 画出采用单个天线的外差式连续波多普勒无线电测速系统的原理框图。

7. 在图 3.26 所示的超外差式连续波多普勒无线电测速系统中，如要增加目标运动方向的判别，则该系统应如何改动？（画出原理框图）

8. 如图 3−1 所示系统，与目标之间有相对运动，其中 $f_i = |f_{o1} - f_{o2}| \gg f_d$，请问该系统能否取出多普勒信号？请说明理由。

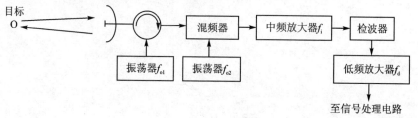

图 3−1　系统原理框图

9. 设目标为点目标,请利用多普勒信号的频率特性,设计一个极近距离的连续波多普勒定距系统(要求画出原理框图,并简要说明信号流程)。

10. 在某一高速公路边上准备安装一个汽车速度监测装置。现提供外差式高频前端一套,其工作波长为 8.4 mm,发射功率为 50 mW,混频器噪声系数为 5 dB;采用的喇叭天线的增益为 20 dB,汽车的雷达截面积大于 2 m^2,要求虚警概率小于 10^{-4},测速范围为 72~144 km/h,探测距离不小于 300 m。请根据上述条件和基本要求设计一个连续波多普勒测速系统(要求有设计思路、原理框图、指标论证等)。

第 4 章 调频无线电近程探测系统

调频无线电近程探测系统是指发射等幅调频连续波信号的近程探测系统,其发射信号的频率按调制信号的规律变化,利用回波信号与发射信号之间的频率差可确定近程探测系统与目标之间的距离。由于调频近程探测系统发射信号的频率是时间的函数,在电磁波从近程探测系统到目标间往返传播的时间内,发射信号的频率已经发生了变化,于是导致回波信号频率与发射信号的频率不同,二者的差值与近程探测系统到目标间的距离有关;测定其频率差值,便可得到近程探测系统到目标之间的距离。这种测距方法称为调频测距,它适合于对单一目标到近程探测系统之间的距离测量。但当距离很近时,频率差值太小,会引起很大的测距误差,从而存在测距盲区,故不适宜极近距离的测量。

由于调频无线电探测系统是通过测量频率差值来确定与目标之间的距离,而不是依靠回波信号幅度定距的,故与连续波多普勒体制相比,具有定距精度高、抗干扰性能好等优点,其测距误差理论上不受目标反射特性(即 σ 起伏)等因素的影响,且具有一定的距离选择能力。当近程探测系统与目标有相对运动时,利用多普勒效应,还可以同时获得目标速度信息,有利于实现近程探测系统的多功能测量。

4.1 调频测距近程探测系统的基本原理

调频测距近程探测系统的调制信号一般为正弦波、三角波和锯齿波信号,也可采用噪声调制、编码调制等其他信号形式。近程探测系统发射信号的频率随时间变化。目标反射回来的回波信号被近程探测系统天线接收,相对于发射信号有一个时间延迟,使发射信号与回波接收信号频率不同,存在频率差,称该频率差为差频信号频率 f_i,简称差频。此差频随近程探测系统与目标之间距离的不同而不同。因此只要测出差频 f_i,便可知两者之间的距离(在满足雷达方程的范围内)。这就是调频测距的基本原理。

调频测距近程探测系统的基本原理框图如图 4.1 所示。由图可见,差频信号是在混频器输出端得到的;之后通过信号处理,测量其差频 f_i 的大小,获取距离信息。与连续波多普勒近程探测系统相比,振荡器的频率是受调制器信号控制的,所以其敏感装置是无线电调频收发装置;而差频信号经测频电路测频获得了距离信息。在连续波多普勒近程探测体制中,测频则是为了获取速度信息。

可仿照连续波多普勒近程探测系统单一天线实现的方案,将图 4.1 改成收发天线共用的形式,留作习题。

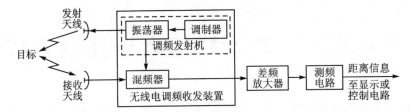

图 4.1　调频测距近程探测系统基本原理框图

4.2　差频信号的特征

4.2.1　调频信号的时域分析

本小节通过时间-频率曲线分析调频信号,比较直观地说明调频测距原理,这有助于对调频测距近程探测系统的理解。但这种方法是近似的。

1. 正弦波调频信号

正弦波信号调频时,发射、回波和差频信号的时间-频率特性曲线如图 4.2 所示。

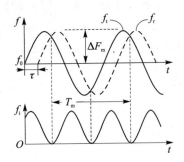

图 4.2　正弦波调频信号的时间-频率特性

设发射信号频率为

$$f_t = f_0 + \Delta F_m \sin \Omega_m t, \quad 0 < t < T_m \tag{4.1}$$

式中,$f_0 = 1/\lambda_0$,为发射载波频率;ΔF_m 为最大调制频偏;$\Omega_m = 2\pi f_m$,为调制角频率;$T_m = \dfrac{1}{f_m} = \dfrac{2\pi}{\Omega_m}$,为调制周期;$f_m$ 为调制频率。

接收到的回波信号频率为

$$f_r = f_t(t - \tau) = f_0 + \Delta F_m \sin \Omega_m (t - \tau) \tag{4.2}$$

混频器输出端差频信号的频率则为

$$f_i = |f_t - f_r| = \Delta F_m |\sin \Omega_m t - \sin \Omega_m (t - \tau)|$$
$$= 2\Delta F_m |\cos \Omega_m (t - \tau/2) \sin \Omega_m \tau/2| \tag{4.3}$$

通常,近程探测系统作用距离较近,满足 $\Omega_m\tau/2\ll1$(即 $T_m\gg\tau$),则式(4.3)简化为

$$f_i=\Delta F_m\Omega_m\tau\,|\cos\Omega_m(t-\tau/2)|$$

将 $\tau=\dfrac{2R}{c}$ 代入上式,可得

$$f_i=\frac{2\Delta F_m\Omega_m R}{c}\,|\cos\Omega_m(t-\tau/2)|\qquad(4.4)$$

由式(4.4)可见,差频信号最大值,即差频幅度为

$$f_{im}=\frac{4\pi\Delta F_m}{T_m c}R\qquad(4.5)$$

可见, f_{im} 与距离 R 有单值关系。因此,在正弦波信号调制下,只要测出差频信号中的最大差频 f_{im} ,即可得距离:

$$R=\frac{T_m c}{4\pi\Delta F_m}f_{im}\qquad(4.6)$$

2. 锯齿波调频信号

锯齿波信号调频时,其调频信号的时间-频率特性曲线如图 4.3 所示。

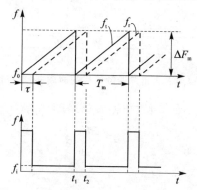

图 4.3　锯齿波调频信号的时间-频率特性

设发射信号频率为

$$f_t=f_0+\frac{\mathrm{d}f_t}{\mathrm{d}t}t,\quad 0<t<T_m\qquad(4.7)$$

回波信号频率为

$$f_r=f_t(t-\tau)=f_0+\frac{\mathrm{d}f_t}{\mathrm{d}t}(t-\tau),\quad \tau<t<T_m+\tau\qquad(4.8)$$

混频器输出端差频信号的频率为

$$f_i=|f_t-f_r|=\frac{\mathrm{d}f_t}{\mathrm{d}t}\tau\qquad(4.9)$$

而 $\dfrac{\mathrm{d}f_t}{\mathrm{d}t}=\dfrac{\Delta F_m}{T_m}$ 及 $\tau=2R/c$,于是

$$f_i = \frac{2\Delta F_m}{T_m c} R \qquad (4.10)$$

可得

$$R = \frac{T_m c}{2\Delta F_m} f_i \qquad (4.11)$$

可见,在调制参数 T_m 和 ΔF_m 一定的条件下,差频 f_i 与距离 R 成正比。

3. 三角波调频信号

三角波信号调频与锯齿波信号调频相类似,两者均为线性调频,仅具体表达式稍有不同。图 4.4 所示为三角波调频信号的时间-频率特性曲线。

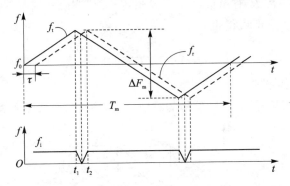

图 4.4　三角波调频信号的时间-频率特性

与锯齿波调频信号相类似,可求出差频信号频率为(可留作习题)

$$f_i = \frac{4\Delta F_m}{T_m c} R \qquad (4.12)$$

或

$$R = \frac{T_m c}{4\Delta F_m} f_i \qquad (4.13)$$

可见,差频信号 f_i 与距离 R 有一一对应的关系,且与锯齿波相比,在相同调制参数与距离条件下,差频频率 f_i 大 1 倍。

4. 不规则区的影响

以上对正弦波、锯齿波以及三角波调频信号进行了时域分析,得到了式(4.6)、式(4.11)以及式(4.13),这些公式给出了差频信号频率 f_i 与距离 R 成线性比例关系(正弦波调频时,R 与最大差频 f_{im} 成正比)。在锯齿波与三角波调频时,由图 4.3 或图 4.4 所示的时间-频率特性曲线中可见,在 $t_1 \sim t_2$ 等时间区间内,差频频率不能由式(4.11)或式(4.13)求得,它们与距离也无直接关系。称 $t_1 \sim t_2$ 这个区间为不规则区。

由于不规则区的存在,导致差频频率也随时间按一定的规律周期性地变化。正弦波调频时更为明显,其差频信号频率是以 Ω_m 为角频率按余弦规律变化的(见式(4.4)),所以当距离 R 确定后,差频信号频谱是离散的,但对应某一最大差频频率 f_{im1};当 R 变化时,f_{im} 也在变;不同的 R,就有不同的 f_{im}。这可由图 4.5 来说明。

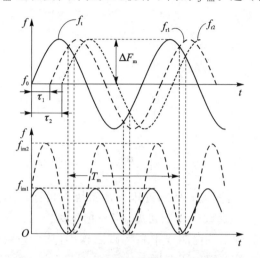

图 4.5　R 不同时,差频信号时间与频率的关系

又由于不规则区的存在,在不规则区间内,将带来测频误差。例如,对于锯齿波调频信号,如图 4.3 所示,则式(4.9)可写为

在规则区内:

$$f_i = \frac{\Delta F_m}{T_m}\tau \quad [(n-1)T_m + \tau < t < nT_m] \quad (n = 1, 2, \cdots)$$

而在不规则区 $t_1 \sim t_2$ 内:

$$f_i = \frac{\Delta F_m}{T_m}(T_m - \tau) \quad [nT_m < t < nT_m + \tau] \quad (n = 1, 2, \cdots)$$

一般来说,在系统设计时,应选择 $T_m \gg \tau$,以减小不规则区,从而提高差频测量精度。另外,也应尽可能地避开不规则区,测频时应选择线性较好的测距范围。

5. 多普勒频率对差频信号的影响

以上分析是在近程探测系统与目标无相对运动的条件下进行的。当近程探测系统与目标之间有相对运动时,应考虑相对运动对差频信号的影响。当有相对运动时,回波信号相对于发射信号的延迟时间 τ 将是时间 t 的函数。在发射信号一个调制周期 T_m 之内,τ 将变化 $2V_R T_m / c$。例如,设 $V_R = 300$ m/s,则 τ 在一个调制周期 T_m 内变化为 $2 \times 10^{-6} T_m$。

延迟时间 τ 的变化对差频信号 f_i 产生两方面的影响。一方面使发射信号频率相对于回波信号频率的变化不再是确定不变的,而是随时间变化的;另一方面将引起回波信号产生多普勒频移。无论上述哪种情况,都将引起差频频率的变化。由式(4.8)可知

$$f_r = f_t(t-\tau) = f_0 + \frac{\mathrm{d}f_t}{\mathrm{d}t}(t-\tau), \quad \tau < t < T_m + \tau$$

当近程探测系统与目标有相对运动时

$$\tau(t) = \frac{2(R_0 + vt)}{c} \tag{4.14}$$

此时式(4.8)写为

$$f_r = f_0 + \frac{\mathrm{d}f_t}{\mathrm{d}t}\left[t - \frac{2(R_0 + vt)}{c}\right] \tag{4.15}$$

差频信号频率为

$$f_i = |f_t - f_r| = \frac{\mathrm{d}f_t}{\mathrm{d}t}\frac{2R_0}{c} + \frac{\mathrm{d}f_t}{\mathrm{d}t}\frac{2v}{c}t \tag{4.16}$$

　　由以上理论分析可得图 4.6 所示近程探测系统与目标相远离运动时,锯齿波调频信号的时间-频率特性曲线。由图可知,当目标远离时,$\tau_i < \tau_{i+1}(i=1,2,3,\cdots)$,所以回波信号的时间-频率特性曲线中斜率越来越小,从而差频频率 f_i 也随之逐渐增大。由此,不规则区的范围也逐渐增大。

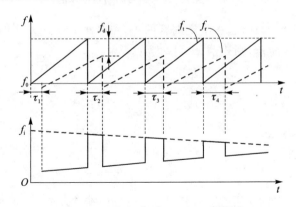

图 4.6　目标远离时 f_i 对 f_d 的影响

　　由图 4.6 分析可知,要消除 f_d 的影响,在设计系统时,应选择 $f_i \gg f_d$。

4.2.2　调频信号的频域分析

　　第 1 章中已经指出,无线电探测系统的发射信号属于探测信号。它与通信系统的发射信号不同,它不包含任何目标信息。有关目标的信息是在发射信号被目标反射的过程中获取的。调频发射信号就是探测信号中的一种。调频近程探测系统一般是将回波信号与发射信号混频后得到差频信号,从中提取有关的目标信息。所以这里从频域角度进一步分析差频信号的特性。

1. 正弦波调频信号

设发射信号为

$$u_t = U_{tm} \sin\left(\omega_0 t + \frac{\Delta\omega_m}{\Omega_m} \sin \Omega_m t\right) \tag{4.17}$$

式中，ω_0、$\Delta\omega_m$、Ω_m 分别为载波角频率、最大角频偏和调制信号角频率。调频发射角频率显然为

$$\omega_\tau = \frac{d\phi_t}{dt} = \frac{d\left(\omega_0 t + \dfrac{\Delta\omega_m}{\Omega_m} \sin \Omega_m t\right)}{dt} = \omega_0 + \Delta\omega_m \sin \Omega_m \tag{4.18}$$

回波信号为

$$u_r = U_{rm} \sin \phi_r = U_{rm} \sin\left[\omega_0(t-\tau) + \frac{\Delta\omega_m}{\Omega_m} \sin \Omega_m(t-\tau)\right] \tag{4.19}$$

发射信号和回波信号同时加入混频器，经过非线性器件混频，并设 $U_{tm} \gg U_{rm}$，在混频器输出端产生直流项、有用的低阶项 $\chi U_{tm} U_{rm} \sin \phi_t \sin \phi_r$ 和更高阶项，这里 χ 为变频常数。通常只有 $\chi U_{tm} U_{rm} \sin \phi_t \sin \phi_r$ 项才有意义，将其表示成和差形式，并设

$$\frac{1}{2} \chi U_{tm} U_{rm} = U_{im} \tag{4.20}$$

则

$$\chi U_{tm} U_{rm} \sin \phi_t \sin \phi_r = U_{im} \left[\cos(\phi_{tm} - \phi_{rm}) - \cos(\phi_{tm} + \phi_{rm})\right] \tag{4.21}$$

相位和项作为高频项被滤除。相位差项包含距离信息，记为 u_i，则

$$u_i = U_{im} \cos(\phi_{tm} - \phi_{rm})$$
$$= U_{im} \cos\left\{\left(\omega_0 t + \frac{\Delta\omega_m}{\Omega_m} \sin \Omega_m t\right) - \left[\omega_0(t-\tau) + \frac{\Delta\omega_m}{\Omega_m} \sin \Omega_m(t-\tau)\right]\right\} \tag{4.22}$$

经简化、展开，得

$$u_i = U_{im} \left\{\cos \omega_0 \tau \cos\left[\frac{2\Delta\omega_m}{\Omega_m} \sin \frac{\Omega_m \tau}{2} \cos \Omega_m\left(t - \frac{\tau}{2}\right)\right] - \right.$$
$$\left. \sin \omega_0 \tau \sin\left[\frac{2\Delta\omega_m}{\Omega_m} \sin \frac{\Omega_m \tau}{2} \cos \Omega_m\left(t - \frac{\tau}{2}\right)\right]\right\} \tag{4.23}$$

应用一类 n 阶贝塞尔函数 $\cos(z\cos x)$ 和 $\sin(z\cos x)$ 的展开式

$$\cos(z\cos x) = J_0(z) + 2\sum_{n=1}^{\infty} J_{2n}(z)(-1)^n \cos 2nx \tag{4.24}$$

$$\sin(z\cos x) = -2\sum_{n=1}^{\infty} J_{2n-1}(z)(-1)^n \cos(2n-1)x \tag{4.25}$$

将 u_i 展开得

$$u_i = U_{im} \left\{\cos \omega_0 \tau \left[J_0\left(\frac{2\Delta\omega_m}{\Omega_m} \sin \frac{\Omega_m \tau}{2}\right) + 2\sum_{n=1}^{\infty} J_{2n}\left(\frac{2\Delta\omega_m}{\Omega_m} \sin \frac{\Omega_m \tau}{2}\right)(-1)^n \cos 2n\Omega_m\left(t - \frac{\tau}{2}\right)\right] + \right.$$
$$\left. 2\sin \omega_0 \tau \sum_{n=1}^{\infty} J_{2n-1}\left(\frac{2\Delta\omega_m}{\Omega_m} \sin \frac{\Omega_m \tau}{2}\right)(-1)^n \cos\left[(2n-1)\Omega_m\left(t - \frac{\tau}{2}\right)\right]\right\} =$$

$$U_{im}\left\{J_0\left(\frac{2\Delta\omega_m}{\Omega_m}\sin\frac{\Omega_m\tau}{2}\right)\cos\omega_0\tau-\right.$$

$$2J_1\left(\frac{2\Delta\omega_m}{\Omega_m}\sin\frac{\Omega_m\tau}{2}\right)\sin\omega_0\tau\cos\Omega_m\left(t-\frac{\tau}{2}\right)-$$

$$2J_2\left(\frac{2\Delta\omega_m}{\Omega_m}\sin\frac{\Omega_m\tau}{2}\right)\cos\omega_0\tau\cos2\Omega_m\left(t-\frac{\tau}{2}\right)+$$

$$\left.2J_3\left(\frac{2\Delta\omega_m}{\Omega_m}\sin\frac{\Omega_m\tau}{2}\right)\sin\omega_0\tau\cos3\Omega_m\left(t-\frac{\tau}{2}\right)+\cdots\right\} \tag{4.26}$$

当不考虑相对运动(即给定 R 且 R 不变)时,各项最后括号内的 $\tau/2$ 只决定各次谐波分量的初始相位。可见,差频信号在频域上是离散的。各次谐波的频率为调制频率 Ω_m 的整数倍。其 n 次谐波的振幅为

$$U_n=2U_{im}J_n\left(\frac{2\Delta\omega_m}{\Omega_m}\sin\frac{\Omega_m\tau}{2}\right)\frac{\sin}{\cos}(\omega_0\tau) \tag{4.27}$$

τ 通过作为贝塞尔函数的自变量和 $\sin\omega_0\tau$ 或 $\cos\omega_0\tau$ 影响 U_n 的大小。对于各次不同的谐波,表达式中的贝塞尔函数有不同的阶数,正弦和余弦三角函数也随谐波次数而交替地变化。用距离 R 表示,则有

$$U_n=2U_{im}J_n\left(\frac{2\Delta\omega_m}{\Omega_m}\sin\frac{\Omega_m R}{c}\right)\frac{\sin}{\cos}\left(4\pi\frac{R}{\lambda_0}\right) \tag{4.28}$$

为保证单值性,应满足

$$\frac{\Omega_m R}{c}\ll1 \quad 或 \quad \tau\ll T_m$$

这时, $\sin\left(\frac{\Omega_m R}{c}\right)\approx\frac{\Omega_m R}{c}$,则

$$U_n=2U_{im}J_n\left(\frac{2\Delta\omega_m R}{c}\right)\frac{\sin}{\cos}\left(4\pi\frac{R}{\lambda_0}\right) \tag{4.29}$$

有时,引入"调制波长"的概念

$$\lambda_m=\frac{c}{\Delta F_m}=\frac{2\pi c}{\Delta\omega_m} \tag{4.30}$$

式(4.29)可写成

$$U_n=2U_{im}J_n\left(\frac{4\pi R}{\lambda_m}\right)\frac{\sin}{\cos}\left(4\pi\frac{R}{\lambda_0}\right) \tag{4.31}$$

由式(4.29)或式(4.31)可见, n 次谐波振幅与距离 R 的关系是一个受 n 阶贝塞尔函数调制并具有快速正弦或余弦振荡的形式。假设近程探测系统工作于 Ka 波段,调制频偏 $\Delta F_m=500$ MHz,得到差频信号第一、二、三和十五次谐波振幅波形,如图 4.7(a)~(d)所示。

谐波振幅在空间中的变化周期等于 $\lambda_0/2$,此值很小,也就是说,在近程探测系统与目标相接近的过程中,各次谐波的振幅快速地波动,以致能够很容易地分离它们的

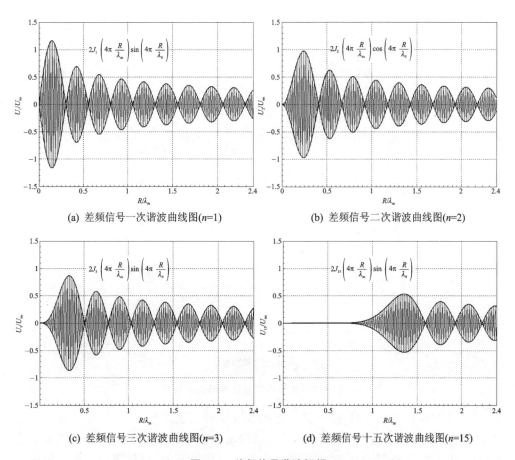

(a) 差频信号一次谐波曲线图(n=1)　　　　　　(b) 差频信号二次谐波曲线图(n=2)

(c) 差频信号三次谐波曲线图(n=3)　　　　　　(d) 差频信号十五次谐波曲线图(n=15)

图 4.7　差频信号谐波振幅

包络。对于谐波振幅的这种快速波动来说,没有什么实际意义,通常只考虑谐波振幅的包络按相应的 n 阶贝塞尔函数的规律变化,如图 4.8 所示。

通过对图 4.8 的分析,可以得到以下几点结论:

① 差频信号各次谐波振幅取决于近程探测系统与目标之间的距离,其最大值出现在不同的距离上,随着频率(谐波次数)的增高,振幅最大值所对应的距离也增大。例如,基波振幅最大值出现在 $R=0.17\lambda_m$ 处,二次谐波振幅最大值出现在 $R=0.26\lambda_m$ 处,三次谐波振幅最大值出现在 $R=0.34\lambda_m$ 处,四次谐波振幅最大值出现在 $R=0.44\lambda_m$ 处,十五次谐波振幅最大值出现在 $R=1.37\lambda_m$ 处,二十次谐波振幅最大值出现在 $R=1.78\lambda_m$ 处⋯⋯

② 距离 R 的改变,不改变差频信号的频谱成分,只改变频谱强度。而频谱成分由调制频率决定。

③ 对应某一确定的距离 R,总有某次谐波幅度较大,即调频系统与目标间距离越大,差频信号频谱的主要频率分量的频率越高。

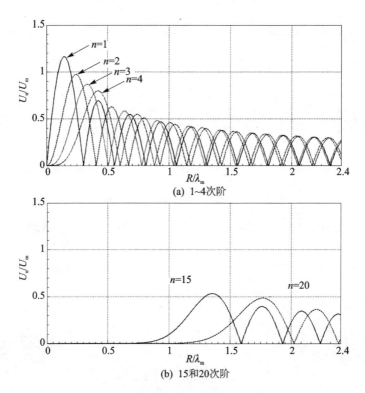

(a) 1~4次阶

(b) 15和20次阶

图 4.8　差频信号谐波振幅的包络

④ 正弦波信号调频时,差频信号各次谐波振幅随距离变化不快,在一定距离上不同谐波振幅的差别也不大。因此,正弦波调制截止特性不太好,在利用谐波振幅进行测距时,通常不选择正弦波,而选择锯齿波或三角波调制,这样可以使谐波振幅与距离有较明显的关系。

当近程探测系统与目标有相对运动时,亦必然产生多普勒效应。设

$$\tau = \tau_0 - \frac{2V_R}{c}t \quad 及 \quad R = R_0 - V_R t$$

将上式代入式(4.26)可得

$$
\begin{aligned}
u_i = U_{im} \Bigg[& J_0 \left(\frac{2\Delta\omega_m}{\Omega_m} \sin \frac{\Omega_m \tau}{2} \right) \cos \omega_0 \left(\tau_0 - \frac{2V_R}{c}t \right) - \\
& 2J_1 \left(\frac{2\Delta\omega_m}{\Omega_m} \sin \frac{\Omega_m \tau}{2} \right) \sin \omega_0 \left(\tau_0 - \frac{2V_R}{c}t \right) \cos \Omega_m \left(t - \frac{\tau}{2} \right) - \\
& 2J_2 \left(\frac{2\Delta\omega_m}{\Omega_m} \sin \frac{\Omega_m \tau}{2} \right) \cos \omega_0 \left(\tau_0 - \frac{2V_R}{c}t \right) \cos 2\Omega_m \left(t - \frac{\tau}{2} \right) + \\
& 2J_3 \left(\frac{2\Delta\omega_m}{\Omega_m} \sin \frac{\Omega_m \tau}{2} \right) \sin \omega_0 \left(\tau_0 - \frac{2V_R}{c}t \right) \cos 3\Omega_m \left(t - \frac{\tau}{2} \right) + \cdots \Bigg]
\end{aligned}
\tag{4.32}
$$

利用三角函数和差与积的关系式,且考虑到 $\omega_0 \gg \Omega_m$,忽略 $n\Omega_m \tau/2$ 各项,可得

$$u_i = U_{im} \left\{ J_0 \left(\frac{2\Delta\omega_m}{\Omega_m} \sin \frac{\Omega_m \tau}{2} \right) \cos(\omega_d t - \omega_0 \tau_0) - \right.$$

$$J_1 \left(\frac{2\Delta\omega_m}{\Omega_m} \sin \frac{\Omega_m \tau}{2} \right) \left\{ \sin\left[(\Omega_m - \omega_d)t + \omega_0 \tau_0\right] - \sin\left[(\Omega_m + \omega_d)t - \omega_0 \tau_0\right] \right\} -$$

$$\left. J_2 \left(\frac{2\Delta\omega_m}{\Omega_m} \sin \frac{\Omega_m \tau}{2} \right) \left\{ \cos\left[(2\Omega_m - \omega_d)t + \omega_0 \tau_0\right] + \cos\left[(2\Omega_m + \omega_d)t - \omega_0 \tau_0\right] \right\} + \cdots \right\}$$

$$(4.33)$$

其 n 次谐波分量的一般表达式为

$$u_i = U_{im} \left\{ J_n \left(\frac{2\Delta\omega_m}{\Omega_m} \sin \frac{\Omega_m \tau}{2} \right) \cdot \right.$$

$$\left. \left\{ \begin{matrix} \sin \\ \cos \end{matrix} \left[(n\Omega_m - \omega_d)t + \omega_0 \tau_0\right] \begin{matrix} - \sin \\ + \cos \end{matrix} \left[(n\Omega_m + \omega_d)t - \omega_0 \tau_0\right] \right\} \right\} \quad (4.34)$$

同理，假设近程探测系统工作于 Ka 波段，最大角频偏 $\Delta\omega_m = 2\pi \times 500$ MHz，调制信号角频率 $\Omega_m = 2\pi \times 1$ kHz，近程探测系统与目标初始距离 $R_0 = 30$ m，相对速度 $V_R = 30$ m/s，得到差频信号 1~4 次谐波振幅包络在 0~20 m 范围内的连续波形图如图 4.9 所示。

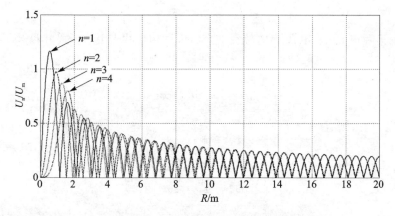

图 4.9　差频信号谐波振幅包络曲线（考虑多普勒频率）

由式(4.34)和图 4.9 可见，在考虑多普勒效应的情况下，混频器输出的差频信号中，每个频谱分量可"分解"为两部分，这两部分成对地具有相等振幅，而频率与相应谐波频率差一个多普勒频率。也就是说，在调制频率或其谐波频率上没有能量分布，而是在调制频率以及每个谐波两边有一对边带，其频率为 $n\Omega_m \pm \omega_d$。另外，在直流附近也有其谐波分量。由于 τ 为 t 的函数，因此实际上频谱已不再是离散谱。由于具有多普勒频移的频率分量的出现，使我们能测量或确定接近目标的速度，这样，在差频信号中既包含距离的信息，又包含目标速度的信息。因此，当有多普勒频率影响时，具有如下特点：

① 无多普勒频率影响时，其差频频谱是离散的，各次谐波分量的频率为 $n\Omega_m$，两

谱线间的间隔为 Ω_m；有多普勒频率影响时，在各次谐波频率周围出现一对边带，其频率为 $n\Omega_m \pm \omega_d$。

② 各次谐波及各次谐波的边带振幅随距离按贝塞尔函数变化。各次谐波振幅最大值对应于不同的距离，高次谐波振幅对应较远的距离，低次谐波振幅对应较近的距离。如图 4.9 所示，一次谐波振幅最大值出现在 0.55 m 左右，而四次谐波振幅最大值出现在 1.62 m 左右。

③ 差频信号频谱随系统与目标之间的距离而变化，距离较远时差频频谱的主要频率分量的频率较高，距离较近时差频频谱的主要频率分量的频率较低。

2. 锯齿波调频信号

(1) 瞬时相位 ϕ_{in}

设即时角频率 ω_{in} 可表示为

$$\omega_{in} = \omega_0 + 2\alpha(t - nT_m), \quad \frac{1}{2}(2n-1)T_m < t < \frac{1}{2}(2n+1)T_m$$

$$(n = 0, 1, 2, \cdots)$$

式中，2α 为角频率扫描速率(rad/s^2)；T_m 为锯齿波周期。有

$$2\alpha = \frac{\Delta\omega_m}{T_m} = 2\pi\frac{\Delta F_m}{T_m} \tag{4.35}$$

因在实际电路中，电压和电流是连续的，故相位也是连续的，并设当 $t = 0$ 时，$\phi_{in} = 0$，有

$$\phi_{in} = \int_0^t \omega_{in} dt + \text{const} \tag{4.36}$$

令 $t - nT_m = t_n$，则有

$$\omega_{in} = \omega_0 + 2\alpha t_n$$

当 $n = 0$ 时，有

$$\omega_{in} = \omega_0 + 2\alpha t_0$$

$$\phi_{in} = \int_0^{t_0} (\omega_0 + 2\alpha t_0) dt_0 = \omega_0 t_0 + \alpha t_0^2$$

当 $t_0 = \frac{1}{2}T_m$ 时，令 $\Delta\varphi_{in} = \varphi_{in} = \frac{1}{2}\omega_0 T_m + \frac{\pi}{4}T_m^2$，当 $n = 1$ 时，有

$$\phi_{in} = \int_{-\frac{1}{2}T_m}^{t_1} (\omega_0 + 2\alpha t_1) dt_1 + \Delta\phi_{in} = \omega_0 t_1 + \alpha t_1^2 + \omega_0 T_m$$

$$\vdots$$

类似地，可得一般表达式为

$$\phi_{in} = \omega_0 t_0 + \alpha t_n^2 + n\omega_0 T_m \tag{4.37}$$

由上式可知，ϕ_{in} 在每个扫描周期的端点都是连续的。

（2）相位差

设本地振荡信号电压为 $V_g \sin \phi_g$，这里 ϕ_g 为式（4.37）中的 ϕ_{in}。当系统与目标无相对运动时，反射回波振荡电压为 $V_r \sin \phi_r$，这里 ϕ_r 与式（4.37）中的 ϕ_{in} 相差一延迟 τ。

一般有 $V_g \gg V_r$，经过非线性器件的混频后，产生直流项、有用的低阶项和更多高阶项。一般只有低阶项 $\chi V_g V_r \sin \phi_g \sin \phi_r$ 才有意义，表示为差的形式：

$$\frac{1}{2}\chi V_g V_r [\cos(\phi_g - \phi_r) - \cos(\phi_g + \phi_r)] \tag{4.38}$$

其中，相位和项将作为高频分量被滤除，相位差项中包含了距离信息，故只讨论 $\frac{1}{2}\chi V_g V_R \cos(\phi_g - \phi_r)$ 函数。在第 n 个扫频区间里，$\phi_g - \phi_r$ 有两种形式：

① 在 $-\frac{1}{2}T_m < t_n < -\frac{1}{2}T_m + \tau$ 区间：

$$\begin{aligned}
\phi_g - \phi_r &= \omega_0 t_n + \alpha t_n^2 + n\omega_0 T_m - \\
&\quad [\omega_0(t_n + T_m - \tau) + \alpha(t_n + T_m - \tau) + (n-1)\omega_0 T_m] \\
&= \omega_0 \tau - \alpha(T_m - \tau)^2 + 2\alpha(\tau - T_m)t_n \tag{4.39}
\end{aligned}$$

$$t_{n-1} = t_n + T_m$$

② 在 $-\frac{1}{2}T_m + \tau < t_n < \frac{1}{2}T_m$ 区间：

$$\phi_g - \phi_r = \omega_0 \tau - \alpha \tau^2 + 2\alpha t_n \tau \tag{4.40}$$

（3）差频信号的频谱

对 $\frac{1}{2}\chi V_g V_R \cos(\phi_g - \phi_r)$ 进行傅里叶变换：

$$F(\omega) = \int_{-\infty}^{\infty} \frac{1}{2}\chi V_g V_r \cos(\phi_g - \phi_r) e^{-j\omega t} dt \tag{4.41}$$

上式可分解为

$$F(\omega) = \frac{1}{2}\chi V_g V_r \sum_{-\infty}^{\infty} \int_{\frac{1}{2}(2n-1)T_m}^{\frac{1}{2}(2n+1)T_m} \cos(\phi_g - \phi_r) e^{-j\omega t} dt \tag{4.42}$$

利用 $t_n = t - nT_m$，并令 $A_0 = \frac{1}{2}\chi V_g V_r$，则上式变为

$$\begin{aligned}
F(\omega) = A_0 \sum_{-\infty}^{\infty} e^{-jn\omega T_m} &\left\{ \int_{\frac{1}{2}T_m}^{-\frac{1}{2}T_m + \tau} \cos[\beta + 2\alpha(\tau - T_m)t_n] e^{-j\omega t_n} dt_n + \right. \\
&\left. \int_{-\frac{1}{2}T_m + \tau}^{\frac{1}{2}T_m} \cos(\omega_0 \tau - \alpha \tau^2 + 2\alpha t_n \tau) e^{-j\omega t_n} dt_n \right\}
\end{aligned} \tag{4.43}$$

式中,$\beta = \omega_0 \tau - \alpha(T_m - \tau)^2$,且

$$\cos[\beta + 2\alpha(\tau - T_m)]e^{-j\omega t_n} = \frac{1}{2}\{e^{j\beta + j[2\alpha(\tau - T_m) - \omega]t_n} + e^{-j\beta - j[2\alpha(\tau - T_m) + \omega]t_n}\}$$

则式(4.43)中的第一个积分为

$$F_1(\omega) + F_2(\omega) = \frac{\tau}{2} \cdot \frac{\sin[\omega + 2\alpha(T_m - \tau)] \cdot \dfrac{\tau}{2}}{[\omega + 2\alpha(T_m - \tau)] \cdot \dfrac{\tau}{2}} \exp\left\{ j\left[\omega_0 \tau + \frac{1}{2}\omega(T_m - \tau)\right]\right\} +$$

$$\frac{\tau}{2} \cdot \frac{\sin[\omega - 2\alpha(T_m - \tau)] \cdot \dfrac{\tau}{2}}{[\omega - 2\alpha(T_m - \tau)] \cdot \dfrac{\tau}{2}} \exp\left\{ -j\left[\omega_0 \tau - \frac{1}{2}\omega(T_m - \tau)\right]\right\}$$

$$(4.44)$$

式(4.43)中的第二个积分为

$$F_3(\omega) + F_4(\omega) = \frac{T_m - \tau}{2} \cdot \frac{\sin(\omega - 2\alpha\tau) \cdot \dfrac{T_m - \tau}{2}}{(\omega - 2\alpha\tau) \cdot \dfrac{T_m - \tau}{2}} \exp\left[j\left(\omega_0 \tau - \frac{1}{2}\omega\tau\right)\right] +$$

$$\frac{T_m - \tau}{2} \cdot \frac{\sin(\omega + 2\alpha\tau) \cdot \dfrac{T_m - \tau}{2}}{(\omega + 2\alpha\tau) \cdot \dfrac{T_m - \tau}{2}} \exp\left[-j\left(\omega_0 \tau + \frac{1}{2}\omega\tau\right)\right]$$

$$(4.45)$$

式(4.43)中的和式可写成

$$\sum_{-\infty}^{\infty} e^{-jn\omega T_m} = \omega_m \delta(\omega - k\omega_m), \quad k = \pm 1, \pm 2, \pm 3, \cdots \tag{4.46}$$

这里 $\omega_m = 2\pi/T_m$,所以

$$F(\omega) = \frac{1}{2}\chi V_g V_r \omega_m \sum_k \delta(\omega - k\omega_m)[F_1(k\omega) + F_2(k\omega) + F_3(k\omega) + F_4(k\omega)]$$

$$(4.47)$$

　　由上式可见,其频谱为在 ω 轴上以 ω_m 为间隔的一系列谱线,并且在 $\omega = \pm 2\alpha\tau$ 和 $\omega = \pm 2\alpha(T_m - \tau)$ 处有四个最大区间值。

　　下面只看具有实际物理意义的正频率部分。在 ω 轴上,$|F_1(\omega)|$ 和 $|F_2(\omega)|$ 中有两个峰点,分别是

$$\omega = 2\alpha\tau = \frac{2\pi\Delta F_m}{T_m} \cdot \frac{2R}{c} = \omega_{B1} \tag{4.48}$$

和

$$\omega = 2\alpha(T_m - \tau) = \omega_{B2} \tag{4.49}$$

式(4.48)实际上表示了即时频率,与时域差频式(4.10)对应。

一般,$\tau \ll T_m$,故 ω_{B1} 与 ω_{B2} 相差很远。还可以对其谱线分布作进一步的分析,得到更为详细的差频频谱分布曲线图,这里不再展开。

(4) 多普勒频率的影响

当系统与目标之间有相对运动时,差频频谱将有变化。设相对径向速度为 V_R,则 τ 是 t 的函数:

$$c\tau = 2[R_0 - V_R(t - \tau/2)] \tag{4.50}$$

因为 $V_R \ll c$,故上式可近似为

$$\tau \approx \frac{2}{c}(R_0 - V_R t) \tag{4.51}$$

此时,差频频谱包络峰点所对应的 ω 值 ω_{B1} 和 ω_{B2},可由对 $\phi_g - \phi_r$ 的微分求得,这时 τ 不再是常数。

在 $-\frac{1}{2}T_m < t_n < -\frac{1}{2}T_m + \tau$ 区间:

$$\frac{\mathrm{d}}{\mathrm{d}t}(\phi_g - \phi_r) = [\omega_0 + 2\alpha(T_m - \tau) + 2\alpha t_n] \cdot \frac{-2V_R}{c} - 2\alpha(T_m - \tau) \tag{4.52}$$

在 $-\frac{1}{2}T_m + \tau < t_n < \frac{1}{2}T_m$ 区间:

$$\frac{\mathrm{d}}{\mathrm{d}t}(\phi_g - \phi_r) = (\omega_0 - 2\alpha\tau + 2\alpha t_n) \cdot \frac{-2V_R}{c} + 2\alpha\tau \tag{4.53}$$

相应地 ω_{B1} 和 ω_{B2} 都包含有多普勒频移,并且这个频移取决于瞬时发射角频率。这时 ω_{B1} 和 ω_{B2} 可分别为

$$\omega_{B1} = 2\alpha\tau - \frac{2V_R}{c}(\omega_{in} - 2\alpha\tau) \tag{4.54}$$

$$\omega_{B2} = 2\alpha(T_m - \tau) + \frac{2V_g}{c}[\omega_{in} + 2\alpha(T_m - \tau)] \tag{4.55}$$

式中,$\omega_{in} = \omega_0 + 2\alpha t_n$,为发射即时角频率。

这时,$\frac{1}{2}\chi V_g V_r \cos(\phi_g - \phi_r)$ 不再是周期函数。相应地,其频谱也不再是离散的,而是连续的,一般相对速度 V_R 不大时,可将其近似成静止分布。

3. 三角波调频信号

所用符号的含义与锯齿波相同,在这里

$$2\alpha = \frac{\Delta\omega_m}{T_m/2} = 4\pi\frac{\Delta F_m}{T_m} \tag{4.56}$$

按类似锯齿波调频信号的分析可得

$$\omega_{in} = \omega_0 + 2\alpha\left(\frac{T_m}{4} + t_n\right) \quad \left(-\frac{1}{2}T_m < t_n < 0\right)$$

$$\omega_{in} = \omega_0 + 2\alpha\left(\frac{T_m}{4} - t_n\right) \quad \left(0 < t_n < \frac{1}{2}T_m\right)$$

以及

$$\phi_{in} = \omega_0 t_n + \frac{1}{2}\alpha T_m t_n + \alpha t^2 + \frac{1}{2}n\alpha T_m^2 + n\omega_0 T_m \quad \left(-\frac{1}{2}T_m < t_n < 0\right)$$

$$\phi_{in} = \omega_0 t_n + \frac{1}{2}\alpha T_m t_n - \alpha t^2 + \frac{1}{2}n\alpha T_m^2 + n\omega_0 T_m \quad \left(0 < t_n < \frac{1}{2}T_m\right)$$

这时的相位差分别为

① 在 $-\frac{1}{2}T_m < t_n < -\frac{1}{2}T_m + \tau$ 区间：

$$\phi_g - \phi_r = \omega_0\tau + \frac{5}{2}\alpha\tau T_m + 2\alpha t_n^2 - 2\alpha T_m t_n + \frac{5}{4}\alpha T_m^2 - 2\alpha\tau t_n + \alpha\tau^2$$

② 在 $-\frac{1}{2}T_m + \tau < t_n < 0$ 区间：

$$\phi_g - \phi_r = \omega_0\tau + \frac{1}{2}\alpha\tau T_m - \alpha\tau^2 + 2\alpha\tau t_n$$

③ 在 $0 < t_n < \tau$ 区间：

$$\phi_g - \phi_r = \omega_0\tau + \frac{1}{2}\alpha\tau T_m + 2\alpha\tau t_n - \alpha\tau^2 - 2\alpha t_n^2$$

④ 在 $\tau < t_n < \frac{1}{2}T_m$ 区间：

$$\phi_g - \phi_r = \omega_0\tau + \frac{1}{2}\alpha\tau T_m - 2\alpha\tau t_n + \alpha\tau^2$$

其傅里叶变换为

$$F(\omega) = \frac{1}{2}\chi V_g V_r \sum_{-\infty}^{\infty} e^{-jn\omega T_m} \int_{-T_m/2}^{T_m/2} \cos(\phi_g - \phi_r)e^{-j\omega t_n}\,dt_n \tag{4.57}$$

对于情况①和③，由于在实际应用中 τ 很小，对应区间的信号频谱幅值很小，其对整个分布的影响可忽略。下面仅对情况②和④进行分析。

对于②，令　　　　$\beta_1 = \omega_0\tau + \frac{1}{2}\alpha\tau T_m - \alpha\tau^2$, $\quad A_0 = \frac{1}{2}\chi V_g V_r$

对于④，令　　　　　　　　$\beta_1 = \omega_0\tau + \frac{1}{2}\alpha\tau T_m + \alpha\tau^2$

则

$$F(\omega) \approx A_0 \sum_{-\infty}^{\infty} e^{-jn\omega T_m}\left\{ \int_{-\frac{1}{2}T_m + \tau}^{0} \cos(\beta_1 + 2\alpha\tau t_n)e^{-j\omega t_n}\,dt_n + \int_{\tau}^{\frac{1}{2}T_m} \cos(\beta_2 - 2\alpha\tau t_n)e^{-j\omega t_n}\,dt_n \right\}$$

$$\tag{4.58}$$

按与锯齿波类似的计算，由上式得第一项积分为

$$F_1(\omega) + F_2(\omega) = \frac{1}{2}\left(\frac{T_m}{2} - \tau\right)\frac{\sin[(\omega - 2\alpha\tau)(T_m/2 - \tau)/2]}{(\omega - 2\alpha\tau)(T_m/2 - \tau)/2}\exp\left\{j\left[\omega_0\tau + \omega\left(\frac{T_m}{2} - \tau\right)/2\right]\right\} +$$

$$\frac{1}{2}\left(\frac{T_m}{2} - \tau\right)\frac{\sin[(\omega + 2\alpha\tau)(T_m/2 - \tau)/2]}{(\omega + 2\alpha\tau)(T_m/2 - \tau)/2}\exp\left\{-j\left[\omega_0\tau - \omega\left(\frac{T_m}{2} - \tau\right)/2\right]\right\}$$

$$(4.59)$$

第二项积分为

$$F_3(\omega) + F_4(\omega) = \frac{1}{2}\left(\frac{T_m}{2} - \tau\right)\frac{\sin[(\omega + 2\alpha\tau)(T_m/2 - \tau)/2]}{(\omega + 2\alpha\tau)(T_m/2 - \tau)/2}\exp\left\{j\left[\omega_0\tau - \omega\left(\frac{T_m}{2} - \tau\right)/2\right]\right\} +$$

$$\frac{1}{2}\left(\frac{T_m}{2} - \tau\right)\frac{\sin[(\omega - 2\alpha\tau)(T_m/2 - \tau)/2]}{(\omega - 2\alpha\tau)(T_m/2 - \tau)/2}\exp\left\{-j\left[\omega_0\tau - \omega\left(\frac{T_m}{2} - \tau\right)/2\right]\right\}$$

$$(4.60)$$

所以

$$F(\omega) \approx A_0\omega_m\sum_k\delta(\omega - k\omega_m)[F_1(k\omega_m) + F_2(k\omega_m) + F_3(k\omega_m) + F_4(k\omega_m)]$$

可见，其谱包络也是取样函数，峰点是重合的，在

$$\omega = 2\alpha\tau = \frac{8\pi\Delta F_m}{T_m c}R = \omega_{B1} = \omega_{B2} = \omega_B \tag{4.61}$$

两个包络的幅值零点在

$$\omega = 2\alpha\tau \pm \frac{2m\pi}{T_m/2 - \tau}, \quad m = 1,2,3,\cdots \tag{4.62}$$

当 $\tau \ll T_m$ 时，

$$\frac{4\pi}{T_m/2 - \tau} \approx \frac{8\pi}{T_m} = 4\Omega_m$$

由此可见，与式（4.48）相比，三角波调频的距离截止特性是锯齿波的 2 倍。

当考虑多普勒频率影响时，将 $\tau \approx \frac{2}{c}(R_0 - V_R t)$ 代入相位差表达式，对 t 微分，得瞬时频率：

$$\omega_{B1} = \frac{d}{dt}(\phi_g - \phi_r) = 2\alpha\tau - \frac{2V_R}{c}(\omega_{in} - 2\alpha\tau)$$

$$\omega_{B2} = \frac{d}{dt}(\phi_g - \phi_r) = 2\alpha\tau + \frac{2V_R}{c}(\omega_{in} - 2\alpha\tau)$$

可见，两包络向 $2\alpha\tau$ 的两边与 V_R 成正比拉开，拉开的值与即时角频率 ω_{in} 及 τ、V_R 有关。

4.2.3　调频信号的数字仿真

这里介绍三个简单实用的信号产生及处理的 MATLAB 函数：

① 锯齿波/三角波产生函数 sawtooth()；

② 余弦扫频信号产生函数 chirp()；

③ 短时傅里叶变换(STFT)谱分析函数 spectrogram()。

1. 产生锯齿波/三角波

调用格式：y＝sawtooth(t)

y＝sawtooth(t,width)

第一种调用方式，将产生周期为 2π 的锯齿波。以 $0\sim2\pi$ 这个周期内为例，当 $t=0$ 时，$y=-1$；当 $t=2\pi$ 时，$y=1$。由此可见，在 $0\sim2\pi$ 周期内，$y(t)$ 是关于 t 的以 $1/\pi$ 为斜率的线段。

第二种调用方式，width 是 $0\sim1$ 之间的标量。在 $0\sim2\pi\times$ width 区间内，y 的值从 -1 线性变化到 1；在 $2\pi\times$ width $\sim2\pi$ 区间内，y 的值又从 1 线性变化到 -1。sawtooth$(t,1)$ 和 sawtooth(t) 是等价的。

示例 1：产生周期为 2π 的锯齿波(见图 4.10)。

t＝－6 * pi:0.0001:6 * pi；　y＝sawtooth(t)；

plot(t,y)；　xlabel('t/s')；　ylabel('y/v')；　axis([－6 * pi 6 * pi －1 1])；

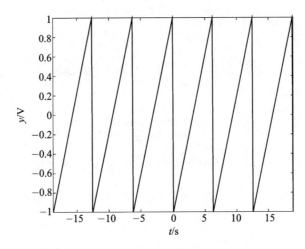

图 4.10　周期为 2π 的锯齿波波形

示例 2：产生周期为 2π 的三角波(见图 4.11)。

t＝－6 * pi:0.00001:6 * pi；　y＝sawtooth(t,0.5)；

plot(t,y)；　xlabel('t/s')；　ylabel('y/v')；　axis([－6 * pi 6 * pi －1 1])；

2. 产生余弦扫频信号

调用格式：y = chirp(t, f₀, t₁, f₁,'method',phi,'shape')

根据指定的方法在时间 t 上产生余弦扫频信号，f_0 为零时刻瞬时频率，f_1 为 t_1 时刻瞬时频率，f_0 和 f_1 的单位都为 Hz。缺省情况下，$f_0=0$ Hz，$t_1=1$ s，$f_1=$

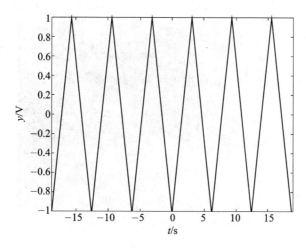

图 4.11　周期为 2π 的三角波波形

100 Hz。

'method' 指定扫频方法，可用的有 linear（线性扫频）、quadratic（二次扫频）、logarithmic（对数扫频），缺省情况下为 linear。

phi 指定信号的初始相位（以（°）为单位），缺省情况下为 0。

'shape' 指定二次扫频方法的抛物线形状（凹还是凸），值为 concave 或 convex，缺省情况下则根据 f_0 和 f_1 的相对大小决定是凹还是凸。

3. 短时傅里叶变换谱分析函数

调用格式：$[S,F,T,P]=$ spectrogram(x,window,noverlap,nfft,fs,'freqloc')

x 为输入信号的向量，window 为窗函数。如果 window 为一个整数，则 x 将被分成 window 段，每段使用 Hamming 窗函数加窗；如果 window 为一个向量，则 x 将被分成 length(window) 段，每一段使用 window 向量指定的窗函数加窗。noverlap 为每一段重叠的采样点数，它必须为一个小于 window 或 length(window) 的整数；nfft 为做 FFT 变换的长度，它需要为标量；fs 为采样频率（Hz）。

S 为输入信号 x 的短时傅里叶变换。它的每一列包含一个短期局部时间的频率成分估计，时间沿列增加，频率沿行增加。F 是指在输入变量中使用 F 频率向量，函数会使用 Goertzel 方法在 F 指定的频率处计算频谱图；T 为频谱图计算的时刻点，P 为能量谱密度 PSD(Power Spectral Density)。对于实信号，P 是各段 PSD 的单边周期估计；对于复信号，当指定 F 频率向量时，P 为双边 PSD。

示例 3：产生线性扫频信号及 STFT 谱分析（见图 4.12 和图 4.13）。

t = 0:1/1e3:2;　y = chirp(t,0,1,250);

plot(t,y);　spectrogram(y,256,250,256,1e3,'yaxis');

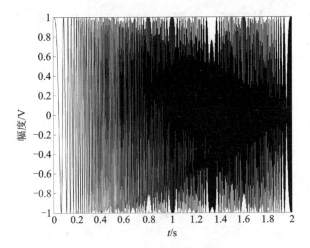

图 4.12　线性扫频信号时域波形

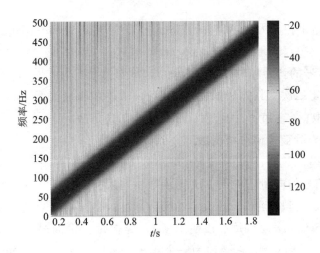

图 4.13　线性扫频信号 STFT 时频图

示例 4：产生对称凹面二次扫频信号及 STFT 谱分析(见图 4.14 和图 4.15)。

t = −2:1/1e3:2;　fo = 100;　f1 = 200;

y = chirp(t,fo,1,f1,'quadratic',[],'concave');

plot(t,y);　spectrogram(y,256,250,256,1e3,'yaxis');

　　示例 5：产生对数扫频信号及 STFT 谱分析(见图 4.16、图 4.17)。

t = 0:1/1e3:10;　fo = 10;　f1 = 400;

y = chirp(t,fo,10,f1,'logarithmic');

plot(t,y);　spectrogram(y,256,250,256,1e3,'yaxis');

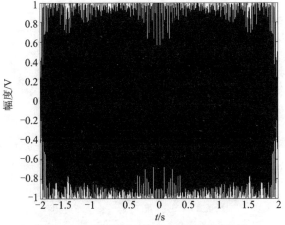

图 4.14　对称凹面二次扫频信号时域波形

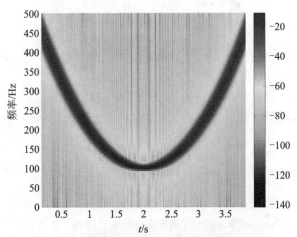

图 4.15　对称凹面二次扫频信号 STFT 时频图

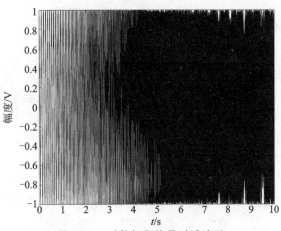

图 4.16　对数扫频信号时域波形

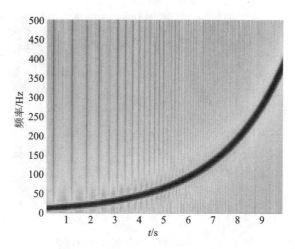

图 4.17 对数扫频信号 STFT 时频图

4.3 调频测距近程探测系统的参数选择

通过上述分析,时域分析得到的差频公式中,调制频偏 ΔF_m 和调制周期 T_m 似乎是独立的,而且是可以任意选择的,但实际上并不是这样的,对调频系统参数的选择受到许多限制。

4.3.1 发射频率的选择

发射频率 f_0 主要根据波段特点,天线形式与性能,部件形式、结构、体积、重量等需求,目标特性,系统功能与性能,测距精度等来选择;另外,成本和应用场合也是重要的因素。关于波段的主要特点可参阅第 1 章及相关文献。

4.3.2 频偏的选择

频偏 ΔF_m 的选择主要考虑以下几个方面。

1. 避免寄生调幅的影响

当通过改变振荡器电路某电抗元件参数以达到调频时,由于该变化同时也使振荡器回路负载的频率反馈系数等发生了变化,即使振荡器的工作状态发生了相应的改变,使得振荡器输出信号幅度受到相应的改变——产生了寄生调幅,从而导致在无回波信号时,混频器输出端也具有调制频率 Ω_m 的信号输出。

为减小寄生调幅的影响,设计调频系统时常采用一些技术措施,如应用平衡混频器,设置限幅器,以及对寄生调幅进行负反馈,选择合适的工作点等,但仍不能完全消除寄生调幅的影响。因此,在设计系统参数时,还应使在测距范围内,混频器输出的差频信号频率 f_i 远大于寄生调幅频率 f_m(从其作用而产生的结果来看,这里将寄生

调幅频率等同看作是调制频率),即

$$f_i = m f_m, \qquad m \gg 1 \tag{4.63}$$

式中,m 为比例系数,具体取值可根据滤波器参数和调制方式做调整。

将 f_i 的表达式代入式(4.63),就可以求出满足这种要求的 ΔF_m 值。例如,以三角波信号调频为例,由式(4.13)得

$$\Delta F_m = \frac{mc}{4R_{min}} \gg \frac{c}{4R_{min}} \tag{4.64}$$

为确定 ΔF_m 值的下限,这里采用近程探测系统与目标作用时的最小作用距离 R_{min},如果 R_{min} 越小,则要求频偏 ΔF_m 值越大。例如要求作用距离 $R_0 \geqslant 15\ m$,选 $m=10$,则对于三角波调制,其 $\Delta F_m \geqslant 50\ MHz$。

2. 减小固定误差

根据前面对差频信号的分析可知,差频信号的频谱是离散的,只具有调制频率 f_m 整数倍的频率分量,即差频信号频率只能测到其为 f_m 的整数倍的值,它随近程探测系统与目标间距离的变化而变化,从而产生了阶跃的测量误差,这种误差称为固定误差。

固定误差的大小等于差频频率为 $n f_m$ 和 $(n+1) f_m$ 时所对应的距离之差。现以三角波调频信号为例来讨论固定误差 ΔR_1 与调制频偏 ΔF_m 的关系。式(4.13)曾给出

$$R = \frac{T_m c}{4 \Delta F_m} f_i \tag{4.65}$$

把 $f_i = n f_m$ 和 $f_i = (n+1) f_m$ 分别代入上式,并将所得距离相减,可得固定误差为

$$\Delta R_1 = \frac{c}{4 \Delta F_m} \tag{4.66}$$

由式(4.66)可见,固定误差 ΔR_1 与调制频偏 ΔF_m 成反比。锯齿波等调频信号也可得到相同的结论,其关系表达式留作习题。

例如,对于上述三角波调频信号:

当 $\Delta F_m = 1\ MHz$ 时,$\Delta R_1 = 75\ m$;

当 $\Delta F_m = 10\ MHz$ 时,$\Delta R_1 = 7.5\ m$;

当 $\Delta F_m = 100\ MHz$ 时,$\Delta R_1 = 0.75\ m$。

因此,要减小固定误差,就要增大调制频偏。

设计近程探测系统时,常常给定 ΔR_1,这时,调制频偏 ΔF_m 必须满足

$$\Delta F_m \geqslant \frac{c}{4 \Delta R_1} \quad \text{(三角波调频信号)} \tag{4.67}$$

$$\Delta F_m \geqslant \frac{c}{2 \Delta R_1} \quad \text{(锯齿波调频信号)} \tag{4.68}$$

3. 考虑工程可实现性

由上述讨论可知,为减小固定误差,就希望加大频偏。对于实际的调频近程探测系统,增大频偏将受到多方面因素的限制。一般在工程实现时,取 $\Delta F_m \approx (3\% \sim 5\%)f_0$,否则非线性等问题将非常突出,将严重影响测距精度(将在后面讨论)。另外,天线、混频器等主要部件的带宽也将限制 ΔF_m 的提高。

4.3.3　调制频率的选择

1. 尽量减小差频不规则区

如前所述,由于差频频率不规则区的存在,导致差频信号具有许多谐波分量和离散频谱。当选择适当的调制规律并使 $T_m \rightarrow \infty$ 时,则可使差频信号对于任何距离均为单一频率,而且频率可随距离连续地变化。可见,从这意义上讲,希望调制频率 f_m 越小越好。因此在选择调制频率时,应使不规则区在一个调制周期内占很小的比例,即

$$T_m = n\tau_{max}, \quad n \gg 1 \tag{4.69}$$

式中,n 为比例系数。将 $\tau_{max} = 2R_{max}/c$ 代入上式,式(4.69)可写成

$$f_m = \frac{1}{T_m} = \frac{c}{2nR_{max}} \ll \frac{c}{2R_{max}} \tag{4.70}$$

2. 消除距离模糊

在周期性调制的情况下,差频公式(4.10)、式(4.12)等还不能单值地确定近程探测系统到目标之间的距离,因为这些公式均是在一个调制周期内进行讨论的,根据这些式子不能区分延迟时间为 $\tau, \tau + T_m, \tau + 2T_m, \cdots, \tau + nT_m$ 时所对应的距离,由此将产生非单值性——距离模糊。

为了消除距离模糊(即保持测距单值性),选择调制频率时,应使调制周期足够大。在一个调制周期内所对应的距离应大于可能测得的距离变化范围。设系统能够测出的距离变化范围为 $R_{max} - R_{min}$,则

$$T_m > \frac{2(R_{max} - R_{min})}{c} \tag{4.71}$$

或

$$f_m < \frac{c}{2(R_{max} - R_{min})} \tag{4.72}$$

3. 减小多普勒频率对测距的影响

当系统与目标间具有相对运动时,由于延迟时间 τ 的变化及多普勒频率的存在,使差频信号频率发生了变化。特别是多普勒频移的出现,将给测距信号处理带来误差。因此应尽量使差频频率远大于多普勒频率,即

$$f_i \gg f_d \tag{4.73}$$

例如,当采用三角波调频信号时,有

$$f_i = \frac{4\Delta F_m f_m}{c} R \qquad\qquad (4.74)$$

而

$$f_d = \frac{2V_R c}{\lambda_0}$$

所以有

$$f_m \gg \frac{V_R c}{2\lambda_0 \Delta F_m R_{min}} \qquad\qquad (4.75)$$

4.3.4　测距误差估算

测距误差主要由五个因素引起：① 系统固定误差；② 多普勒频率；③ 寄生调幅；④ 测频电路的测频方法；⑤ 调频非线性度。

由前面的讨论得知，当调制波形采用对称三角波或锯齿波这两种调频信号时，差频频率 f_i 在不规则区外与测量距离 R 有较好的线性关系，如式(4.12)和式(4.10)所示，可见采用三角波产生的差频比采用锯齿波产生的差频大 1 倍。由式(4.67)和式(4.68)可得系统固定误差为

$$\Delta R_1 = \frac{c}{4\Delta F_m} \quad\text{（对称三角波调制）} \qquad\qquad (4.76)$$

$$\Delta R_1 = \frac{c}{2\Delta F_m} \quad\text{（锯齿波调制）} \qquad\qquad (4.77)$$

可见增大调频频偏 ΔF_m，可减小系统固定误差 ΔR_1。例如，某近程探测系统，在一定调频线性度条件下，设 $f_0 = 35$ GHz，取 $\Delta F_m = 500$ MHz，此时

$$\Delta R_1 = 0.15 \text{ m} \quad\text{（对称三角波调制）}$$
$$\Delta R_1 = 0.3 \text{ m} \quad\text{（锯齿波调制）}$$

可见采用对称三角波调制引起的系统固定误差比锯齿波调制小 1 倍。但若从工程角度考虑，实现对称三角波的严格线性比实现锯齿波的严格线性更为困难。因此，尽管锯齿波调制产生的固定误差相对来说大，但常为线性调频系统所采用。

为消除距离模糊，保证差频信号频率与距离成正比，要求 $T_m \gg \tau = 2R/c$。例如，当 $R = R_{max} = 150$ m 时，$\tau = 1$ μs；取 $T_m \geqslant 10\tau = 10$ μs，即调制频率 $f_m = 1/T_m \leqslant 100$ kHz。设相对速度 $V_R = 10$ m/s，目标与系统运动方向之间的夹角 $\theta = 30°$，可计算得 $f_d = 2$ kHz，所引起的测距误差 $\Delta R_2 \leqslant 0.006$ m。可见，当设计成 $f_m \gg f_d$ 时，多普勒频率引起的测距误差 ΔR_2 可忽略不计。

为克服寄生调幅对测距精度的影响，要求 $f_i \gg f_m$。例如，采用锯齿波，则 $\Delta F_m \gg \dfrac{c}{2R_{min}}$，取 $R = R_{min} = 15$ m，则要求 $\Delta F_m \gg 10$ MHz。对于上述举例系统，$\Delta F_m = 500$ MHz $\gg 10$ MHz，由此，寄生调幅引起的测距误差 ΔR_3 可以忽略不计。但要注意，当系统发射频率 f_0 较低时，就难以实现较大的频偏。

因此，取尽可能大的调频频偏，使 $f_i \gg f_m \gg f_d$，再通过测频信号处理措施，可大

幅降低 ΔR_2 和 ΔR_3 这两类误差的影响。

测频电路的测频方法引起的误差 ΔR_4,将根据具体电路进行估算。例如,当采用数字差频检测电路时,计数脉冲为整数。当计数脉冲为非整数时,将产生测频误差。而在电路中,通过使用取样控制器、调节归零电路的置 0 时间、控制延时器的延时和选频门开启时间等措施,可大幅降低这种测频误差引起的测距误差。

调频非线性度 e_f 引入的差频信号测频误差为

$$\Delta f_{\text{T}} = \frac{2e_f \Delta F_{\text{m}}}{T_{\text{m}}c} R \quad (锯齿波调制)$$

由此引起的测距误差为

$$\Delta R_5 = \frac{T_{\text{m}}c}{2\Delta F_{\text{m}}} \Delta f_{\text{T}} = e_f R \quad (锯齿波调制) \tag{4.78}$$

可见测距误差与频偏 ΔF_{m} 无关。对于对称三角波调制也有相同的结果。

如果不考虑 ΔR_2、ΔR_3 和 ΔR_4 引入的误差,并认为系统固定误差 ΔR_1 与调频非线性度 e_f 引起的测距误差 ΔR_5 在统计上相互独立,则由式(4.77)和式(4.78)可得采用锯齿波调频信号时系统总测距误差为

$$\Delta R = \sqrt{(\Delta R_1)^2 + (\Delta R_5)^2} = \sqrt{\frac{c^2}{4(\Delta F_{\text{m}})^2} + e_f^2 R^2} \tag{4.79}$$

由上式可见,近距离时,ΔR_1 是影响测距精度的主要因素;远距离时,ΔR_5 成为影响测距精度的主要因素。

4.4　调频近程探测系统的设计与测量原理

4.4.1　调频发射机

1. 调频发射机分类

调频发射机主要有模拟调制和数字调制两种形式,鉴别一台调频发射机是哪种调制方式的最有效办法是看其电路原理。

(1) 模拟调频发射机

模拟调制式发射机的工作原理是利用调制信号的变化来控制变容二极管的结电容容值的变化,从而改变压控振荡器的振荡频率来实现调频。特别是采用 VCO(压控振荡器)＋PLL(锁相环)产生调频载频信号,调制的过程也是采用模拟信号对 VCO 的变容二极管进行直接调制,这种电路就是典型的模拟调频发射机。模拟调制的技术已经很成熟,但是调制码速率、调制频偏受变容二极管特性的限制,同时模拟调制发射机的功能单一,调制不可重组,单个系统调制频率不可改变。

(2) 数字调频发射机

随着高速器件和软件无线电技术的发展,采用可编程器件的数字调制发射机逐

渐突破了模拟调制发射的不足,它具有调制中心频率可调、频偏可编程、调制方式可重组、可实现较高的频率响应等优点。调制过程采用 MCU/FPGA/DSP 控制 DDS (Direct Digital Synthesis)来完成,实现了调制过程的数字化。离散的数字调频波经 D/A 转换后产生常规调频波供射频放大器放大到指定功率。

2. 数字调频发射机

一种数字调频发射机的原理框图如图 4.18 所示,主要由模/数转换器(A/D)、FIR 滤波器、直接数字频率合成器(DDS)、锁相环频率合成器(Phase Lock Loop, PLL)和单边带调制器(Single Signal Band,SSB)五部分组成。

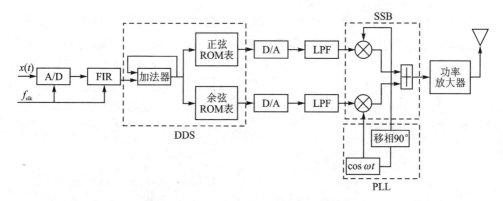

图 4.18　一种数字调频发射机原理框图

由于原始输入信号的频率都比较低,而且它是相位与幅度随着时间而变化的模拟输入信号,因此先通过 A/D 转换得到数字信号;DDS 用来产生高分辨率、频偏可调的频率时变信号,也就是产生低频信号并实现基带信号的调频,该部分包括累加器、正余弦查找表和模/数转换器(D/A);锁相环路 PLL 是一个相位跟踪系统,用来合成高精度、高稳定度的中心频率可调的高频载波信号;单边带调制器 SSB 可以进行 I、Q 两路正交信号的正交调制,实现了低频的基带信号向高频载波无失真的搬移;最后将高频载波通过功率放大器进行放大之后使用天线向空间辐射出去,这样就完成了整个信号的调制和发射。

3. 模拟调频发射机

(1) 基本原理

与连续波多普勒近程探测系统相比,调频体制的显著特点是:调频发射机的发射频率是受调制的,即发射频率随时间而变化。所以,调频发射机的基本原理框图如图 4.19 所示,其中发射频率 f_0 受频率调制器调制,产生调频发射信号。调频信号的具体产生,可采用直接调频的方法(对回路中参与振荡的电抗元器件的值进行有规律的变化,从而使 f_0 按一定规律变化),但更多的是采用 VCO(电压控制振荡器)方法。

图 4.20 为受三角波调制信号控制的 VCO 的产生原理。VCO 将把图 4.4 所示的时间-频率特性曲线分析的频率随时间按三角波变化变成时域上的电压随时间按

三角波变化,即可用时域三角波波形来代替时频三角波波形,而时域三角波的产生在工程上是很容易实现的。

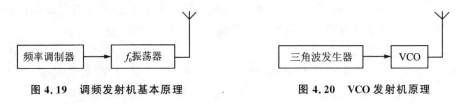

图 4.19　调频发射机基本原理　　　　　图 4.20　VCO 发射机原理

(2) VCO 的基本形式

实现 VCO,最常用的方法是采用变容二极管,简称变容管。一般变容管作为受控元件,参与振荡回路的工作。变容管呈现的电容值受其两端所加偏压的控制,即随偏压的变化而结电容值也随之变化,其结电容随偏压而改变的特性曲线如图 4.21 所示。当变容管作为振荡器回路中部分振荡元件时,在其两端加上三角波(时域)调制波形,由于其电容值随所加电压变化而变化,因而振荡频率也随之变化,从而实现了调频信号源的功能。

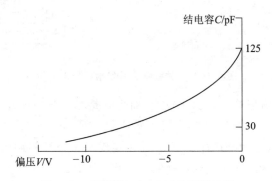

图 4.21　变容管(2CC13A)的变容特性

图 4.22 和图 4.23 所示是两种常用的 VCO 工作形式。图 4.22(a)是一种改进电容三点式振荡器的实际电路图,变容管是振荡器回路元件的一部分。当三角波调制信号加到变容管两端时,使振荡器频率按三角波调制规律调频,从而实现 VCO 功能。电路中晶振呈感性,GZL 对高频信号有很大的阻抗,而调制信号却可以通过它加到变容管 VD 上。R_1、R_2 组成变容管的偏置电路,R_3、R_4、R_5 是晶体管 BG 的偏置电路。其等效电路如图 4.22(b)所示。从等效电路可以看出,这是一种改进的电容三点式振荡器。晶体的等效电感 L_J 与变容管的等效结电容 C_D 串联,再接到振荡回路中。C_2、C_3 形成反馈的分压电容。以本电路使用的 2CC13A 变容管为例,当其两端负偏压由 0 变化到 10 V 时,结电容相应由 125 pF 减小到 30 pF。按图 4.22(a)所示各元件参数,其 $f_0 = 27$ MHz。当调制电压由 0.7 V 变化到 8 V 时,$\Delta F_m = 4$ kHz。

图 4.23 为一种微波体效应二极管调频振荡器原理图。其中体效应管与波半导腔体组成 LC 振荡器,产生 f_0 发射源;在合适的位置焊装变容二极管,由调制信号对

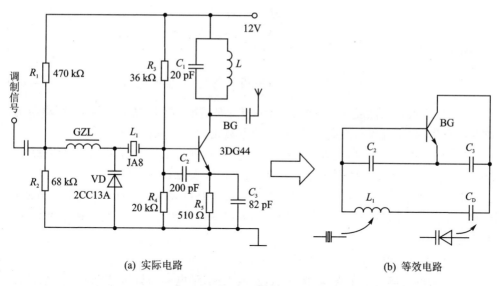

(a) 实际电路　　　　　　　　　　(b) 等效电路

图 4.22　电容三点式调频发射机

变容管加偏压以及交变电压信号,从而改变振荡频率,获得调频信号。

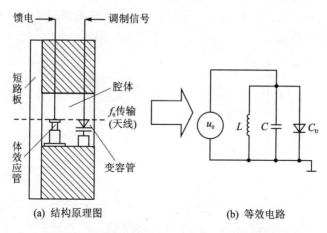

(a) 结构原理图　　　　　　　　　(b) 等效电路

图 4.23　微波体效应二极管调频发射机原理图

（3）非线性校正

在调频发射机中,调频非线性度 e_f 是一项关键的指标。正如前面所讨论的,它在远距离测距时,直接影响测距精度,其引入的差频信号测频误差表示为

$$\Delta f_{\mathrm{i}} = \frac{2e_f \Delta F_{\mathrm{m}}}{T_{\mathrm{m}} c} R \quad （锯齿波调制） \tag{4.80}$$

$$\Delta f_{\mathrm{i}} = \frac{4e_f \Delta F_{\mathrm{m}}}{T_{\mathrm{m}} c} R \quad （三角波调制） \tag{4.81}$$

由此引起的相对测距误差为

$$\frac{\Delta R_5}{R} = \frac{\Delta f_i}{f_i} \tag{4.82}$$

即测距误差为

$$\Delta R_5 = \frac{\Delta f_i}{f_i} R = e_f R \quad (锯齿波调制、三角波调制等) \tag{4.83}$$

显然,调频非线性度 e_f 引起的测距误差 ΔR_5 随距离 R 增大而增大,距离越远,越起主要作用;而且仅与距离有关,与其他参数无关。

例如,当 $e_f = 5\%$ 时,要求测距距离 $R = 100$ m,则 $\Delta R_5 = 5$ m;要求测距距离 $R = 300$ m,则 $\Delta R_5 = 15$ m;要求测距距离 $R = 1000$ m,则 $\Delta R_5 = 50$ m。

对于工程设计,一般可达 $e_f = 3\% \sim 5\%$;若要提高至 $e_f = 1\%$,则需要外加线性校正电路;若要提高至 $e_f < 1\%$,则需要采用锁相环路。下面介绍几种非线性校正的方法。

1) 开环线性预校正

变容管的变容特性如图4.21所示,一般来说,结电容与偏压呈非线性关系,当变容管参与振荡回路工作时,将引起非线性测频误差。因此要求调制信号作线性校正,其线性校正曲线与变容特性曲线相反,如图4.24所示:当变容特性曲线"凹"向时,调频信号波形(以锯齿波为例)一般应是"凸"向,从而校正调制信号时间-频率特性,使之保持良好的线性度。

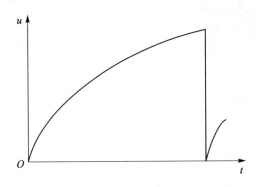

图4.24　锯齿波线性校正

这种线性校正方法是一种开环线性预校正方法,它是根据 VCO 的振荡频率随控制电压的变化关系,对调制信号(如锯齿波等)进行预校正,其 e_f 可达 1%,方法简单,便于工程实现,常被近程探测系统所采用,但不能实时补偿外界干扰(如温度变化等)引起的 VCO 扫频特性的变化。

2) 直接鉴频法

欲进一步提高线性度以及减小外界干扰的影响,一般采用闭环的控制电路。直接鉴频法是闭环控制电路的一种,如图4.25所示,它利用鉴频器将 VCO 输出频率的变化转换为电压的斜升变化并作为误差信号,将该误差信号电压与锯齿波电压进行比较,比较后输出信号反馈回来控制 VCO。

直接鉴频法实时性好,实施也较为简单,但线性度受参考锯齿波电压与鉴频器的鉴频特性一致性的限制。

3) 延迟-鉴相法

目前,线性度比较好的方法是图 4.26 所示的延迟-鉴相法。在图 4.26 中,将调频信号(即 VCO 输出)延迟后,与未延迟信号混

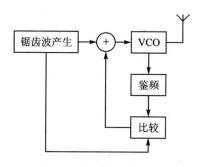

图 4.25　直接鉴频法线性校正原理

频,将混频后的差频信号再与基准的参考信号进行鉴相比较,利用鉴相器输出误差电压去控制 VCO,以保持 VCO 输出的扫频信号的线性度。

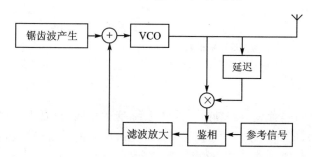

图 4.26　延迟-鉴相法原理

延迟-鉴相法利用中频差拍信号频率的锁定来控制扫频线性度,其线性度主要取决于延迟线的色散特性和环路参数,e_f 可达 10^{-5},且相位噪声小;但电路复杂,成本高,并对 VCO 本身线性度要求较高,一般要对 VCO 作开环线性预校正。

4) 延迟-鉴频法

延迟-鉴相法尽管线性度很高,但工程实现时较为复杂。如果考虑线性度、制作成本及调试方便等要求,可采用折衷方案:延迟-鉴频法,其原理如图 4.27 所示。由于采用了延迟混频,对锯齿波电压与中频鉴频器的鉴频特性的一致性无特殊要求,因而与直接鉴频法相比,鉴频器的鉴频特性对系统线性度的影响大大下降,且不受

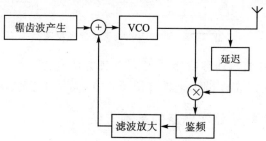

图 4.27　延迟-鉴频法原理

VCO 本身线性度的限制,制作成本较低、调试方便。不足之处是线性度不如延迟-鉴相法,对 VCO 的相位噪声也无改善作用。其 e_f 可达 0.1 %。

延迟-鉴频法对于一般应用的近程探测系统来说不失为一种简便易行、性能可靠的线性校正方法。同时,它又可作为延迟-鉴相法的预校正电路,不但可共用同一延迟线,而且其较高的线性能力大大减轻了鉴相环路的压力,提高了环路稳定性。

将上述四种线性校正方法作一比较,归纳在表 4.1 中。

表 4.1　四种线性校正方法的比较

方　　法	线性度	e_f 能达到量级	调试难度	制作成本	特殊要求
开环预校正	差	1 %	易	最低	无
直接鉴频法	较好	0.1 %	一般	一般	一致性①
延迟-鉴频法	较好	0.1 %	易	一般	无
延迟-鉴相法	好	10^{-5}	难	高	要求预校正

① 指要求锯齿波电压波形特性与鉴频器的鉴频特性一致。

4.4.2　调频接收机

调频接收机与连续波多普勒近程探测系统基本相同,只是由于调频系统中发射信号受频率调制,因此混频器的参考信号(即发射信号的一部分)是宽度为调频频偏 ΔF_m 的以 f_0 为载波的宽带频率信号,而混频器的输入信号(即回波信号)也同样是与发射信号类似的信号,只是延迟一个时间 τ。发射信号与回波信号通过混频器混频后取出差频信号,进入差频放大器。差频放大器是一个中频放大器,其带宽为 $f_H - f_L$,它覆盖该系统可能出现的最大差频 $f_H > f_{imax}$ 和最小差频 $f_L < f_{imin}$。其工作原理框图如图 4.28 所示。其中,射频放大器是可选的,增加射频放大器主要是为了提高接收机的灵敏度(这已在第 1 章讨论过)。但当波段很高时,射频放大器的工程实现难度增加,应根据具体情况而定。

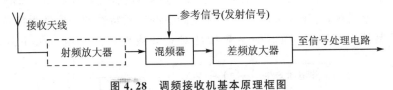

图 4.28　调频接收机基本原理框图

从调频接收机中提取何种信息,与信号处理方法有关。对于一般近程探测系统而言,根据信号处理方法的不同,通常有调频测距、调频多普勒、调频测角等电路。

4.4.3　调频测距信号处理电路的基本方法

调频测距信号处理电路,实际上是对差频信号进行处理,与连续波多普勒近程探测系统中处理 f_d 信号的原理基本相同,因此原先所讨论的对 f_d 信号处理方法仍可借鉴采用,只是这里差频信号的频率比多普勒频率高得多,因而在具体的工程实现时有所不同。这里再讨论几种基本方法。

1. 距离门法

距离门法原理框图见图 4.29。利用差频信号 f_i 与距离 R 的线性正比关系,设计成 n 个距离门。当某个距离门有输出时,便表示某个距离上出现目标。这里的距离门实际上就是窄频带放大器。这种方法对信噪比要求低,处理速度快,可实时得到距离信息;但当复杂目标或多个目标出现时,使差频信号形成的脉冲序列宽度不规则,使差频频谱不纯,从而造成较大测距误差;并且随测距范围增大,电路结构越来越复杂,而且由于没有考虑不规则区的影响,也会引入误差。

为了实现连续测距功能,可采用横向滤波器电路,改变或控制不同的权矢量系数,可方便地组成一系列窄频滤波器,即构成移动式的距离门。这便于用计算机进行控制。

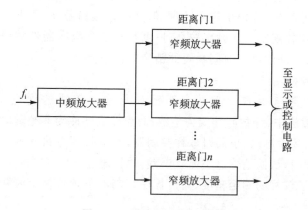

图 4.29 距离门法原理框图

2. 选频定距法

选频定距法原理框图见图 4.30。差频信号经过选频电路,此时若目标在预定的距离上出现,则选频电路输出指示信号。显然,这里的选频电路就是距离门法中的窄频放大器。选通脉冲门输入的基准信号与调制信号同步,在选通脉冲门的作用下,可取差频频率变化均匀的部分——选择差频规则区,从而提高测频精度。该法与距离门法相比,具有同样的优缺点。

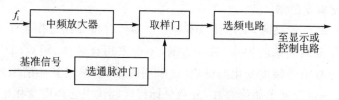

图 4.30 选频定距法原理框图

3. 脉冲计数法

与连续波多普勒体制中计数法相似,只是选通信号受调制信号控制,以避开不规则区。其原理框图见图4.31。差频信号经放大整形后输出规则的脉冲信号,由计数器计数;选通脉冲在调制信号触发下,与调制信号保持同步且保证计数器工作在规则区;最后通过换算电路,得到距离信息。

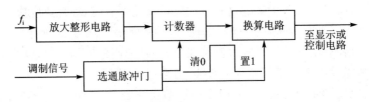

图 4.31　脉冲计数法原理框图

脉冲计数法有较好的测距范围,其测频精度不受差频信号脉冲序列非均匀性的影响,适合较宽的频带,并便于数字处理;但其对差频信号 f_i 要求较高,信噪比要求高,并要求波形比较规则。在频率较高时,测量精度受数字器件转换速度限制,测量精度依赖于选通脉冲门闸门时间长短的精确度。

4. 数字差频检测法

数字差频检测法综合了选频定距法和脉冲计数法的优点,其原理框图见图4.32。在计数法中,计数脉冲应为整数;而当计数脉冲为非整数时,将产生测频误差。采用数字差频检测法,可通过取样控制器,调节归零电路的置0时间,控制延时器的延时和选频门,从而消除这类测频误差;并且通过选择规则区工作和选频电路频率,进一步保证了较好的测距精度;通过程序控制器可预置多个测频值,从而实现连续测距。

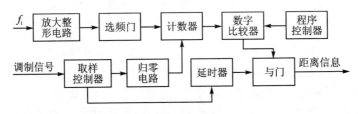

图 4.32　数字差频检测法原理框图

5. 频谱比率定位法

当差频频率 f_i 较高时,采用计数器等数字器件时将受到这些器件工作速度的限制,从而限制了测频频率的提高;另一方面,不论采用计数法、距离门法还是选频法等,都要消除差频信号幅度变化的影响(如采用限幅、整形或其他措施)。另外,寄生调幅的影响在一定程度上始终存在,复杂目标特性起伏引起幅度变化也是存在的,这些在幅度上引起差频信号的变化,将引入测距误差。为降低这类误差,可采用如图4.33所示的频谱比率定位法。

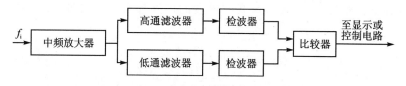

图 4.33　频谱比率定位法原理框图

从差频信号分析中可知,在某一确定的距离 R_0 上,差频信号能量在某一频率上最大,此频率 f_{i0} 与距离 R_0 成正比,即当某一确定距离 R_0 较大时,差频信号的主要谐波分量频率较高;而当 R_0 减小甚至接近为零时,其主要谐波分量很低甚至接近于零。因此,差频信号应同时分别送入高通滤波器和低通滤波器,并在设计时保证这两个滤波器通带有一部分(合适的一部分)相重叠,如图 4.34 所示。

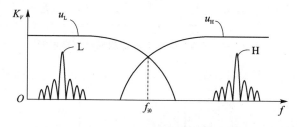

图 4.34　滤波器响应特性

图 4.34 中,u_L 为低通滤波器频率响应特性;u_H 为高通滤波器频率响应特性;L 为 R 较小时差频信号频谱;H 为 R 较大时差频信号频谱;f_{i0} 为预定距离 R_0 对应的差频信号;K_V 为滤波器电压增益。

当目标与近程探测系统距离较大时,差频频谱在高通滤波器通带内;当目标与近程探测系统距离很小时,差频信号能量基本上分布在低通滤波器通带内。而在对应于 f_{i0} 的距离 R_0 上,通过高通滤波器和低通滤波器的频谱能量相等,两滤波器输出相等。检测两个滤波器输出是否相等的方法有多种,这里采用检波的方法,然后进行比较,当 $f_i = f_{i0}$ 时,比较器将会有输出。

频谱比率定位法可适用于复杂目标的测量,有较高的精度。但也显然,当需要连续测距时,该方法需要增加高、低滤波器组等电路,从而增加了电路的复杂性。

有关测频的方法还有许多,如相关测量、FFT、谱分析等,这里不再展开讨论。本书只讨论了最基本的方法,可在此基础上继续深入研究。

4.4.4　测速原理——调频多普勒体制

1. 工作原理

调频多普勒近程探测系统是在差频信号频域分析基础上进行设计的一种近程探测系统,其原理框图见图 4.35。它与调频测距近程探测系统的主要区别是要检出多普勒信号。从前面的差频信号分析中可知,当近程探测系统与目标存在相对运动时,在正弦波调制的情况下,调制频率各次谐波的周围都有一对边带,其频率为 $nf_m \pm f_d$,幅度由式(4.27)可写为

$$U_n = 2U_{im}J_n\left(\frac{2\Delta\omega_m}{\Omega_m}\sin\frac{\Omega_m\tau}{2}\right) \tag{4.84}$$

式中,U_{im} 与发射信号振幅 U_{tm}、反射信号振幅 U_{rm}、混频器非线性器件特性及具体电路有关。也就是说,当存在多普勒效应时,正弦波调频的差频信号的频谱是以调制频率为谐波分量,并在各谐波分量周围出现以 f_d 为边带的频谱特性,如图 4.36 所示。

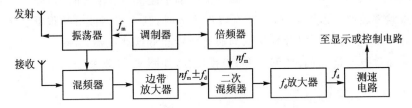

图 4.35　调频多普勒近程探测系统原理框图

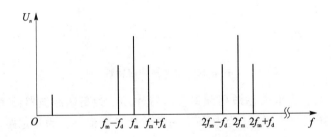

图 4.36　正弦波调频差频信号频谱特性

在图 4.35 所示系统中,混频器输出端接有边带放大器,选出 $nf_m \pm f_d$ 边带信号。若输入信号幅度恒定,则输出边带信号对应于一定的距离。这就是正弦波调频定距原理。将所选出的边带信号与调制信号的相应谐波(即将 f_m 经 n 次倍频)进行二次混频,便可得到 f_d 信号,经后级信号处理后,实现测速功能。

调频多普勒体制取第 n 次边带信号,其差频频率为 $f_i = nf_m \pm f_d$,这通常可避开低频的内部噪声和背景噪声,因此有低噪声的特点;另外,与非调制的连续波多普勒体制相比,具有良好的抗干扰性能和良好的距离截止特性。

2. 参数选择

(1) 谐波次数的选择

① 各次谐波功率将随谐波次数 n 的增加而降低。因此,从减小功率损失的角度出发,应尽可能选择较低次数的谐波分量,要求 n 小。

② 通常调制频率 f_m 不能取得很高,以降低不规则区的影响。为使边带频率 $nf_m \pm f_d$ 不很低,以抑制低频噪声的干扰,应选取较高的谐波分量,要求 n 大。

③ 当调制指数 $m_f = \Delta F_m / f_m$ 一定时,为减小泄漏等内部噪声的影响,应选取较

高的谐波分量,要求 n 大。

综合考虑,通常取 $n \geqslant 3$。

（2）调制频率的选择

① 与测距系统一样,为消除不规则区的影响,应满足 $T_m \gg \tau$,即

$$f_m \ll \frac{c}{2R_{max}}$$

② 为能滤除相邻谐波,应满足 $f_m \gg f_d$,即

$$f_m \gg \frac{2V_R}{\lambda_0} \tag{4.85}$$

（3）调制指数的选择

差频信号中 n 次谐波边带振幅由式（4.84）表示,其中调制指数表示为

$$m_f = \frac{\Delta \omega}{\Omega_m} = \frac{\Delta F_m}{f_m} \tag{4.86}$$

由式（4.84）可见,在一定条件下,m_f 的大小将决定贝塞尔函数自变量的大小,直接影响边带功率的大小。为减小信号能量的损失,在选择 m_f 时,应使所选取的谐波分量能取得最大值。为此,首先要求出相应阶贝塞尔函数取得最大值 $J_n(z)_{max}$ 时的自变量 z_0,然后使

$$2m_f \sin \frac{\Omega_m \tau}{2} = z_0$$

则可得

$$m_f = \frac{z_0}{2\sin(\Omega_m R_0 / c)} \tag{4.87}$$

式中,R_0 为预定的作用距离。

4.4.5　测角原理

1. 利用天线的定向特性测角

利用天线的定向特性来测角的方法,称为振幅法。振幅法测角有最大信号法、最小信号法以及等信号法。这些方法在第 2 章连续波多普勒近程探测系统中已作介绍,在调频体制中仍可应用,其原理（尤其是角度信息提取方法）基本相同。

为减小体积,降低成本,最大信号法在调频体制中仍是应用最广的一类。利用最大信号法的调频测角近程探测系统原理框图见图 4.37,与连续波多普勒测角近程探测系统相比,角度信息的提取方法是相同的,只是这里以差频信号代替了多普勒信号。由于采用了调频体制,利用窄波束的天线,当目标切入天线波束内时,使差频信号受到了幅度调制。差频信号的幅度变化包含了目标出现的角度信息,如图 4.38 所示。因此,调频测角信号实际上是以差频 f_i 为载波的调幅信号。

与连续波多普勒测角信号相比,调频测角信号具有下述特点。

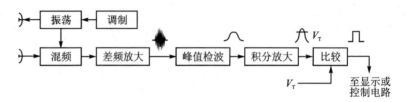

图 4.37　调频测角近程探测系统原理框图

(1) 不受目标速度的影响

连续波多普勒信号是建立在系统与目标有相对运动基础上的,一旦没有相对运动,就没有 f_d,角度信息也就无从谈起。例如对于这样的极端情况,如图 4.39 所示,很窄的天线波束,点目标以垂直于天线波束方向切入。由于波束角 θ 很小,波束宽度可忽略不计,此时 $\beta = \pi/2, \cos\beta = 0$,相对速度接近于零,所以 $f_d \approx 0$,显然,这不利于角度的测量;而且,随着交会条件的变化,β 在不断变化,相对速度也随之不断地变化,因此 f_d

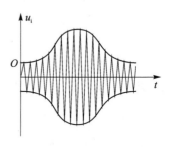

图 4.38　含有角度信息的
f_i 时域波形

也在随之不断地变化,从而影响测角精度。所以,对于连续波多普勒测角系统,应避免这种情况的发生,设计时,应使 $\beta \neq \pi/2$(即要以一定的夹角切入天线波束),θ 不能很小(即要有一定的天线波束宽度),目标最好不是单一点目标。

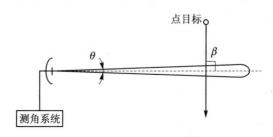

图 4.39　天线波束很窄时点目标垂直切入天线波束

对于调频测角系统,由于是在差频信号基础上进行测角的,因此即使是在图 4.38 所示的极端情况下,差频信号仍然存在,所以仍可获取角度信息,只是表征角度信息的差频信号包络宽度与目标掠过波束的线速度有关,但不影响其最大幅度的变化。

(2) 受目标闪烁效应影响小

未经调制的连续波多普勒系统发射的是单频信号,因此,对于复杂目标,回波起伏影响大。而角度信号的提取是在交会过程中进行的,其入射角、目标散射特性等变化将引起目标闪烁,从而影响测角精度。这一点,在第 1 章分析简单目标和复杂目标的雷达截面积中关于回波起伏的成因时也已叙述。

调频系统发射的是有一定带宽的信号,在测角过程中,由于是在较宽频带内提取角度信息,实际上是在一定频带内的平均信号,因此在一定程度上减弱了入射角、目标特性等变化引起的目标闪烁效应的影响。发射信号的频带越宽,受目标闪烁效应的影响就越小;又加上调频角度信息的提取是以差频信号为载波经检波后再积分处理,因而受目标闪烁效应影响小,从而提高了测角精度。

2. 比相测角

(1) 比相原理

比相是近程探测系统测角的基本原理之一,它通过相隔一定距离的两组接收天线所接收的信号进行相位比较而得到目标角度信息。这一点,已经在第 3 章的连续波多普勒近程探测系统的相位法测角原理中叙述,如图 3.37 所示。如果两个天线的波束一致(平行),相距为 L,与目标的夹角为 θ,则引起的相位差为

$$\varphi = \frac{2\pi}{\lambda_0} L \sin\theta \tag{4.88}$$

从中得到了角度信息 θ。调频比相测角原理也是基于此。

(2) 低频比相调频测角近程探测系统

低频比相的调频测角近程探测系统的原理框图如图 4.40 所示,它采用两个接收

天线和两个接收通道,每个通道的信号都要经过二次混频,即把第一次混频得到的差频信号取出一个边频,再与第二本振混频,得到低频信号;第二混频器的本振信号是由调制器进行 n 次倍频后得到的,n 即对应谐波次数。如果目标回波信号同时到达接收天线,接收天线 1 与 2 则无相位差,$\theta = 0$;如果目标回波信号到两个接收天线不等距,有相位差,则 $\theta \neq 0$。当两路低频信号有相位差时,通过鉴相器便可求出与相位差 φ 相对应的相位电压 U_φ,而

$$U_\varphi \propto \varphi = \frac{2\pi}{\lambda_0} L \sin\theta$$

从而确定 θ。

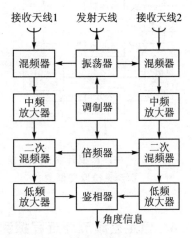

图 4.40　低频比相调频测角近程探测系统原理框图

(3) 中频比相调频测角近程探测系统

中频比相的调频测角系统原理框图如图 4.41 所示,它也是两路接收信号,经中频放大后用和差检波器得到和信号 Σ 与差信号 Δ,再经峰值检波后取出低频信号。和信号 Σ 与差信号 Δ 的低频分量通过差分放大器便可求出相位差电压

$$U_\varphi = A\left[\left|\cos\left(\frac{\pi L}{\lambda_0}\cos\theta + \frac{\phi_0}{2}\right)\right| - \left|\sin\left(\frac{\pi L}{\lambda_0}\cos\theta + \frac{\phi_0}{2}\right)\right|\right] \tag{4.89}$$

由上式可见,U_φ 是 θ 的函数,而预置相位 ϕ_0 为参变量,改变移相器的 ϕ_0 值,可改变 $U_\varphi(\theta)$ 曲线的位置,从而获得角度信息。

(4) 高频比相调频测角近程探测系统

高频比相调频体制首先对两个接收天线接收到的射频信号进行和差相位处理,然后再混频,取出 n 次谐波的一个边带信号后,再分别进行对数放大和峰值检波,最后通过差分放大取出相位电压,其原理框图如图 4.42 所示。与中频比相一样,可以得到 $U_\varphi(\theta)$ 函数曲线,以及输出 U_φ 与 θ 的关系,从而根据输出电压 U_φ 的大小来测定天线波束中心与目标的夹角 θ。

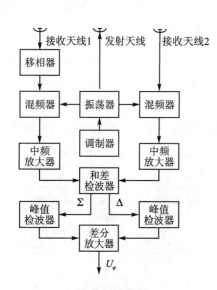

图 4.41　中频比相调频测角近程
探测系统原理框图

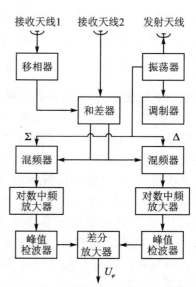

图 4.42　高频比相调频测角近程
探测系统原理框图

4.4.6　恒定差频测距近程探测系统

1. 工作原理与组成

前面介绍的调频测距系统,其最大频偏 ΔF_m、调制周期 T_m 都是固定的,而差频频率 f_i 随距离 R 的变化而变化。在恒定差频体制中,差频频率 f_i 固定不变,而 T_m 却随 R 的变化而变化。以锯齿波调频信号为例,有

$$R = \frac{c f_i}{2 \Delta F_m} T_m \tag{4.90}$$

可见,当 ΔF_m 和 f_i 恒定时,R 就与 T_m 成正比。因此只要测出 T_m 的值就可以获得距离 R。

　　恒定差频测距体制的原理框图如图 4.43 所示。平衡检波器输出的差频信号 f_i 经中频放大器放大到足够大幅度后不直接去鉴频或计数,而是送入跟踪电路。跟踪电路的频率特性如图 4.44 所示。当系统与目标间距离发生变化时,如距离 R 增加了 ΔR,差频信号频率 f_i 相应增加 Δf_i。跟踪电路将输出一个正电压 Δu,再经逻辑电路加到发射机,使发射机的调制周期 T_m 随之增大。T_m 的增加使差频 f_i 减小,直到 f_i 恢复到原来的差频 f_{i0} 为止。这时跟踪电路输出为零,电路达到平衡状态。于是 T_m 的变化反映了距离的变化。通过周期计算器给出发射机的调制周期,获得了系统与目标间的距离信息。同理,当距离减小时,跟踪电路输出负电压,使 T_m 减小,从而使 f_i 增加,直至 f_i 恢复到 f_{i0}。这样系统中差频频率始终保持在 f_{i0},从而通过测定调制周期实现测距。

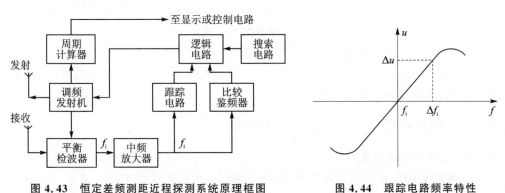

图 4.43　恒定差频测距近程探测系统原理框图　　　　　图 4.44　跟踪电路频率特性

　　此外,恒定差频系统还有一个搜索状态。若在刚接通电源时,或由于某种原因使差频 f_i 较远地偏离了 f_{i0},超出了跟踪电路的工作范围,系统就无法正常工作,这时,就转入搜索状态。在搜索状态,逻辑电路接通搜索电路。搜索电路输出如图 4.45 所示的调制周期从小到大的信号,它模拟了距离从小到大的变化;反之亦然。用此信号去控制发射机的调制周期。当搜索电路输出信号变化到某一调制周期时,正好对应于实际距离 R(或 R 附近),平衡检波器输出的差频频率为 f_{i0},搜索电路停止工作,使系统转入跟踪状态,进行正常的距离测量。

　　比较鉴频器控制系统的跟踪状态与搜索状态之间的相互转换。它实际上是一个调谐于 f_{i0} 的检波器,其频率特性如图 4.46 所示。当差频 f_i 远离 f_{i0} 时,比较鉴频器输出电压为低电平,控制逻辑电路接通搜索电路,使系统处于搜索状态。一旦系统的差频频率 f_i 变为 f_{i0} 时,比较鉴频器则输出高电平,控制逻辑电路断开搜索电路,接通跟踪电路,使系统转入跟踪状态。

2. 恒定差频体制的优点
　　采用恒定差频体制具有如下优点:

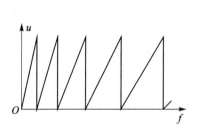

图 4.45　搜索电路输出波形

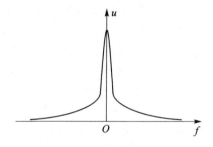

图 4.46　比较鉴频器特性

① 由于差频频率恒定,所以中频放大器通带可以做得很窄,便于放大器工作于最佳状态;同时可减小放大器的噪声影响,提高输出信噪比。因此在同样发射功率条件下,可提高接收机系统的灵敏度,增加系统的距离测量范围。

② 由于中频放大器通带很窄,所以具有良好的抗干扰性能。

③ 由于调制周期能自动调节,所以能合理地适应不同距离的测量精度;尤其在近距离内,能自动减小调制周期,因而在一定程度上提高了近距离测距精度。

4.4.7　随机周期线性调频近程探测系统

1. 工作原理与组成

调频测距的最小距离受系统固定误差的限制,而固定误差实际上是由于调制信号为固定周期而引起的。上述讨论的恒定差频体制能改善近距离的测距精度,还可以通过使调制周期随机变化来降低固定误差的影响,从而提高近距离测距精度。

这里介绍一种随机周期线性调频体制,即发射信号频率按线性规律变化,而调制周期为随机变量。这时,混频器输出的差频信号功率谱是连续的,因此,测距结果(从理论上讲)不再具有固定误差。

随机周期线性调频系统的发射信号、回波信号的时间-频率曲线如图 4.47 所示。由图可见,这时混频器输出的差频信号 f_i 仍与距离 R 成正比。所以系统的组成与一般调频测距系统相似,其原理框图如图 4.48 所示。系统发射随机周期线性调频信号,回波信号与发射机的本振信号进行混频,然后对混频器输出的差频信号进行放大,经测频后获得距离信息。

2. 线性随机周期信号的产生

系统中线性随机周期信号调制器的组成如图 4.49 所示,其中噪声源通常产生正态白噪声,常采用齐纳二极管等器件组成;当频率较高时,也可采用固态源、气体放电管等器件。带通滤波器可改变噪声信号的功率谱密度,使噪声波形变化缓慢(实际上是窄化噪声)。限幅器主要改变输入噪声的振幅概率分布,以便得到等幅的随机间隔的方波,如图 4.50(a)所示。等幅随机间隔的方波经积分后,得到如图 4.50(b)所示的线性随机周期变化的调制信号。

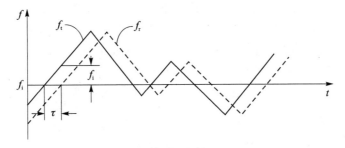

图 4.47 随机周期线性调频信号时间-频率特性

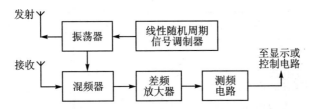

图 4.48 随机周期线性调频测距近程探测系统原理框图

图 4.49 线性随机周期信号调制器原理框图

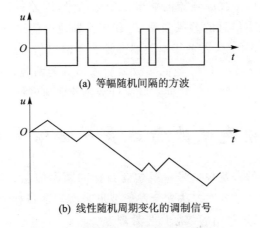

图 4.50 限幅器与积分器的输出波形

4.4.8 超外差式接收机的调频连续波近程探测系统

为了提高灵敏度和稳定性,在允许采用比较复杂的结构和较高的成本时,可采用超外差式接收机方式的调频系统。

图 4.51 为一种单边带超外差式接收机的连续波调频近程探测系统原理框图。

其中调频信号 $f_0(t)$ 的一部分与本振器信号 f_{IF} 一起送到混频器。本振频率 f_{IF} 的选择与该接收机所用的中频频率相同。而通常的超外差式接收机中,本振频率与射频信号频率有相同量级。混频器输出包含变化的发射频率 $f_0(t)$,加上两个边带 $f_0(t) \pm f_{IF}$。单边带滤波器选择下边带 $f_0(t) - f_{IF}$,并抑制载波 $f_0(t)$ 及上边带 $f_0(t) + f_{IF}$。过滤后的单边带信号 $f_0(t) - f_{IF}$,其调制形式与发射信号相同,并作为接收混频器的本振信号。

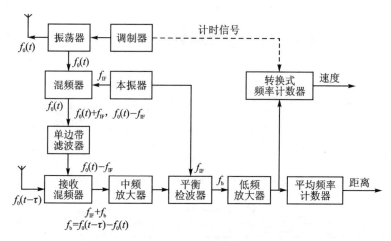

图 4.51　单边带超外差式接收机的连续波调频近程探测系统原理框图

当有回波信号时,接收混频器的输出是中频信号(即差频),其频率为 $f_{IF} + f_b$,此处 f_b 包含代表距离信息的差频频率 f_i 和多普勒速度信息的 f_d。中频信号经放大后与本振信号 f_{IF} 同时送入平衡检波器。检波器输出信号的频率 f_b 包含差频频率 f_i 和多普勒频率 f_d,f_b 信号经低频放大后输出分为两路,一路送至平均频率计数器获取距离信息,另一路送至转换式频率计数器获取速度信息(设计时 $f_i \gg f_d$)。

4.5　调频连续波雷达多目标信号处理方法

由 4.2 节分析可知,差频信号中既包含目标的距离信息,又包含目标的速度信息,可以通过特殊的信号处理方法配合发射波形来实现多目标的距离和速度信息提取。本节主要介绍三种常用的数字信号处理方法。

4.5.1　传统三角波调频周期的距离速度提取方法

1. 对称三角调频连续波雷达信号分析

目标与近程探测系统相远离时对称三角波线性调频信号的时频特性如图 4.52 所示,由信号分析可知,差频信号频率理论上如图 4.52(a)所示,因为差频信号调频项很小,可以忽略不计,因而在实际工程中可认为回波信号频率与发射信号调频斜率相等,差频信号在各个上下扫频段内的频率恒定,此时对称三角波线性调频信号的时频特性如图 4.52(b)所示。

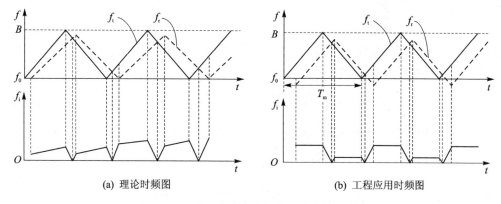

(a) 理论时频图　　　　　　　　　　　　(b) 工程应用时频图

图 4.52　对称三角波调频信号的时频特性图

图 4.52 中,f_0 为发射信号的载频;f_t 为发射信号的频率;f_r 为回波信号的频率;B 为调制带宽,即调制频偏;T_m 为调制周期,记 T 为扫频时长,$T = 1/2 T_m$。

对于单个三角波调频周期,以上扫频段为例,发射信号频率表示为

$$f_{t+}(t) = f_0 + \frac{B}{T} t \tag{4.91}$$

式中,$t \in [0, T]$,发射信号相位表示为

$$\varphi_{t+}(t) = 2\pi \int_0^t f_t(t)\, \mathrm{d}t + \varphi_0$$

$$= 2\pi \left(f_0 t + \frac{B}{2T} t^2 \right) + \varphi_0 \tag{4.92}$$

式中,φ_0 为发射信号的随机初相,从而发射信号可以表示为

$$S_{t+}(t) = A \cos \left[2\pi \left(f_0 t + \frac{B}{2T} t^2 \right) + \varphi_0 \right] \tag{4.93}$$

式中,A 为发射信号的振幅,将发射信号与回波信号混频后,差频信号的相位表示为

$$\varphi_{b+}(t) = \varphi_{t+}(t) - \varphi_{t+}[t - \tau(t)]$$

$$= 2\pi \left[f_0 \tau(t) + \frac{B}{T} t \tau(t) - \frac{B}{2T} \tau^2(t) \right] \tag{4.94}$$

式中,τ 为信号往返传播延时,其表示为

$$\tau(t) = \frac{2(R_0 - vt)}{c} \tag{4.95}$$

式中,R_0 为目标初始距离,v 为目标径向速度。设点目标与探测器相接近(速度方向为负),产生的多普勒频率为

$$f_d = \frac{2v}{\lambda} \tag{4.96}$$

式中,λ 为波长。由式(4.94)和式(4.95)可得差频信号表示为

$$S_{b+}(t)=A_b\cos\left\{2\pi\left[\frac{2f_0(R_0-vt)}{c}+\frac{2B(R_0-vt)t}{cT}-\frac{2B(R_0-vt)^2}{Tc^2}\right]-\phi_0\right\}$$

$$(4.97)$$

式中,$A_b=k_rA^2/2$,常量 k_r 为幅度衰减系数,ϕ_0 为目标回波引起的附加相移,因为 $v\ll c$,化简整理后表示为

$$S_{b+}(t)=A_b\cos\left\{2\pi\left[\left(\frac{2BR_0}{Tc}-\frac{2vf_0}{c}\right)t+\frac{2R_0f_0}{c}\right]-\phi_0\right\}\qquad(4.98)$$

同理可以得到下扫频段发射信号和差频信号的表达式分别为

$$S_{t-}(t)=A\cos\left\{2\pi\left[(f_0+B)t-\frac{B}{2T}t^2\right]+\varphi_0\right\}\qquad(4.99)$$

$$S_{b-}(t)=A_b\cos\left\{2\pi\left[\left(\frac{2BR_0}{Tc}+\frac{2vf_0}{c}\right)t-\frac{2R_0f_0}{c}\right]+\varphi_0\right\}\qquad(4.100)$$

2. 单目标环境下的频域配对法

在单目标环境下,由于上、下扫频段差拍频谱只会分别出现一个目标的信息,所以可将它们直接进行配对处理,消除距离速度耦合。从式(4.98)、式(4.100)可以看出,上、下扫频的中心频率分别为

$$f_{b+}=\frac{2BR_0}{Tc}-\frac{2vf_0}{c}\qquad(4.101)$$

$$f_{b-}=\frac{2BR_0}{Tc}+\frac{2vf_0}{c}\qquad(4.102)$$

由式(4.101)和式(4.102)相加、相减分别得到

$$f_{b+}+f_{b-}=\frac{4BR_0}{Tc}\qquad(4.103)$$

$$f_{b-}-f_{b+}=\frac{4vf_0}{c}\qquad(4.104)$$

从而

$$R_0=\frac{Tc(f_{b+}+f_{b-})}{4B}\qquad(4.105)$$

$$v=\frac{c(f_{b-}-f_{b+})}{4f_0}\qquad(4.106)$$

假设调频近程探测系统工作于 Ka 波段,三角波调频周期 $T_m=1$ ms,调制带宽 $B=400$ MHz,目标距离 $R=20$ m,目标速度 $v=40$ m/s,分别对上下扫频段回波差频信号做 1024 点 FFT,结果如图 4.53 所示。

由图 4.53 可以看出,上下扫频段回波差频信号的中心频率分别为

$$f_{b+}=0.9766\times10^5\text{ Hz},\quad f_{b-}=1.162\times10^5\text{ Hz}$$

根据式(4.105)和式(4.106)可以求得

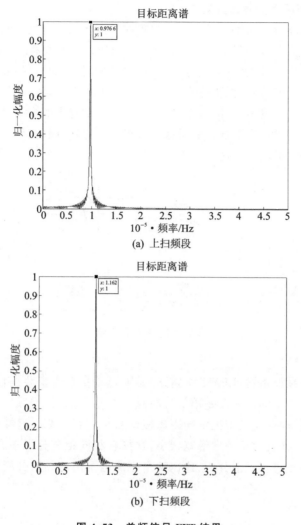

(a) 上扫频段

(b) 下扫频段

图 4.53　差频信号 FFT 结果

$$R_0 = \frac{Tc(f_{b+} + f_{b-})}{4B} = \frac{500 \times 10^{-6} \times 3.0 \times 10^8 \times (0.976\,6 + 1.162) \times 10^5}{4 \times 400 \times 10^6}\ \mathrm{m} = 20.05\ \mathrm{m}$$

$$v = \frac{c(f_{b-} - f_{b+})}{4f_0} = \frac{3 \times 10^8 \times (1.162 - 0.976\,6) \times 10^5}{4 \times 35 \times 10^9}\ \mathrm{m/s} = 39.73\ \mathrm{m/s}$$

相对误差：

$$\Delta R_0 = (20.04 - 20)/20 = 0.2\ \%$$

$$\Delta v = (40 - 39.73)/40 = 0.7\ \%$$

　　由以上分析可知，在单目标环境下，频域配对法用于提取三角波调频连续波体制下动目标的距离和速度信息是有效的。

3. 多目标环境下的频域配对法

对于单目标环境下的检测,将上、下扫频的目标差拍频谱直接配对就可求得目标的距离和速度。当有多个目标同时存在时,如仍然进行直接配对,就会出现虚假目标,因此这时需要对目标进行鉴别,把上下扫频段视同目标的差拍频谱实行配对。其中一种结构简单且容易实现的方法是:根据差拍频谱特征参数来实行配对。

对于同一目标回波信号,反射系数 K_r 相同,因此同一目标在上、下扫频段得到的频谱具有相同的幅度和形状。根据这个特点,就能将不同的目标区分开来,通过配对处理消除距离速度耦合。这种方法称为差拍信号频谱配对法,具体步骤如图 4.54 所示。

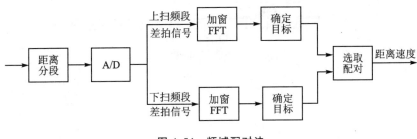

图 4.54　频域配对法

(1) 距离分段

线性调频连续波雷达(LFMCW 雷达)是通过差拍频谱来获得目标距离信息的,不同距离的目标产生的回波在差拍信号时域上是重叠的,但在频域里是分开的。因此在频域上进行分割,相当于把不同距离段的目标进行分割。这样可使得差拍信号的动态范围缩小,而且由于频谱带宽减小,这样在相同距离分辨率的前提下,选出自己感兴趣的距离段进行频谱分析,这比整个距离范围内的频谱分析所需的运算量及存储量小得多。

(2) 确定目标

1) 找出采样点中的最大值

对得到的目标距离谱,通过对这些采样点进行搜索,找到整个采样序列中幅度的最大值。

2) 确定门限,确定目标个数

LFMCW 雷达差拍信号的频谱存在较高的旁瓣,高旁瓣的存在可能导致虚假目标的判定。为了消除旁瓣对配对的影响,需要确定一个门限 β(β 由虚警概率确定),如果采样点幅度高于这个门限,就认为在这个位置有目标出现,反之则没有。同时,为了消除旁瓣对目标个数判断的影响,可对差拍信号进行加窗处理(如汉宁窗和海明窗),通过加窗可有效降低差拍信号的频谱旁瓣,但是加窗后的差拍信号频谱主瓣展宽,降低了距离分辨率。

由于采样点不太可能恰好处在目标差拍信号中心频率的位置,以及加窗函数造成主瓣宽度的拓展,故一个目标差拍频谱幅度超过门限 β 不止一个采样点。凡是连续超过门限的一段连续频谱,均可认为是一个目标(点目标或是分布目标)产生的。

　　3) 选取配对

　　从理论上讲,同一个目标在 LFMCW 雷达的上扫频段和下扫频段产生的差拍信号频谱具有相同的形状。根据这一点,就可以通过特征参数比较的方法,将同一目标在上、下扫频段的差拍频谱配对起来。常用的特征参数包括两种:频谱峰值误差、均方误差,配对流程如图 4.55 所示。

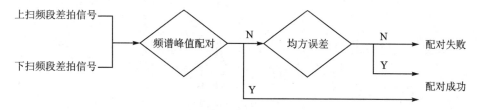

图 4.55　配对流程

　　(3) 确定目标上、下扫频段中心频率位置

　　在目标配对成功之后,下一步就是根据同一目标在上、下扫频段差拍信号的频谱范围,确定频谱中心的具体位置,测出目标的初始位置和速度。理论上讲,目标差拍频谱的峰值对应的频率就是中心频率,但是考虑到杂波和噪声的影响,信号发生畸变,使得差拍信号峰值处的频谱可能会出现抖动;或者在雷达的分辨单元内,雷达收到的回波是大量独立单元反射的合成,且由于目标内部的运动,各反射单元的多普勒频率各有不同,从而引起回波频谱的展宽;或者由于采样点数不够,没有能够采到目标差拍频谱峰值点。如果直接把峰值对应的频率当作是中心频率,则可能会引起较大误差,采用相应的算法(如对频谱求质心的方法)可以确定中心频率的准确位置。

　　(4) 求得目标距离速度信息

　　得到目标在上、下扫频段差拍信号的中心频率后,根据式(4.105)和式(4.106)可以求得每个目标真实的距离和速度信息,从而消除距离和速度的耦合。

　　假设调频近程探测系统工作于 Ka 波段,三角波调频周期 $T_m = 1$ ms,调制带宽 $B = 400$ MHz,目标参数如表 4.2 所列,分别对上下扫频段回波差频信号做 1024 点 FFT,得到如图 4.56 所示的结果。

表 4.2　多目标仿真参数

参数名称	距离/m	速度/(m·s^{-1})	幅度衰减系数
目标 1	20	40	0.9
目标 2	50	0	0.7
目标 3	75	—60	0.5

从图 4.56 中可以读出差拍信号的中心频率,进而求出每个目标的距离和速度信息。

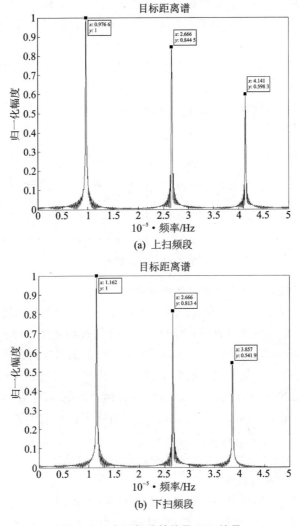

图 4.56　多目标差拍信号 FFT 结果

由以上分析可知,频域配对法实现简单,在准确配对的前提下和误差允许的范围内,利用频域配对法提取多目标距离和速度信息是可行的,但在实际应用中存在不容忽视的问题:

① 在复杂的多目标环境下,以上扫频段为例,当两个目标的多普勒频率差 Δf_{d} 和时延差 $\Delta \tau$ 满足 $\Delta f_{\mathrm{d}} = B \Delta \tau / T$ 时,两个目标的差拍频谱将出现严重的混叠现象,无法进行配对。

② 在有多个动目标的情况下,如果目标具有相似的发射强度和雷达散射截面积(RCS),那么它们产生的差拍信号频谱幅度及形状很可能非常相似,这时通过特征参数比较的方法来实现配对就会有一定的难度。

4.5.2　变斜率三角波调频周期的距离速度提取方法

1. 基本原理

目标差频信号可以改写为距离与速度的关系式,在 $R-v$ 坐标系中,发射波形的每一个调频斜率都唯一对应一条 $R-v$ 直线,只有那些不同 $R-v$ 直线的交叉点才有可能是真实目标。因此我们只需找到那些公共的交叉点,而其余的交叉点则被视为虚假目标而去除。这就是"交叉寻找"的思想,一种典型的多周期三角波调频的波形如图 4.57 所示。

如图 4.57 所示,与传统的单周期对称三角波不同,该发射波形由两段具有相同的调频带宽、但扫频时长不相同的对称三角波信号组成,这两段三角波信号的扫频时长分别记为 T_1 和 T_2。针对扫频时长为 T_i(i 是正整数且 $i \in [1,2]$)时的调频段,由式(4.101)和式(4.102)可得上、下扫频段内目标频谱峰值频率分别为

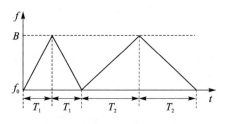

图 4.57　变周期三角波发射信号的时频图

$$f_{\mathrm{b},ij}^{+} = \frac{2BR_{ij}}{T_i c} - \frac{2v_{ij}f_0}{c} \tag{4.107}$$

$$f_{\mathrm{b},ik}^{-} = \frac{2BR_{ik}}{T_i c} + \frac{2v_{ik}f_0}{c} \tag{4.108}$$

式中,$f_{\mathrm{b},ij}^{+}$、$f_{\mathrm{b},ik}^{-}$ 分别表示扫频时长为 T_i 时,上扫频段第 j 个目标对应的频谱峰值频率和下扫频段第 k 个目标对应的频谱峰值频率,j、k 是正整数,且 $j,k \in [1,n]$。再根据式(4.109)和式(4.110)得到 n^2 个目标的距离和速度分别为

$$R_{i,jk} = \frac{R_{ij}+R_{ik}}{2} + \frac{T_i f_0 (v_{ik}-v_{ij})}{2B} \tag{4.109}$$

$$v_{i,jk} = \frac{v_{ik}+v_{ij}}{2} + \frac{B(R_{ik}-R_{ij})}{2T_i f_0} \tag{4.110}$$

从而得到配对后的目标距离-速度矩阵 $\boldsymbol{T}(R_{i,jk}, v_{i,jk})$:

$$\boldsymbol{T}(R_{i,jk}, v_{i,jk}) = \begin{cases} \begin{cases} R_{i,11} = \dfrac{R_{i1}+R_{i1}}{2} + \dfrac{T_i f_0 (v_{i1}-v_{i1})}{2B} \\[2mm] v_{i,11} = \dfrac{v_{i1}+v_{i1}}{2} + \dfrac{B(R_{i1}-R_{i1})}{2T_i f_0} \end{cases} & \cdots & \begin{cases} R_{i,1k} = \dfrac{R_{i1}+R_{ik}}{2} + \dfrac{T_i f_0 (v_{ik}-v_{i1})}{2B} \\[2mm] v_{i,1k} = \dfrac{v_{ik}+v_{i1}}{2} + \dfrac{B(R_{ik}-R_{i1})}{2T_i f_0} \end{cases} \\[6mm] \quad\quad\vdots & \ddots & \quad\quad\vdots \\[4mm] \begin{cases} R_{i,j1} = \dfrac{R_{ij}+R_{i1}}{2} + \dfrac{T_i f_0 (v_{i1}-v_{ij})}{2B} \\[2mm] v_{i,j1} = \dfrac{v_{i1}+v_{ij}}{2} + \dfrac{B(R_{i1}-R_{ij})}{2T_i f_0} \end{cases} & \cdots & \begin{cases} R_{i,jk} = \dfrac{R_{ij}+R_{ik}}{2} + \dfrac{T_i f_0 (v_{ik}-v_{ij})}{2B} \\[2mm] v_{i,jk} = \dfrac{v_{ik}+v_{ij}}{2} + \dfrac{B(R_{ik}-R_{ij})}{2T_i f_0} \end{cases} \end{cases}$$

$$\tag{4.111}$$

由上式可见,对于真实目标,计算出的距离和速度与扫频时长 T_i 无关,而虚假目标的距离和速度计算值与扫频时长 T_i 有关;当扫频时长不同时,其计算得到的距离和速度值也不同。因此如果在有两个扫频时长 T_1 和 T_2 的情况下,计算得到的目标距离和速度都相等,则所得的参数值为真实目标的距离和速度。

2. 实现步骤

多目标环境下距离速度信息提取的主要实现步骤如下:

Step 1:对扫频时长 T_1 对应的上、下扫频段的差拍信号进行采样并进行 FFT,分别得到 $F_+(\omega)$、$F_-(\omega)$。

Step 2:对上、下扫频段的频域信号进行恒虚警检测,分别得到 x、y 个频谱峰值,对应的中心频率为 $f_{b,1j}^+$、$f_{b,1k}^-$(j,k 是正整数,且 $j \in [1,x]$,$k \in [1,y]$)。由于存在距离-速度耦合效应,不同目标的频谱有可能重合,所以检测到的目标个数 x、y 小于或等于目标个数 n。

Step 3:根据式(4.109)和式(4.110)计算得到 xy 个距离-速度组合 $(R_{1,jk},v_{1,jk})$。

Step 4:当扫频时长为 T_2 时,重复 Step 1～ Step 3。

Step 5:在距离-速度组合 $(R_{1,jk},v_{1,jk})$、$(R_{2,jk},v_{2,jk})$ 中找到距离-速度值相等的目标点,即为真实目标的距离-速度值。

通过上面的步骤就可实现多目标环境下的距离-速度信息提取。

3. 仿真说明

假设调频近程探测系统工作于 Ka 波段,扫频时长 $T_1=0.5$ ms、$T_2=1$ ms,调制带宽 $B=400$ MHz,目标距离和速度参数如表 4.2 所列。不考虑回波信号衰减,在扫频时长 T_1 内,对上、下扫频段回波差拍信号做 1024 点的 FFT,得到对应的距离谱如图 4.58 所示。

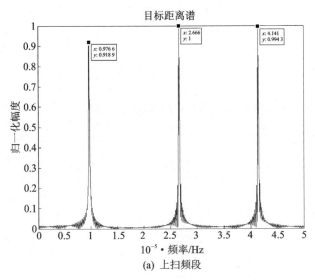

图 4.58　扫频时长 T_1 内目标差拍信号距离谱

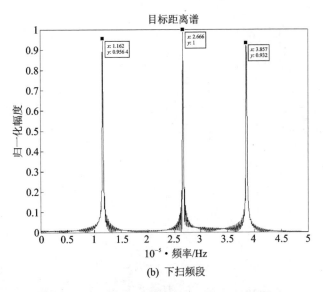

(b) 下扫频段

图 4.58　扫频时长 T_1 内目标差拍信号距离谱(续)

在扫频时长 T_1 内,得到目标差拍信号中心频率分别为 $f_{b1+} = 97.66$ kHz、$f_{b2+} = 266.6$ kHz、$f_{b3+} = 414.1$ kHz、$f_{b1-} = 116.2$ kHz、$f_{b2-} = 266.6$ kHz、$f_{b3-} = 385.7$ kHz,两两配对得到 9 个距离-速度组合,如图 4.59 所示。

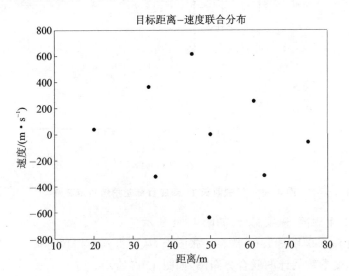

图 4.59　T_1 周期检测的目标距离-速度分布图

同理,在扫频时长 T_2 内,对上、下扫频段回波差拍信号做 1 024 点的 FFT,得到对应的距离谱如图 4.60 所示。

在扫频时长 T_2 内,得到目标差拍信号中心频率分别为 $f_{b1+} = 43.95$ kHz、$f_{b2+} = 133.8$ kHz、$f_{b3+} = 213.9$ kHz、$f_{b1-} = 62.5$ kHz、$f_{b2-} = 133.8$ kHz、$f_{b3-} = 186.5$ kHz,两

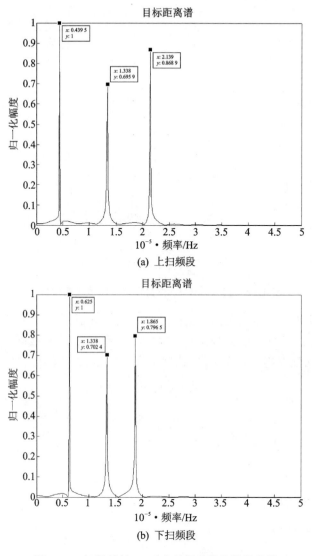

图 4.60　扫频时长 T_2 对应目标差拍信号距离谱

两配对得到 9 个距离-速度组合,如图 4.61 所示。

可以将图 4.59 和图 4.61 放在一张图上,从而得到在扫频时长分别为 T_1、T_2 时目标距离-速度参数估计的联合分布图,如图 4.62 所示。

从图 4.62 中可以看到,在图中众多距离-速度组合中,重合的目标点有 3 个,这 3 个目标点即为真实目标的距离和速度信息。我们对这 3 个目标在扫频时长内的估计值求平均得到测量值分别为 $R_1=20.0044$,$v_1=39.7393$ m/s,$R_2=50.0813$,$v_2=0$,$R_3=75.0282$,$v_3=59.7857$ m/s。

根据以上分析可知,多三角波调频周期法克服了传统单一三角波调频测距测速

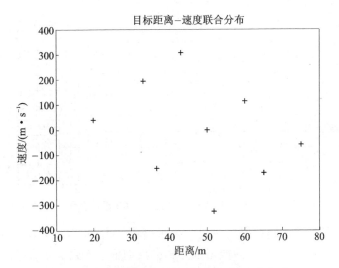

图 4.61 T_2 周期检测的目标距离–速度分布图

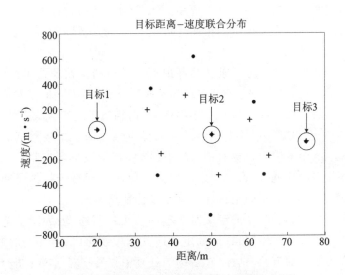

图 4.62 目标距离–速度参数估计联合分布图

过程中因混叠或频谱幅度及形状相似而导致的无法有效配对的困难,且发射波形简单,易于实现;但是该方法依然有一定的概率出现虚假目标,并且当目标个数较多时,因解方程组导致的系统运算量较大。

4.5.3 动目标检测(MTD)距离速度提取方法

区分运动目标和杂波在于它们速度上的差别,MTD 可以将不同运动速度的目标区分开来,实现测距测速功能,大大改善在杂波背景下近程探测系统检测运动目标的能力。LFMCW 雷达的 MTD 原理如图 4.63 所示。

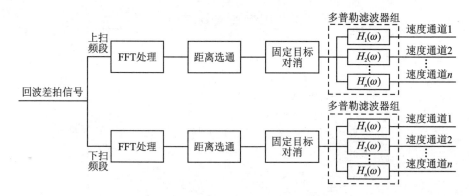

图 4.63　LFMCW 雷达的 MTD 原理框图

由于滤波器组输入的数据是在同一个距离单元内的,因此需要通过一个距离选通电路,使得同一个距离单元的数据依照扫频周期依次送到滤波器组进行数据处理,进而可以采用频域对消的方法抑制固定杂波,以简化目标环境,突出运动目标。最后多普勒滤波器组所输入的是同一个距离单元上不同速度的目标差拍信号的叠加,多普勒滤波器组的作用就是使得不同模糊速度的目标进入不同的多普勒滤波器,从而将不同的目标分离开来。

LFMCW 雷达的 MTD 可以通过对差拍信号进行两次快速傅里叶变换(FFT)、一次频域对消来实现。第一次 FFT 实现的是距离变换,所得到的是对应目标距离的差拍频谱,其中,每一根谱线对应一个距离单元,即相当于上述步骤中的距离选通;之后,把所得到的后一扫频周期的差拍频谱的采样点减去前一扫频周期的差拍频谱的采样点,即图 4.63 中的固定目标对消,从而使得固定杂波得到抑制;第二次 FFT 实现多普勒滤波器组的功能,即将对消之后的同一距离单元每个扫频周期的差拍频谱采样点进行 FFT 变换,得到的是目标的模糊多普勒频率。

值得一提的是,图 4.63 中的频域对消这一步可以省略,因为固定杂波在相邻的 FFT 结果中变化很小,所以 MTD 后固定杂波就集中在第二维 FFT 的通道 1 中(模糊多普勒频率为零的通道)。这样,在后续的处理中只要不对通道 1 进行处理即可达到抑制杂波的目的,同时把不同目标根据不同的模糊速度区分开来。通过 MTD 得到的是目标距离与多普勒频率所对应的单元数,根据下式可以换算求得目标的真实速度和距离信息。图 4.64 为某一实测信号的 MTD 结果,从图中可以看到,MTD 极大提高了信噪比。

$$
v=\begin{cases}
-\dfrac{l_{\mathrm v}c}{2MT_{\mathrm r}f_0}, & v\in\left[-\dfrac{1}{2T_{\mathrm m}},0\right]\\[4mm]
\dfrac{Mc}{2f_0}-\dfrac{l_{\mathrm v}c}{2MT_{\mathrm r}f}, & v\in\left[0,\dfrac{1}{2T_{\mathrm m}}\right]
\end{cases}\tag{4.112}
$$

$$R_0 = \begin{cases} \dfrac{l_r c}{2B} - \dfrac{l_v c}{4MB}, & v \in \left[-\dfrac{1}{2T_m}, 0\right] \\[3mm] \dfrac{(2l_r + MT_r)c}{4B} - \dfrac{c}{4MB}, & v \in \left[0, \dfrac{1}{2T_m}\right] \end{cases} \qquad (4.113)$$

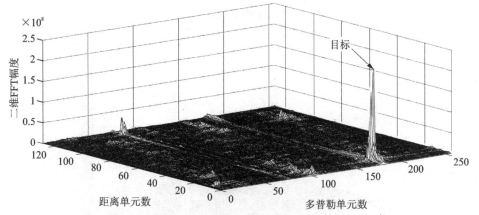

图 4.64 某实测信号 MTD 结果

在仿真之前需要建立多周期情况下的目标差拍信号模型。仍以上扫频为例，R_0 为第一个三角波周期目标的初始距离，由于距离迁移，第 m 个三角波周期的初始时刻目标距离表示为

$$R_m = R_0 - vmT_m \qquad (4.114)$$

从而得到第 m 个三角波周期上扫频段的差拍信号表示为

$$\left. \begin{aligned} S_{b+}(t,m) = A_m \cos \left\{ 2\pi \left[\left(\frac{2BR_0}{cT} - \frac{2vf_0}{c} \right)t + \frac{4vf_0 T}{c}m + \frac{2f_0 R_0}{c} \right] - \phi_m \right\} \\ t \in \left[(m-1)T_m, T + (m-1)T_m\right] \end{aligned} \right\} \quad (4.115)$$

同理，得到第 m 个三角波周期下扫频段的差拍信号表示为

$$\left. \begin{aligned} S_{b-}(t,m) = A_m \cos \left\{ 2\pi \left[\left(\frac{2BR_0}{cT} + \frac{2vf_0}{c} \right)t - \frac{4vf_0 T}{c}m - \frac{2f_0 R_0}{c} \right] + \phi_m \right\} \\ t \in \left[T + (m-1)T_m, mT_m\right] \end{aligned} \right\} \quad (4.116)$$

从上式可以看出，不同周期的差频信号频率与 mvT 有关，随着周期数 m 的增加，信号的中心频率将会不断增加。由式（4.115）构造上扫频段离散差频信号模型，有

$$\left. \begin{aligned} x(n+1, m+1) = A_m \cos \left\{ 2\pi \left[\left(\frac{2B}{cT}R_0 - \frac{2vf_0}{c} \right)\frac{Tn}{N} + \frac{4vf_0 T}{c}m + \frac{2f_0 R_0}{c} \right] \right\} \\ n = [0:1:N-1], \quad m = [0:1:M-1] \end{aligned} \right.$$

$$(4.117)$$

假设调频近程探测系统工作于 Ka 波段，三角波调频周期 $T_m = 1$ ms，调制带宽

$B=400$ MHz,目标参数分别为 $R_1=20$ m,$v_1=-2$ m/s;$R_2=40$ m,$v_2=0$,FFT 点数为 1024,积累周期数为 32。不考虑回波信号衰减,对每个上扫频段内的回波差拍信号分别作 1024 点 FFT,再对 32 个周期的 FFT 计算结果按每个距离单元分别作 32 点的 FFT,得到如图 4.65 所示的结果。

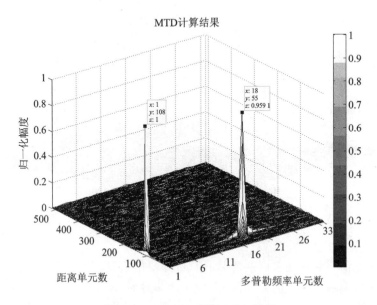

图 4.65　LFMCW 雷达 MTD 结果

　　由图 4.65 可以看出,MTD 后由于目标 2 速度接近为零,所以出现在通道 1 中(模糊多普勒频率为零的通道),只须对目标 1 进行相应的坐标变换即可求得距离和速度信息。从图中可以得到目标 1 的横纵坐标所对应的单元数分别为 $l_v=18$、$l_r=55$,根据式(4.112)和式(4.113)求得

$$v=-\frac{l_v c}{2MT_m f_0}=-\frac{18\times3\times10^8}{2\times32\times10^{-3}\times35\times10^9}\text{ m/s}=-2.411\text{ m/s}$$

$$R_0=\frac{l_r c}{2B}-\frac{l_v c}{4MB}=\left(\frac{55\times3\times10^8}{2\times400\times10^6}-\frac{18\times3\times10^8}{4\times32\times400\times10^6}\right)\text{ m}=20.52\text{ m}$$

因此,在误差允许的范围内,MTD 可以达到动目标测距测速的要求。

　　MTD 虽然大大提高了信噪比,实现动目标检测的功能,但也存在一些问题。

1. 速度模糊问题

　　事实上,当调频周期为 T_m 时,第二维 FFT 相当于以采样频率 $1/T_m$ 对第一维 FFT 的结果进行等间隔采样,根据奈奎斯特采样定理,为保证频率不混叠,采样频率 $1/T_m$ 应大于多普勒频率值的 2 倍,即

$$-\frac{1}{2T_m}<f_d<\frac{1}{2T_m} \tag{4.118}$$

又因为

$$f_d = \frac{2vf_0}{c} \tag{4.119}$$

所以不模糊的目标速度范围为

$$-\frac{c}{4T_m f_0} < v < \frac{c}{4T_m f_0} \tag{4.120}$$

当目标速度超出不模糊范围时，会产生多普勒模糊现象，即距离-多普勒谱上特定的多普勒坐标对应的多普勒频率不止一个。多普勒坐标为 f_d 的单元对应的所有可能的多普勒频率可用下式表示：

$$f_D = f_d + q\frac{1}{T_m}, \quad q \in Z \tag{4.121}$$

式中，q 表示多普勒模糊数，可见，在多普勒模糊数未知的情况下，不可能通过 f_d 求得真实的多普勒频率 f_D。

2. 算法复杂度

(1) 空间复杂度

空间复杂度是指在计算过程中程序代码和中间结果需要的存储空间，这里主要考虑中间结果数据需要的存储空间。设第一维 FFT 为 N 点复数 FFT，第二维 FFT 为 M 点复数 FFT，且均为 32 位浮点运算，则在计算过程中需要保存 M 组第一维 N 点 FFT 的结果和 N 组第二维 M 点 FFT 的结果。因此，需要的存储空间为

$$C = 2 \times 2 \times 32 \times M \times N \quad (\text{bit}) \tag{4.122}$$

(2) 时间复杂度

设算法时间复杂度按一次复数乘加为单位，点基 2 复数 FFT 的时间复杂度为

$$C_{T,N} = N\log_2^N \tag{4.123}$$

在 MTD 算法中，一个重复周期 T_m 中需要进行 M 次的 N 点 FFT 和 N 次的 M 点 FFT，所以总的时间复杂度为

$$\begin{aligned} C_T &= M \times N\log_2 N + N \times M\log_2 M \\ &= MN\log_2 MN \end{aligned} \tag{4.124}$$

假设为保证计算的实时性，需要在一个重复周期 T_r 内完成这些乘加运算，因此总的计算密度为

$$\Psi = \frac{C_T}{T_m} = \frac{1}{T_m}MN\log_2 MN \tag{4.125}$$

可见，当 T_m 很小、M 和 N 都很大时，系统的计算负荷相当大，假设 $T_m = 1$ ms，$N = 1024$，$M = 32$，那么计算密度达到了 4.9×10^8 次/s 乘加运算，这对数字信号处理器件压力很大，若采用多片数字信号处理芯片并行处理，则会增加系统的复杂度和成本。

习　题

1. 填空题。

(1) 在调频近程探测系统中,回波信号相对于发射信号有一个延迟,使回波信号相对于发射信号的频率发生了变化,两者频率之差称为_____。

(2) 线性调频测距系统的差频频率与_____成正比。

(3) 由于_____的存在,使差频信号随时间按一定规律周期性地变化。

(4) 差频信号各次谐波振幅的最大值出现在不同的_____上,随着谐波次数的增高,振幅最大值所对应的_____也增大。

(5) 调频非线性度引起的测距误差随_____增加而增加。

(6) 对于调频测距系统,要减小固定误差,就要增大_____。

(7) 固 定 误 差 主 要 对 _____ 起 作 用,而 非 线 性 度 误 差 主 要 对_____起作用。

(8) 调频多普勒体制中,谐波次数选取原则为_____、_____、_____。

(9) 调频测角系统的角度信息是从_____信号中获取的,而连续波多普勒测角系统的角度信息是从_____信号中获取的。

2. 单项选择题。

(1) 调频无线电探测系统是靠_____来测距的。

  A. 回波信号频率　　　　　　　　　B. 回波信号幅度

  C. 多普勒信号频率　　　　　　　　D. 差频信号频率

(2) 一般而言,锯齿波调频系统与连续波多普勒系统相比,其检测的优点有_____。

  A. 可同时测量多个目标　　　　　　B. 可测静止目标

  C. 可测运动目标　　　　　　　　　D. A 和 B

(3) 为避免寄生调幅的影响,应选择_____。

  A. $f_i \gg f_m$　　　　　B. $f_0 \gg f_i$　　　　　C. $T_m \gg \tau$　　　　　D. $f_i \gg f_d$

(4) 为减小差频不规则区的影响,应选择_____。

  A. $f_i \gg f_m$　　　　　B. $f_0 \gg f_i$　　　　　C. $T_m \gg \tau$　　　　　D. $f_i \gg f_d$

(5) 为减小多普勒频率对测距的影响,应选择_____。

  A. $f_i \gg f_m$　　　　　B. $f_0 \gg f_i$　　　　　C. $T_m \gg \tau$　　　　　D. $f_i \gg f_d$

(6) 对于三角波调频测距近程探测系统,为避免寄生调幅的影响,应选择_____。

  A. $\Delta F_m \gg \dfrac{c}{4R_{min}}$　　　　　　　　　　B. $\Delta F_m > \dfrac{c}{4\Delta R}$

$$C.\ f_m < \frac{c}{2(R_{max} - R_{min})} \qquad\qquad D.\ f_m \ll \frac{c}{2R_{max}}$$

（7）对于三角波调频测距近程探测系统，为消除距离模糊，应选择_____。

$$A.\ \Delta F_m \gg \frac{c}{4R_{min}} \qquad\qquad B.\ \Delta F_m > \frac{c}{4\Delta R}$$

$$C.\ f_m < \frac{c}{2(R_{max} - R_{min})} \qquad\qquad D.\ f_m \ll \frac{c}{2R_{max}}$$

（8）对于三角波调频测距近程探测系统，为减小固定误差，应选择_____。

$$A.\ \Delta F_m \gg \frac{c}{4R_{min}} \qquad\qquad B.\ \Delta F_m > \frac{c}{4\Delta R}$$

$$C.\ f_m < \frac{c}{2(R_{max} - R_{min})} \qquad\qquad D.\ f_m \ll \frac{c}{2R_{max}}$$

（9）对于三角波调频测距近程探测系统，为减小不规则区影响，应选择_____。

$$A.\ \Delta F_m \gg \frac{c}{4R_{min}} \qquad\qquad B.\ \Delta F_m > \frac{c}{4\Delta R}$$

$$C.\ f_m < \frac{c}{2(R_{max} - R_{min})} \qquad\qquad D.\ f_m \ll \frac{c}{2R_{max}}$$

（10）调频非线性度引起的测距误差与_____有关。

　　A. 差频频率　　　　B. 测距距离　　　　C. 回波信号功率　　D. A、B 和 C

（11）对于线性调频测速近程探测系统，应选择_____。

　　A. $f_i \gg f_m$　　　　B. $f_m \gg f_d$　　　　C. $T_m \gg \tau$　　　　D. A、B 和 C

（12）调频测距近程探测系统_____。

　　A. 是建立在目标与系统有相对运动的基础上的

　　B. 受目标雷达截面积起伏影响大

　　C. 具有较好的距离选择能力

　　D. A、B 和 C

3. 问答题。

（1）正弦波调频近程探测系统是否适用于对静止目标的测距，为什么？

（2）假如采用方波作为调频的调制信号，则如何？

（3）调频测角体制与连续波多普勒测角体制有何不同？

（4）根据图 4.56 的 FFT 结果，参考单目标频域配对法，利用式（4.105）和式（4.106）计算目标距离速度参数，加深对频域配对法的理解。

（5）查阅文献了解 MTD 中解多普勒模糊的方法，从系统参数设计（如减小调制周期）和信号处理方法考虑（如中国余数定理、压缩感知等）。

4. 画出下列原理框图，并叙述其工作原理：

（1）锯齿波调制的、采用延迟-鉴相法的 VCO 为发射机的调频测距近程探测系统。

　　（2）恒定差频调频测距系统。

　　（3）调频多普勒测速系统。

　　（4）中频比相调频测角系统。

　　5. 设计一锯齿波调频测距系统（确定 ΔF_m 和 T_m），其工作频率为 35 GHz，作用距离范围为 5～100 m，最大测距误差不超过 0.3 m，与目标的相对速度为 10 m/s。

　　6. 在 LFMCW 测距引信设计中，目标与引信之间往往具有相对运动，多普勒频率会对引信精确测距造成影响。如何通过参数设计或者后端信号处理手段减小多普勒频率对引信精确测距的影响？

第5章　脉冲无线电近程探测系统

脉冲无线电近程探测系统是指发射信号具有一定重复周期的高频脉冲探测系统，按工作原理可分为脉冲测距、脉冲多普勒探测系统等。脉冲无线电近程探测系统在脉冲持续期间内发射射频能量，可在平均功率较小的条件下，获得较高的峰值功率，从而获得较大的作用距离；并能够采用"距离门"等措施进行距离选择，具有良好的距离截止特性；可通过脉宽选择等方式提高抗干扰能力。但是脉冲探测系统直接利用脉冲测距，它要求接收与发射信号之间有良好的隔离，信号检测电路具有良好的动态范围（抗强信号过载能力强），特别是近距离作用时要求窄脉冲调制，增加了工程实现的难度。

5.1　脉冲测距的基本原理

脉冲测距是雷达测距经典的也是最常用的基本方法之一，它通过测量电磁波在系统与目标之间往返传播所用的时间进行测距。脉冲无线电近程探测系统是脉冲雷达的一种，其工作原理与脉冲雷达相同。发射机通过天线发射一脉宽和周期重复的高频脉冲，遇到目标后一部分能量被目标反射，探测系统就通过天线接收由目标反射回来的回波信号，回波信号脉冲相对于发射信号脉冲产生了时间延迟：

$$\tau = \frac{2R}{c} \quad \text{或} \quad R = \frac{c\tau}{2} \tag{5.1}$$

通过测量延迟时间 τ，即可确定系统与目标之间的距离 R。

脉冲测距无线电近程探测系统的原理框图如图 5.1 所示，各级波形如图 5.2 所示。由时钟 CP 信号形成窄脉冲调制信号 a，对振荡器进行脉冲调制生成发射信号 b，该发射信号 b 在窄脉冲持续时间内的发射频率为 f_0，通过环流器，由天线发射至目标，反射回天线得到回波信号。

回波信号由天线接收，经环流器进入接收机混频器，其波形为 c，其频率在窄脉冲持续时间内与发射脉冲相同，只是在时间上落后 $\tau = 2R/c$；本振器产生连续波 d，其频率为 f_b，与回波信号 c 混频后，由匹配滤波器取出 $f_1 = |f_b - f_0|$ 的频率成分，为中频信号 e。匹配滤波器为一中频放大器，其中心频率为 f_1，带宽通常为 $B_1 = 1/\tau_m$，τ_m 为脉冲调制器产生的脉冲宽度。中频信号 e 经过包络检波器获得了回波信号的视频脉冲信号 f；视频回波信号 f 经视频放大后，比较发射调制信号 a 与视频回波信号 f 之间的时间差 τ，经测距电路获得了距离信息。

图 5.1 所示原理框图实际上是非相参的超外差脉冲接收体制。如果作用距离很

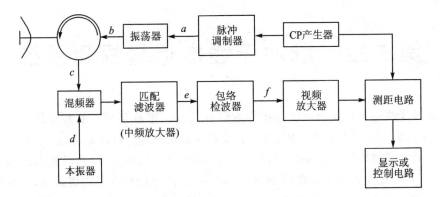

图 5.1　脉冲测距无线电近程探测系统基本原理框图

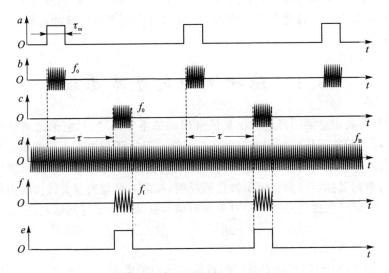

图 5.2　脉冲测距系统各级波形

近,且收发系统之间隔离得比较完善,也可采用如图 5.3 所示的直接检波放大型脉冲测距探测系统。

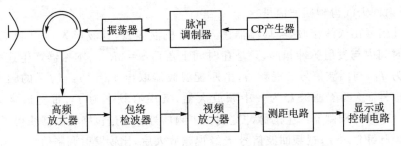

图 5.3　直接检波放大型脉冲测距探测系统原理框图

5.2　脉冲信号的特征

脉冲无线电近程探测系统所处理的信号通常是脉冲信号,这里以周期矩形脉冲信号为例进行分析。

设周期矩形脉冲信号 $f(t)$ 的脉冲宽度为 τ_m,脉冲幅度为 E,重复周期为 T_m,如图 5.4 所示。设信号在一个周期内$(-T_m/2 \leqslant t \leqslant T_m/2)$的表达式为

$$f(t) = \begin{cases} E, & |t| \leqslant \tau_m/2 \\ 0, & |t| > \tau_m/2 \end{cases} \tag{5.2}$$

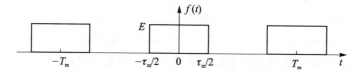

图 5.4　周期矩形脉冲信号波形

将 $f(t)$ 展开成三角函数形式的傅里叶级数:

$$f(t) = \frac{E\tau_m}{T_m} + \frac{2E\tau_m}{T_m} \sum_{n=1}^{\infty} \mathrm{Sa}\left(\frac{n\pi\tau_m}{T_m}\right) \cos 2\pi n f_m t \tag{5.3}$$

写成指数形式,则表示为

$$f(t) = \frac{E\tau_m}{T_m} \sum_{n=-\infty}^{\infty} \mathrm{Sa}\left(\frac{n\pi\tau_m}{T_m}\right) \mathrm{e}^{\mathrm{j}2\pi n f_m t} \tag{5.4}$$

给定 τ_m、T_m(或 f_m)和 E,就可以求出直流分量、基波以及各次谐波分量的幅度。

直流分量幅度为

$$C_0 = \frac{E\tau_m}{T_m} \tag{5.5}$$

各谐波幅度为

$$C_n = \frac{2E\tau_m}{T_m} \mathrm{Sa}\left(\frac{n\pi\tau_m}{T_m}\right), \quad n = 1, 2, \cdots \tag{5.6}$$

由式(5.3)表示的频谱如图 5.5 所示。同样可按式(5.4)画出其复数频谱形式,不再展开讨论。

由上述讨论结果可见:

① 周期矩形脉冲的频谱是离散的,两谱线的间隔为 f_m,脉冲重复周期越大,谱线越靠近。(当 $T_m \to \infty$ 时,则为连续频谱。)

② 直流分量、基波及各次谐波分量的大小正比于脉宽 τ_m 和脉幅 E,反比于周期 T_m。

③ 各谱线的幅度按 $\mathrm{Sa}(n\pi\tau_m/T_m)$ 包络线的规律变化。当 $f = m/\tau_m (m = 1, 2, \cdots)$ 时,谱线的包络线经过零点。当 $f = 0, 3/2\tau_m, 5/2\tau_m, \cdots$ 时,谱线的包络出现极值。

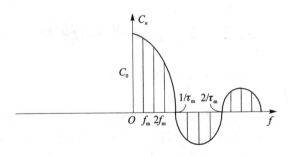

图 5.5　周期矩形脉冲信号频谱

④ 周期矩形脉冲信号包含了无穷多根谱线,即可以分解成无穷多个频率分量,但主要能量集中在第一个零点内。实际上,在允许有一定失真的条件下,可以要求电路只把 $f \leqslant 1/\tau_m$ 频率范围内的各频谱分量传输放大,滤除 $f > 1/\tau_m$ 频率分量。通常把 $f = 0 \sim 1/\tau_m$ 这段频率范围称为矩形脉冲信号的频带宽度,记作 B,于是

$$B = 1/\tau_m \tag{5.7}$$

可见,频带宽度 B 与脉宽 τ_m 成反比,且只与脉宽 τ_m 有关。

5.3　脉冲测距探测系统的参数选择

5.3.1　发射脉冲宽度

在脉冲测距探测系统中,经常遇到的一个问题是发射机的发射脉冲信号通过寄生耦合进入接收机,寄生耦合脉冲电平可与回波脉冲电平相同,有时甚至还要大 n 倍,两者的差别只是回波脉冲比寄生耦合的泄漏脉冲滞后一个时间 τ。在作用距离很近时,这些脉冲可以部分或几乎全部相重合,此时要想从寄生耦合的泄漏脉冲中分离出回波脉冲是很困难的。

因此,收发隔离不好时,接收机输入端泄漏信号的功率 P_Δ 有可能大于接收机的灵敏度 P_s,即 $P_\Delta > P_s$。在这种情况下,必须对接收机采取选通措施,在发射脉冲持续时间内,由选通脉冲控制,使接收机不接收回波信号。这样,在发射脉冲持续时间 τ_m 内出现了测距"盲区"。刚进入"盲区"时所对应的距离,就是探测系统能够工作的最小距离:

$$R_{min} = \frac{\tau_m c}{2} \tag{5.8}$$

因此,若给定探测测距系统的最小工作距离 R_{min},则发射脉冲宽度应满足

$$\tau_m \leqslant \frac{2R_{min}}{c} \tag{5.9}$$

例如,若要求 $R_{min} = 15$ m,则 $\tau_m \leqslant 100$ ns。

在近距离测距时,如收发隔离度较好,可满足 $P_\Delta < P_s$,则在发射脉冲持续时间内,也可接收回波信号,但检测门限应相应提高。同时由于 P_s 值比较大,可采用直接检波放大式接收机。在这时也可采用选通方式工作,但此时选通的目的不是抑制泄漏信号,而是限制其作用距离。临界条件是

$$P_\Delta = P_s \tag{5.10}$$

设

$$P_\Delta = P_t/m_A \tag{5.11}$$

式中,P_t 为发射功率(峰值功率);$m_A \gg 1$,为天线隔离系数。

当满足式(5.10)的临界条件时,有

$$m_A = P_t/P_s$$

对于点目标,根据雷达方程式(2.7),有 $P_s = P_A$,所以有

$$m_A = \frac{64\pi^3 R^4}{G^2 \lambda_0^2 \sigma} \tag{5.12}$$

当 m_A 大于式(5.12)右端值时,电路可以无选通;而当 m_A 小于上述值时,电路必须采用选通措施,使发射脉冲持续时间内,接收机不接收回波信号。

5.3.2 发射脉冲重复频率

发射脉冲重复频率主要由最大作用距离来决定,另外还须考虑发射信号的平均功率和脉冲积累次数。

① 为了保证在最大作用距离 R_{max} 内测量的单值性,应有 $T_m \geqslant \tau_{max}$,即

$$f_m \leqslant \frac{c}{2R_{max}} \tag{5.13}$$

式中,c 为光速。

② 当脉冲宽度和发射脉冲峰值功率一定时,脉冲重复频率 f_m 的上限还受发射机允许的最大平均功率 $P_{ave\,max}$ 的限制,即

$$\frac{\tau_m}{T_m} < \frac{P_{ave\,max}}{P_t} \quad (\text{占空比关系}) \quad \text{或} \quad \tau_m P_t < T_m P_{ave\,max} \quad (\text{能量关系})$$

称 τ_m/T_m 为工作占空比,简称占空比,即

$$f_m < \frac{P_{ave\,max}}{P_t \tau_m} \tag{5.14}$$

③ 为了保证一定的脉冲积累次数 N,f_m 也不能太低,太低了将影响脉冲积累数,减小作用距离。特别在天线扫描测角系统中,f_m 太低将影响测量精度,相当于对角度信息包络取样数减少。

设探测系统与目标交会距离范围为 ΔR_R,ΔR_R 由具体的交会条件、目标尺寸以及天线波束等决定。ΔR_R 所对应的时间为

$$\Delta t = \frac{\Delta R_R}{V_R} \tag{5.15}$$

为了保证一定的脉冲积累数 N，以提高信噪比或增大作用距离，有

$$\Delta t > N T_{\mathrm{m}} \tag{5.16}$$

由此可得

$$f_{\mathrm{m}} > \frac{N V_{\mathrm{R}}}{\Delta R_{\mathrm{R}}} \tag{5.17}$$

5.3.3 发射频率与发射功率

发射频率的选择应根据探测系统的用途和波段特点来确定。发射频率的不同对脉冲发射机的设计制作影响很大，首先涉及发射管种类的选择。一般发射频率在 1 GHz 以下，常采用双极型晶体三极管作为发射管；发射频率升高时，可采用微波管，例如砷化镓微波二极管、三极管等；当发射频率很高时，如 3 cm 以上波段，常采用体效应二极管(如体效应耿氏管)，功率较大时可采用雪崩二极管等。一些大型雷达系统，需要大功率输出，常采用多腔磁控管、速调管、行波管、回旋管等。

在选择发射管时，重要的是考虑射频功率和带宽能力的上限与下限。一般来说，给定一种管子，均有两条曲线，它表示管子的平均功率和带宽能力的上限与下限。设计时应根据这些特性做适当的选择。

5.3.4 测距误差

由式(5.1)所示测距公式可看出影响测距精度的因素。对式(5.1)求全微分：

$$\mathrm{d}R = \frac{\partial R}{\partial c}\mathrm{d}c + \frac{\partial R}{\partial \tau}\mathrm{d}\tau = \frac{R}{c}\mathrm{d}c + \frac{c}{2}\mathrm{d}\tau$$

用增量代替微分，则测距误差为

$$\Delta R = \frac{R}{c}\Delta c + \frac{c}{2}\Delta \tau \tag{5.18}$$

式中，Δc 为电磁波传播速度的平均值误差，$\Delta \tau$ 为测量目标回波延迟时间的误差。

由式(5.18)可见，测距误差 ΔR 由电磁波传播速度的变化 Δc 以及测时误差 $\Delta \tau$ 两部分组成。由电磁波传播速度引起的随机相对误差为

$$\frac{\Delta R}{R} = \frac{\Delta c}{c} \tag{5.19}$$

一般在昼夜大气中温度、气压及湿度等起伏变化所引起的传播速度变化 $\Delta c / c \approx 10^{-5}$，可见对于近距离探测的探测系统来讲，这项误差通常可以忽略不计。

因此，在探测系统中，测距误差主要是由测时误差引起的，即

$$\Delta R \approx \frac{c}{2}\Delta \tau \tag{5.20}$$

它与测距系统的结构、系统传递函数、目标特性(包括其动态特性和回波起伏)、干扰(噪声)的性质(包括强度)、测距方法等因素有关。这里主要讨论：① 噪声对回波信号脉冲的影响；② 测时方法引起的误差；③ 目标及交会条件引起的误差。

1. 噪声对回波信号脉冲的影响引起的误差 $\Delta\tau_1$

如果考虑到接收机噪声干扰对回波信号脉冲的影响,以及接收机带宽的影响,将引起测时误差 $\Delta\tau_1$。设发射脉冲为矩形脉冲,接收回波如图 5.6 所示,图中实线表示未受噪声干扰的回波信号脉冲。由于接收机带宽有限,其脉冲波形并非理想矩形波形,脉冲上升沿和下降沿均不为零。由于噪声的干扰,回波脉冲将变成虚线所示图形,从而引起回波脉冲穿越门限电平时的时间移动。

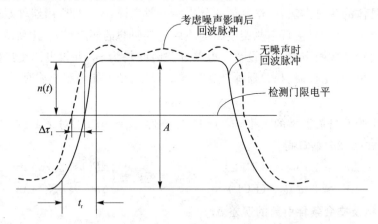

图 5.6　接收机的回波信号脉冲对测距的影响

设回波脉冲幅度为 A,其前沿最大上升斜率为 A/t_r,其中 t_r 表示脉冲上升时间(通常指脉冲幅度的 5 %～95 %所对应的时间)。当有噪声影响时,其斜率可写成 $n(t)/\Delta\tau_1$,其中 $n(t)$ 表示穿越门限电平时的噪声电压。在大信噪比条件下,假设未受扰脉冲与受扰脉冲的前沿斜率基本相等,可得

$$\Delta\tau_1 = \frac{n(t)}{A/t_r} \tag{5.21}$$

或

$$\left[\overline{\Delta\tau_1^2}\right]^{\frac{1}{2}} = \delta\tau_1 = \frac{t_r}{(A^2/\bar{n}^2)^{\frac{1}{2}}} = \frac{t_r}{(2S/N)^{\frac{1}{2}}} \tag{5.22}$$

式中,$(A^2/\bar{n}^2)$ 表示视频功率的信噪比,在大信噪比线性检波的条件下,视频功率信噪比等于中频功率信噪比 (S/N) 的 2 倍(考虑镜像)。

如果视频脉冲的上升时间受中频放大器带宽 B 的限制,则 $t_r \approx 1/B$。考虑到 $S=E/\tau_m$,$N=N_0 B$,其中 E 为信号的能量,N_0 为单边带宽内的噪声功率(即噪声功率密度),这时

$$\delta\tau_1 = \left(\frac{\tau_m}{2BE/N_0}\right)^{1/2} \tag{5.23}$$

如果在脉冲后沿再进行一次独立的测量,并设后沿下降时间也为 t_r,则两次测量的综合误差为

$$\Delta\tau_1 \approx \delta\tau_1 = \left(\frac{\tau_m}{4BE/N_0}\right)^{1/2} \quad \text{(矩形脉冲)} \tag{5.24}$$

由式(5.22)和式(5.24)可见,要提高测量精度,则应减小上升时间 t_r(加大带宽 B)或提高信噪比 S/N。但在第1章讨论过,加大带宽将降低作用距离,或减小接收机输出信噪比(降低接收机灵敏度)。因此,应作综合考虑。

2. 测时方法引起的误差 $\Delta\tau_2$

对于具体的测时方法,应作具体的分析。一般来说,$\Delta\tau_2$ 与所用器件水平及电路组成结构有关。例如,由数字测距电路的距离门等引起的测距误差,主要取决于所用器件的开关特性及噪声特性。设数字电路开关时间均为 t_D,并设电路组成结果为三级处理的距离门、比较器、相关器等产生相同的误差,则可能引起的测时误差为

$$\Delta\tau_2 \approx \sqrt{6}\,t_D \tag{5.25}$$

根据实验及目前器件的水平,对于 TTL 器件,$t_D \approx 10$ ns;对于 ECL 器件,$t_D \approx 1$ ns,则按式(5.25)估算得

$$\begin{cases}\Delta\tau_2 \approx 25 \text{ ns} \quad \text{(TTL)}, \\ \Delta\tau_2 \approx 2.5 \text{ ns} \quad \text{(ECL)}\end{cases} \quad \text{对应测距误差} \begin{cases}\Delta R_2 \approx 3.750 \text{ m} \\ \Delta R_2 \approx 0.375 \text{ m}\end{cases}$$

3. 目标及交会条件引起的误差 $\Delta\tau_3$

由于目标的起伏或交会条件的变化,将引起回波信号的起伏,这已在第1章中叙述过。因此,对于复杂目标的测距,其测距精度的讨论将变得较为复杂。这里仅以对地面测距为例,作一简要的讨论。

设均匀地面,天线波束为 θ,其对地视角为 θ_D,如图5.7所示。设 θ 很小,R 很大(相对于波束 θ 在地面上投影直径 L,$R \gg L$)。由于 θ_D 的影响,产生的波程差(波束边缘到天线馈源焦点的距离与波束中心到馈源焦点的距离之差)为 ΔR,则有

$$2\Delta R \approx R\theta\cot\theta_D$$

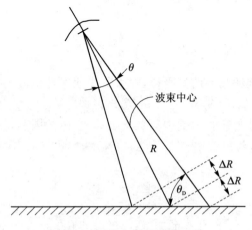

图 5.7 对均匀地面测距误差

所以,由天线波束 θ 引起的对地测距中心延迟误差可由下式估算,即

$$\Delta\tau_3 \approx \frac{R\theta\cot\theta_D}{c} \tag{5.26}$$

可见,当天线波束垂直于地面(即 $\theta_D = 90°$)时,则 $\Delta\tau_3 = 0$。此时对均匀地面测量可认为地面等效为以天线波束中心为圆心的点目标。当 $\theta_D \neq 90°$ 时,由于面目标效应,将产生延时误差。例如,设 $\theta_D = 60°,\theta = 3.5°$,当 $R = 150$ m 时,计算得 $\Delta\tau_3 = 17.6$ ns。

显然,误差 $\Delta\tau_3$ 可认为是系统误差。如果可作修正,即恒定 $\theta_D = 60°$ 不变($\Delta\theta_D = 0$),相当于在回波脉冲信号中,其宽度恒定加上 $\Delta\tau_3$,即回波宽度被展宽 $\Delta\tau_3$,从而可消除这类误差。

但如果 $\Delta\theta_D \neq 0$,将引起一个随机误差 $\Delta\tau_{3r}$。由式(5.26)求导可得

$$\Delta\tau_{3r} = \frac{d(\Delta\tau_3)}{d\theta_D} = \frac{-R\theta}{c\sin^2\theta_D}d\theta_D \tag{5.27}$$

例:设 $d\theta_D = \Delta\theta_D = 5°$,当 $\theta_D = 60°,R = 150$ m,$\theta = 3.5°$时,可计算得 $\Delta\tau_{3r} = -3.55$ ns,对应测距误差 $\Delta R_3 = 0.533$ m。

5.4　脉冲探测系统的设计与测量原理

5.4.1　脉冲发射机

1. 单级振荡式发射机

单级振荡式发射机的典型原理框图见图5.8。振荡器产生较大功率的高频振荡信号,其振荡受调制脉冲控制(通常是控制电流),因而输出包络为矩形脉冲调制的高频振荡信号,所以通常称为单级振荡式发射机。

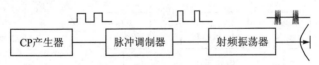

图 5.8　单级振荡式发射机原理框图

单级振荡式发射机具有结构简单、成本低、体积小等优点;但缺点是频率稳定性差,难以形成复杂波形,相继的射频脉冲之间的相位不相参,因而难以满足脉冲多普勒、脉冲压缩等复杂体制的要求,也难以利用复杂的信号处理方法来提高接收机的灵敏度(如脉冲积累等)。

所谓相位相参性是指两个信号的相位之间存在着确定的关系。对于单级振荡式发射机,由于脉冲调制器直接控制射频振荡器工作,每个射频脉冲的起始相位是由振荡器的噪声决定的,因而相继脉冲之间的相位是随机的,即这种受脉冲调制的振荡器输出的射频信号相位是不相参的。所以有时又称单级振荡式发射机为非相参发射机。

2. 主振放大式发射机

主振放大式发射机的典型原理框图见图 5.9,其中连续波振荡器为主控振荡器,它提供连续波信号(本振信号);脉冲调制器在 CP 控制下产生窄脉冲开关信号(相参振荡信号);射频脉冲(发射信号)的形成是通过脉冲调制器控制射频功率放大器来实现的,然后通过天线发射出去。因此,相继射频脉冲之间就具有确定的相位关系。只要主控振荡器有良好的频率稳定度,射频功率放大器有足够的相位稳定度,发射信号就可以具有良好的相位相参性。因此,常把主振放大式发射机称为相参发射机。

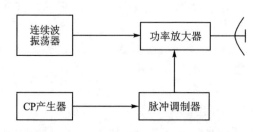

图 5.9　主振放大式发射机原理框图

还需要指出,如果发射信号、本振信号、相参振荡信号和时钟信号均由同一基准信号提供而产生,那么所有这些信号之间均保持相位相参性,通常把这种系统称为全相参系统。图 5.10 是采用频率合成技术的全相参主振放大式发射机原理框图。图中基准频率振荡器输出的基准频率为 F;在该发射机中,发射信号(频率 $f_0 = N_i F + MF$)、稳定本振信号(频率 $f_L = N_i F$)、相参振荡信号(频率 $f_c = MF$)和触发脉冲(重复频率 $f_m = F/N$)均由基准信号 F 经过倍频、分频及频率合成而产生,它们之间有确定的相位相参性。所以这是一个全相参系统。

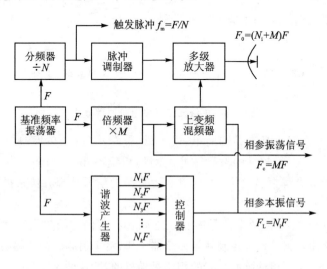

图 5.10　全相参主振放大式发射机原理框图

主振放大式发射机载波频率的精度和稳定度在低电平级决定,较易采用各种稳频措施,例如恒温、防振、稳压,以及采用晶体滤波、注入锁定及锁相稳频等措施,所以可获得很高的频率稳定度。另外,主振放大式发射机还具有频率跳变速度快、控制灵活的特点,因而抗干扰性能好,并易于产生复杂波形。

3. 脉冲调制器

脉冲测距体制中,通常采用简单的矩形脉冲调制信号;对于一些比较复杂的脉冲体制,常采用脉冲编码或脉冲串调制;对于一些更复杂的系统,如目标识别系统,则采用脉冲压缩、脉冲调频等复合调制方法。脉冲调制器的任务就是为发射机(不管是单级振荡式还是主振放大式)的射频提供合适的视频调制脉冲。

这里主要讨论简单的矩形脉冲调制器。根据脉冲调制器的任务,脉冲调制器主要由三部分组成,如图 5.11 所示。

图 5.11　矩形脉冲调制器原理框图

窄脉冲产生器一般选用选频网络,利用选频特性获得窄脉冲。探测系统中也常采用如图 5.12 所示的窄脉冲形成电路,得到的窄脉冲一般均须放大至一定的幅度,以满足脉冲发射机对调制信号幅值的要求。

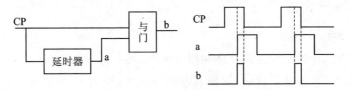

图 5.12　窄脉冲形成原理图

窄脉冲功率放大器是脉冲发射机的关键部件,首先要考虑能提供出脉冲发射机所需的瞬时大功率;其次要考虑脉宽的平坦度、波形的上升和下降沿时间,以保证发射射频信号的频谱纯度,以及足够的瞬态电流。另外,还须考虑稳定的脉冲幅度,以保持良好的频率稳定度。

一般在探测系统中,脉冲发射源常采用大功率开关晶体三极管、VMOS 管等半导体器件;当频率较高时,常采用体效应二极管和雪崩二极管等固态器件。不同的器件对脉冲调制器(尤其是其中的脉冲功率放大器)的要求不同,并且应根据发射脉宽的要求,对选用的器件及响应特性做精心的挑选。

例如,如果选用体效应二极管作为发射源,则脉冲调制器产生的窄脉冲的幅度应在 5～15 V,其中功率放大器应能提供 2 A 左右的瞬时电流。图 5.13 所示为某一体效应二极管脉冲调制器中功率放大器的实际电路。该电路输入信号为已经放大后的窄脉冲信号,其脉冲宽度小于 50 ns,脉冲幅度大于 10 V,脉冲前后沿均小于 9 ns,经功率放大后,获得了功率脉冲调制信号。由图 5.13 可见,该电路实际上是两级电流放大器,其中后级为两个三极管并联形式的电流放大器,其瞬时电流可达 2 A,摆动速率可达 1 000 V/μs。

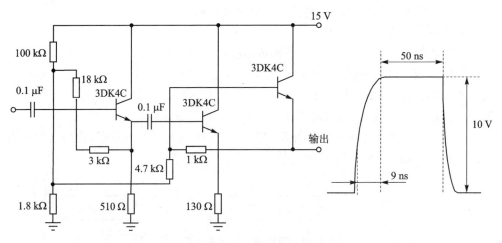

图 5.13　脉冲功率放大器实例电路图

如果采用功率更大的雪崩二极管作为脉冲源,则对调制器的脉冲幅度要求更高(20 V 以上,甚至达 170 V),能提供的瞬时电流更大(5 A 以上,甚至 20 A 以上)。

5.4.2　脉冲接收机

1. 基本组成

图 5.1 中已介绍了脉冲测距体制原理框图,其中的接收机部分主要由混频器、本振器、中频放大器、包络检波器、视频放大器等组成,如图 5.14 所示。图中的低噪声射频放大器视情况而定,如增加,则可提高接收机灵敏度;但当频率很高时,实现低噪声射频放大器的难度增加。

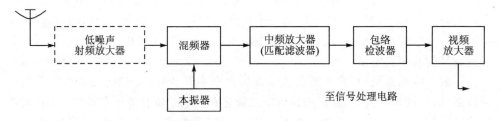

图 5.14　脉冲接收机原理框图

脉冲接收机的任务是通过适当滤波将天线接收到的微弱射频回波脉冲信号从伴随噪声和干扰中选择出来,并经混频、放大及检波后送至信号处理电路,从而获得目标的有关信息。

2. 接收前端

接收前端,通常指中频放大器以前的高频部分,主要包括低噪声射频放大器、混频器和本振器。

(1) 射频放大器

由雷达作用距离方程可知,当其他参数不变时,为增加作用距离,提高接收机灵敏度(降低噪声系数)与增大发射功率是等效的。脉冲体制就是增加发射瞬时峰值功率的一种方法。近来人们对低噪声射频放大器的研究越来越重视,不断研制出许多新型的低噪声射频放大器件,其应用频带不断提高,因此,越来越可能使用低噪声射频放大器,以有效地提高接收机的灵敏度。

低噪声非致冷参量放大器是一种常用的射频放大器,它采用超高品质因素(具有高截止频率)、极低分布电容的砷化镓变容二极管,采用极低损耗的波导型环行器、新的微带线路结构以及集成优化设计、先进工艺等技术,具有结构精巧、性能稳定、全固态化的特点。目前,在 $0.5\sim15$ GHz 范围内,噪声温度为 $30\sim60$ K,相对带宽为 $5\%\sim15\%$,增量为 $10\sim30$ dB;在毫米波段,噪声温度为 $250\sim350$ K。

低噪声晶体管放大器是探测系统常用的射频放大器,它采用先进的 CAD 技术、精巧的微带制版工艺,其多级组合式结构、良好的性能,越来越受到人们的重视。一般在低于 3 GHz 的频率范围,采用硅双极型晶体管放大器;在高于 3 GHz 的频率范围,采用砷化镓场效应管放大器。目前,在 $0.5\sim15$ GHz 的频率范围内,噪声系数为 $1\sim5$ dB,单级增益大于 10 dB。

随着固态器件技术的发展,涌现出许多新型器件,如新近出现的 Himmt 放大器,能工作于 8 mm 波段,噪声系数可小于 3 dB,单级增益可大于 10 dB。

(2) 混频器

混频器的作用是将射频信号与本振信号进行混频,以便取出其差频信号,使差频信号能在中频范围内进行放大。对于脉冲体制,射频频率 f_0 与本振频率 f_L 相同量级,f_0 可大于 f_L,也可小于 f_L,但其差频频率 $f_I=|f_0-f_L|$ 应落在预定的范围内。在选用混频器件时,应考虑这些频率要求。

对于脉冲测距系统,一般要求 $f_I\gg B$,这里 $B\approx1/\tau_m$,为回波信号脉冲占有频带;否则,将会出现较大的测量误差(这是为什么? 留作习题)。

混频器中常采用混频二极管和三极管作为非线性混频器件,更多的是采用二极管(频率较低时采用三极管)。在非线性混频过程中,将产生许多寄生的高次谐波分量,这些寄生响应将影响非相参和相参系统的测量精度,而对相参系统影响尤为严重。因此,如何抑制非线性效应的影响,是混频器的重要指标之一。另外,由于混频器处于接收机前端,其本身的噪声特性尤为重要,所以其噪声系数是混频器的另一个重要指标。

早期的接收机中采用的是单端混频器,但由于输出的寄生响应大而且对本振的影响严重,噪声性能差,目前已较少使用(在探测测距系统要求不高且考虑低成本的场合仍然采用)。平衡混频器可以抑制偶次谐波产生的寄生响应,同时可抑制本振噪声的影响,因而被广泛采用。由于采用了硅点接触二极管和砷化镓肖特基二极管作混频器件,使平衡混频器的噪声性能得到较大改善,工作频率和抗烧毁能力都有显著提高。目前在 0.3~40 GHz 频率范围内,噪声系数可为 3~6 dB。

图 5.15 为采用镜像抑制技术的平衡混频器原理图,具有较强的抑制噪声能力。同相等幅的射频信号分别加至两个二极管混频器;本振信号经 90°相移混合接头后分别加至两个混频器,两个混频器输出的中频信号分别加至具有 90°相移的中频混合接头。在中频输出端,使得镜像噪声干扰相消,中频信号相加。镜像抑制混频器具有噪声系数低、动态范围大、抗烧毁能力强、成本低等优点,相对于一般镜像匹配混频器,其噪声系数低 2 dB 左右。

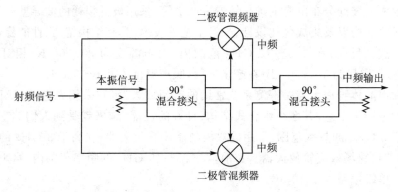

图 5.15　镜像抑制平衡混频器原理图

随着混频二极管噪声性能的不断提高,现在许多接收机都直接采用混频器作接收前端。尤其对于大部分探测系统,其接收前端第一级一般直接采用混频器,虽然其噪声系数较采用低噪声射频放大器大,但它具有动态范围大、结构简单、成本低廉等优点。随着单片集成电路的发展,在砷化镓单片上包含有完整的接收前端的单片集成接收模块已出现。

(3) 本振器

在发射机中,要求射频频率 f_0 和本振频率 f_L 有较高的稳定度,尤其要使混频后二者之差频 f_1 保持恒定。但在实际工作中,往往由于某些原因造成频率不稳定,容易随外界条件的变化而变化。因此,在要求较高的场合,须采用稳频措施。对于脉冲发射机通常采用自动频率控制(AFC)技术,使差频频率保持恒定。尤其对于相参探测系统来讲,需要对本振器短期频率稳定度提出更高的要求。

造成本振频率不稳定的因素是各种干扰调制源,可分为规律性干扰和随机性干扰两类。一些电机转动、声振动、电源波纹等产生的不稳定属于规律性的,可以采用防振措施和电源稳压方法减小它们的影响。而由振荡管噪声和电源随机起伏引起的本振寄生频率和噪声属于随机性不稳定,其中以本振管本身产生的噪声影响更为严重。本振噪声分为调幅噪声和调频(或调相)噪声,调幅噪声比调频噪声的影响小得多,而且可以用平衡混频器或限幅器进行抑制。所以,调频噪声是最主要的一种干扰。

采用锁相技术可以构成频率稳定的可调谐的本振器,所谓"可调谐"是指频率的变化能以精确的频率间隔离散地阶跃。锁相型稳定本振器的原理框图如图 5.16 所示。

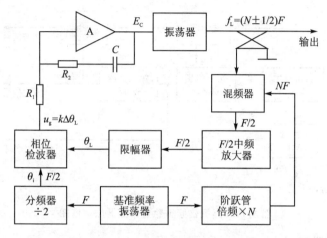

图 5.16　锁相型稳定本振器原理框图

图 5.16 中,基准频率振荡器产生稳定的基准频率 F,经过阶跃二极管倍频 N 次,变成一串频率间隔为 NF 的线频谱。振荡器输出信号的一部分与线频谱混频,若本振振荡器频率为 $f_L \approx (N\pm 1/2)F$,则混频后的差频约为 $F/2$,经 $F/2$ 中频放大器放大及限幅后,与频率为 $F/2$ 的基准频率比相。根据相位误差 $\Delta\theta_g$ 的大小和方向,相位检波器输出相应的误差信号 $u_g = k\Delta\theta_g$,经直流放大后输出 E_c,由 E_c 的大小来控制振荡器的频率,使其准确地锁定在 $(N\pm 1/2)F$ 上。因此,只要调整本振荡器的振荡频率大致为 $(N\pm 1/2)F$,整个锁相回路就能将其频率准确地锁定在 $f_L = (N\pm 1/2)F$,从而实现频率间隔为 F 的可变调谐。显然,其频率稳定度主要取决于基准频率 F 的稳定性。

在相参系统中,通常其载波频率、本振频率和相参频率均由同一基准频率倍频而成,所以常采用晶振倍频的方法获取稳定的本振频率,其原理框图如图 5.17 所示。基准频率振荡器产生稳定的基准频率 F,经过第一倍频器 N 次倍频后输出,作为相参本振信号(中频);再经第二倍频器 M 次倍频后输出,作为本振信号 f_L。如果不计多普勒频率影响,则把相参本振信号与本振信号通过混频取其和频分量输出(上变频),作为系统的载波信号。如果多普勒频移大,则需从第一倍频器输出中输出一串倍频信号,其频率间隔为 F,由跟踪器送来的信号选择其中能对多普勒频移作最佳校正的一个频率,经与本振信号混频后,作为系统载波信号。为了避免产生混频器的寄生分量,一般采用分频器把基准频率分频而产生脉冲重复频率。基准频率振荡器采用石英晶体振荡器,其相位不稳定主要是由噪声引起的,在较低的频率(如 1~20 MHz)上可以获得较好的相位稳定度。采用倍频器倍频后,其相位稳定度将与倍频次数成反比地降低。第一倍频器所需的倍频次数较低,通常可采用变容二极管作为低阶倍频器;第二倍频器所需的倍频次数较高,通常可采用阶跃二极管作为高阶倍频器。

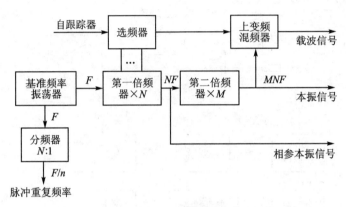

图 5.17　晶振倍频型稳定本振器原理框图

3. 接收机带宽

为了抑制噪声,提取有用信号,常将中频放大器设计成一定频带范围的滤波器形式。滤波器有一个最佳的频带宽度和频率特性,以实现最佳滤波。

(1) 匹配滤波器

匹配滤波器是在白噪声背景中检测信号的最佳线性滤波器,其输出信噪比在某个时刻可以达到最大。

设已知输入信号为 $s(t)$,其频谱为 $S(\omega)$,则可以证明匹配滤波器在频域上的特性为

$$H(\omega) = kS^*(\omega)\exp(-\mathrm{j}\omega t_0) \tag{5.28}$$

式中,$S^*(\omega)$ 为频谱 $S(\omega)$ 的共轭值;k 为滤波器的增益系数;t_0 为使滤波器实际上能够实现所必需的延迟时间,在 t_0 时刻将有信号的最大值输出。

同样可以证明,匹配滤波器在时域上的脉冲响应函数为

$$h(t) = ks^*(t_0 - t) \tag{5.29}$$

式中,$s^*(t_0-t)$ 为输入信号的镜像,它与输入信号 $s(t)$ 的波形相同,但从时间 t_0 开始反转过来。

在对匹配滤波器作理论研究时,延时 t_0 和增益系数 k 可以不予考虑,因此匹配滤波器的频域和时域响应分别可简化为

$$H(\omega) = S^*(\omega) \tag{5.30}$$

$$h(t) = s^*(-t) \tag{5.31}$$

由此可见,匹配滤波器的传输函数是输入信号频谱的复共轭,而脉冲响应是输入信号的镜像函数。

还可以进一步证明,匹配滤波器在输出端给出的最大瞬时信噪比为

$$(S/N)_{\max} = \frac{2E}{N_0} \tag{5.32}$$

式中,N_0 是输入噪声的谱密度,它是匹配滤波器输入端单位频带内的噪声功率,显然,它属于白噪声;E 是输入信号能量,有

$$E = \int_{-\infty}^{\infty} |S(f)|^2 \mathrm{d}f = \int_{-\infty}^{\infty} |s(t)|^2 \mathrm{d}t \tag{5.33}$$

（2）单个矩形脉冲的匹配滤波器

设脉冲探测系统为单个矩形脉冲调制,经混频解调后的单个矩形脉冲信号的幅度为 A,宽度为 τ_m,信号波形的表达式为

$$s_i(t) = \begin{cases} A\cos\omega_0 t, & |t| \leqslant \tau_m/2 \\ 0, & |t| > \tau_m/2 \end{cases} \tag{5.34}$$

其波形如图 5.18(a)所示,经傅里叶变换可得信号频谱如图 5.18(b)所示,可表示为

$$S_i(\omega) = \int_{-\infty}^{\infty} s_i(t)\mathrm{e}^{-\mathrm{j}\omega t}\mathrm{d}t = \frac{A\tau_m}{2}\left[\frac{\sin(\omega-\omega_0)\tau_m/2}{(\omega-\omega_0)\tau_m/2} + \frac{\sin(\omega+\omega_0)\tau_m/2}{(\omega+\omega_0)\tau_m/2}\right] \tag{5.35}$$

由此可得匹配滤波器的传输函数为

$$H(\omega) = S^*(\omega) = \frac{A\tau_m}{2}\left[\frac{\sin(\omega-\omega_0)\tau_m/2}{(\omega-\omega_0)\tau_m/2} + \frac{\sin(\omega+\omega_0)\tau_m/2}{(\omega+\omega_0)\tau_m/2}\right] \tag{5.36}$$

其特性如图 5.18(c)所示。由式(5.32)可得匹配滤波器的最大输出信噪比为

$$(S/N)_{\max} = \frac{2E}{N_0} = \frac{A^2\tau_m}{N_0} \tag{5.37}$$

理想匹配滤波器的特性一般难以实现,例如对于单个矩形中频脉冲来说,图 5.18(c)所示的频率特性 $H(\omega)$ 就不易实现。因此需要考虑它的近似实现,即采用准匹配滤波器。

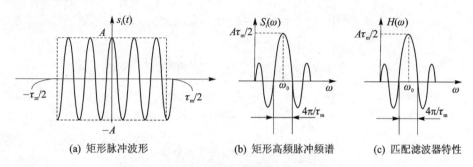

(a) 矩形脉冲波形　　　　(b) 矩形高频脉冲频谱　　　　(c) 匹配滤波器特性

图 5.18　单个矩形中频脉冲及其匹配滤波器特性

（3）准匹配滤波器

准匹配滤波器是指实际上容易实现的几种典型的频率特性,例如对于图5.18(c)所示的频率特性,通常可以用矩形、高斯形或其他形状的频率特性来作近似,即对于频率特性与匹配滤波器近似的典型滤波器,适当选择其频率特性的通频带,可获得准匹配条件下的"最大输出信噪比"。

如探测系统中频放大器的频率特性可近似为矩形,设矩形特性滤波器的角频率带宽为 $W = 2\pi B$,传输函数为

$$H(\omega) = \begin{cases} 1, & |\omega - \omega_0| \leqslant W/2 \\ 0, & |\omega - \omega_0| > W/2 \end{cases} \tag{5.38}$$

其频率特性如图5.19中的实线所示。

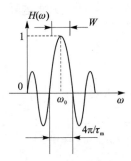

图 5.19　矩形特性近似的准匹配滤波器

准匹配滤波器输出的最大信噪比与理想匹配滤波器输出的最大信噪比之比值定义为准匹配滤波器的效率 ρ,经计算可得

$$\rho = \frac{(S/N)_{\approx\max}}{(S/N)_{\max}} = \frac{8}{\pi W \tau_{\mathrm{m}}} S_{\mathrm{i}}^2 \left(\frac{W\tau_{\mathrm{m}}}{4} \right) \tag{5.39}$$

根据上式可画出 ρ 对 $B\tau_{\mathrm{m}}(=W\tau_{\mathrm{m}}/2\pi)$ 的曲线,如图5.20所示。由图可见,当 $B\tau_{\mathrm{m}} = 1.37$ 时,准匹配滤波器效率达到最大值 $\rho_{\max} \approx 0.82$,即当采用带宽为 $B \approx 1.37/\tau_{\mathrm{m}}$ 的矩形特性滤波器时,这种准匹配滤波器相对于理想匹配滤波器来说,其输出信噪比损失(效率 ρ 的倒数)仅约0.85 dB,显然这种损失并不大,并且按 $B\tau_{\mathrm{m}} = 1.37$ 来选择最佳带宽 B_{opt} 并不是很临界,带宽稍微偏离并不会显著增加损失。对于采用单级单调谐(RLC)谐振的准匹配滤波器,其最大效率发生于 $B\tau_{\mathrm{m}} = 0.4$,与理想匹配滤波器相比,相应的信噪比损失为0.88 dB。采用同样的方法可得到其他形状滤波器的输出信噪比达到最大时的 $B\tau_{\mathrm{m}}$ 值,如表5.1所列。

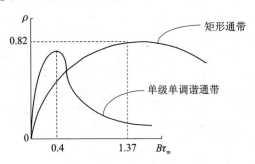

图 5.20　ρ 对 $B\tau_{\mathrm{m}}$ 的函数曲线

表 5.1　准匹配滤波器的最佳带宽脉宽积与输出信噪比损失

输入脉冲信号形状	准匹配滤波器通带	最佳带宽脉宽积 $B\tau_m$	输出信噪比损失/dB
矩形	矩形	1.37	0.85
矩形	高斯形	0.72	0.49
高斯形	矩形	0.72	0.49
高斯形	高斯形	0.44	0(匹配)
矩形	单级单调谐	0.40	0.88
矩形	两级单调谐	0.613	0.56
矩形	五级单调谐	0.672	0.50

（4）接收机带宽选择

这里以简单的矩形脉冲为例，说明接收机带宽的选择。接收机带宽会影响接收机输出信噪比和波形的失真性。选用最佳带宽时，灵敏度可以提高，但此时波形失真较大，会影响测量精度。因此，接收机频带宽度的选择应根据系统的不同用途而定。对于用于警戒、报警等的探测系统，与用于跟踪、目标识别、精确测距的探测系统有不同的带宽要求。

1）用于警戒、报警等的探测系统

这类探测系统主要要求具有较高的接收机灵敏度，而对波形失真的要求不高。因此要求接收机的接收前端和中频放大器的输出信噪比达到最大，即高、中频部分的带宽 B_{RI} 应取最佳带宽 B_{opt}，但考虑到发射频率和本振频率的漂移，需要适当加宽，即

$$B_{RI} = B_{opt} + \Delta f_z \tag{5.40}$$

式中，Δf_z 表示由振荡器的频率稳定度所决定的频漂范围。根据高、中频部分谐振电路或放大电路的形式和级数，可把带宽 B_{RI} 分配到各级。但要注意：混频器之前的电路要能抑制镜像干扰。因此带宽不宜过宽，应以良好的滤波性能和抑制噪声为首要任务。

2）用于跟踪、精确测量、目标识别等的探测系统

用于测量精度和要求高的探测系统，主要要求波形失真小，其次才是要求较高的灵敏度。因此要求接收机的总带宽 B 大于最佳带宽，一般取

$$B = \frac{2 \sim 10}{\tau_m} \tag{5.41}$$

式中，系数 2～10 的具体取值视具体应用情况而定。一般来说，取的带宽越宽，波形失真就越小，目标特征信息就越丰富，但引入的噪声也越大。反之，带宽越窄，信噪比就越高，抑制噪声的能力就越强，但信号波形失真就越大，从而目标特征信息丢失就越多。

4. 动态范围与增益控制

接收机的动态范围表示接收机能够正常工作所允许的输入信号的强度范围。信号太弱,接收机检测不到信号;信号太强,接收机将发生饱和过载。因此动态范围 D 是接收机的一个重要指标,它反映了接收机抗过载性能,表示当接收机不发生过载时允许接收机输入信号强度的变化范围,由下式定义:

$$D = \frac{P_{s\,max}}{P_{s\,min}} \tag{5.42}$$

式中,$P_{s\,max}$、$P_{s\,min}$ 分别表示最大可检测信号功率和最小可检测信号功率。

动态范围 D 常用 dB 来表示:

$$D(\mathrm{dB}) = 10\lg \frac{P_{s\,max}}{P_{s\,min}} = 20\lg \frac{U_{s\,max}}{U_{s\,min}} \tag{5.43}$$

式中,$U_{s\,max}$、$U_{s\,min}$ 分别表示最大可检测信号电压和最小可检测信号电压。

接收机中各部件动态范围 D 的典型值如表 5.2 所列,表中各部件的动态范围是用各部件输出端的最大信号与系统噪声电平进行比较而得出的,该部件的所有滤波应在饱和之前完成。要指出的是:动态范围与输入信号或干扰噪声的频宽有关,与接收机本身的带宽有关,这里给出常见的典型值,仅供参考。

表 5.2　接收机中主要部件的动态范围典型值

部　件	射频放大器	混频器	中频放大器
动态范围/dB	50～90	50～110	60～100

为了防止强信号引起的过载,需增大接收机的动态范围,常采用自动增益控制(AGC)电路。图 5.21 为一种简单的 AGC 电路原理框图,它由峰值检波器和低通滤波器组成。接收机输出的视频脉冲信号经过峰值检波,再由低通滤波器去除高频成分后,获得了自动增益控制电压 U_{AGC};将 U_{AGC} 加到被控的中频放大器的控制端,从而完成了增益的自动控制作用。中频放大器为可控增益放大器,当输入信号 u_i 增大时,视频放大器输出信号 u_o 也随之增大,则控制电压 U_{AGC} 也相应增大,使可控中频放大器的增益降低。当输入信号 u_i 减小时,则起相反的作用,使 U_{AGC} 降低,从而提高中频放大器的增益。可见 AGC 电路是一负反馈系统,可增加系统的动态范围。

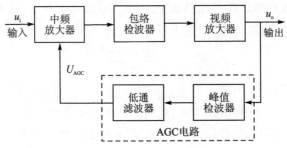

图 5.21　AGC 电路原理框图

5.4.3 脉冲测距信号处理电路的基本方法

脉冲测距信号处理的方法很多,这里主要在时域上就探测系统的测距方法作简要的讨论。

1. 脉冲计数法

脉冲计数法是对延迟的时间进行量化后计数的一种方法,其测量的原理如图 5.22 所示。在图 5.22(a)中,由计数脉冲产生器产生频率较高的计数脉冲,由发射脉冲和回波脉冲经选通脉冲产生器形成时间延迟方波,其方波宽度 τ 对应了所测量的距离 R,由此通过测量 τ 获得了距离信息。各级波形如图 5.22(b)所示。

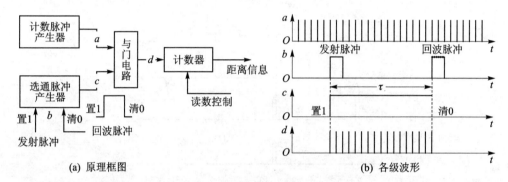

(a) 原理框图　　　　　　　　　　(b) 各级波形

图 5.22 脉冲计数法基本原理

目标距离 R 与计数器读数 n 之间的关系为

$$n = \tau f_{CP} = \frac{2R}{C} f_{CP} \tag{5.44}$$

式中,f_{CP} 为计数器重复频率。

从上述讨论可知,在脉冲计数法中,对目标距离 R 的测定转换为对脉冲数 n 的测量,从而把时间延迟 τ 这个连续量变成了离散的脉冲个数。可见,从提高测距精度、减小量化误差的角度来看,计数脉冲频率 f_{CP} 越高越好;但此时对器件速度的要求提高,计数器的级数相应提高,因此需要综合考虑。有时可采用游标计数法、插值延迟线法等减小量化误差。

2. 脉冲宽度鉴别法

脉冲宽度鉴别法是根据延迟时间的宽度进行识别的一种方法,其测量原理如图 5.23 所示。

图 5.23(a)为微分鉴宽识别电路框图,当预置适当的延迟时间 τ_0(对应预定的距离 R_0)时,输入由发射脉冲和回波脉冲经选通脉冲产生器形成时间延迟方波,其宽度为 τ。若 $\tau = \tau_0$,则有相应的距离信息输出;如果 $\tau = \tau_1 < \tau_0$ 或 $\tau = \tau_2 > \tau_0$,则无距离信息输出。各级波形如图 5.23(b)所示。可见,脉冲宽度鉴别法实际上是一种定距的方法,其测量精度与倒相整形电路输出信号 c 和延迟器输出信号 d 的脉冲宽度有

关,与所用器件的开关特性和噪声特性有关,具有测量速度快的特点。该方法可推广运用于其他脉冲宽度识别的场合。

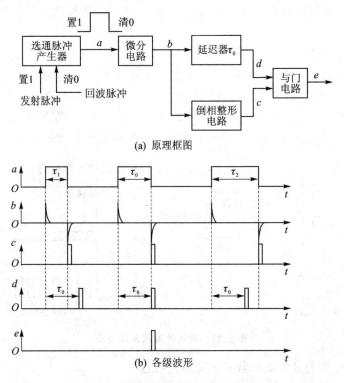

(a) 原理框图

(b) 各级波形

图 5.23　脉冲宽度鉴别法基本原理

同样,可采用积分的方法进行脉宽鉴别,这里不再介绍(留作习题)。

3. 距离门法

距离门法是基于相关检测原理的一种测距方法,它充分利用了回波脉冲的波形特征,有利于降低脉冲前后沿对测距精度的影响,具有较高的测距精度。一般可分为固定门和移动门两种方法。

(1) 固定门测距法

固定门测距法原理框图见图 5.24。图中距离门实际上是时间延迟器,每个距离门对应一个确定的测距距离,调整距离门之间的延迟时间的间隔,可控制测距的均匀量化精度。固定门中每一路实际上就是一个相关器,例如,其中的门限比较、距离门 1 与其中第一路的与门、积分和比较组成一个相关器,其余类似。图 5.25 为一路相关器的处理波形图。当回波信号与基准信号(一般与发射信号同步)的某一路距离门输出信号的相关函数达到最大值时,可获得最大门限值。因此,经调整积分后的比较门限,可控制测距精度和获取距离信息的概率。由此可见,如果测量均匀的平面目标或点目标,固定门测距法的测距精度理论上可以做得很高,而且处理速度快,其精度与处理速度主要取决于所用器件的开关特性和噪声特性。

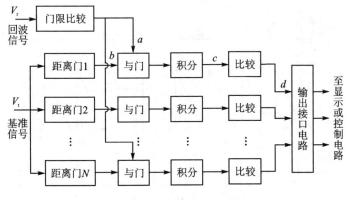

图 5.24 固定门测距法原理框图

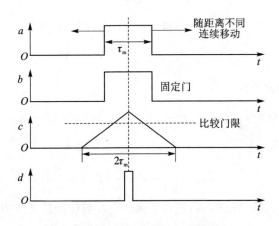

图 5.25 固定距离门相关检测原理

（2）移动门测距法

固定门测距法电路简单，处理速度快，精度较高，但当要求提供更多的距离信息时，将增加相关器，从而增加了电路规模。如果利用相关检测原理，用移动门代替固定门，则可大大减小电路的规模，获取更多的距离信息。

1）移动门原理

所谓移动门测距法就是在每一个发射周期 T_m 内产生一个距离门，而不同的发射脉冲周期内的距离门有不同的延迟时间。其移动原理如图 5.26 所示。

在整个测量周期 T_s 内有一慢扫描的锯齿波（图 5.26 中以一个测量周期 T_s 等于 8 个发射脉冲周期 T_m 为例，即 $T_s = 8T_m$，相当于 8 个固定距离门），在每个发射脉冲周期 T_m 内有一快速扫描的锯齿波，当两者比较相等时，可输出具有不同延时前沿的脉冲——移动门脉冲。

设发射脉冲周期为 T_m，快速扫描锯齿波的宽度为 $kT_m(0 < k < 1)$，起点离各自发射脉冲的延时为 t_0，幅度为 U；慢扫描锯齿波周期 $T_s = nT_m$，幅度也为 U（图 5.26

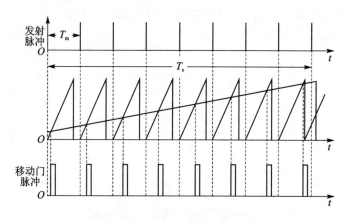

图 5.26　移动门原理

中以 $n=8,t_0=0$ 为例),则在一个测量周期 T_s 内,慢扫描锯齿波的幅值为

$$V_1(t) = \frac{U}{nT_m}t \quad (0 \leqslant t \leqslant nT_m) \tag{5.45}$$

第 i 个快速扫描锯齿波幅值为

$$V_2(t) = \frac{U}{kT_m}(t - t_0 - iT_m) \quad (i=0,1,2,\cdots,n-1) \tag{5.46}$$

令 $V_1(t) = V_2(t)$,得

$$t = \frac{n}{n-k}(t_0 + iT_m) \tag{5.47}$$

这就是第 i 个距离门的前沿时刻,相对于第 i 个发射脉冲的延时为

$$\tau_i = t - iT_m = \frac{n}{n-k}\left(t_0 + \frac{i}{n}kT_m\right) \tag{5.48}$$

由上式可见,随着 i 增加,τ_i 也逐渐增大,从而使距离门移动。

测距分辨率由相邻两个发射脉冲周期内的距离门延时差 $\Delta\tau$ 决定,即

$$\Delta\tau = \tau_i - \tau_{i-1} = \frac{kT_m}{n-k} \tag{5.49}$$

可见,增大 n 或减小 k,可提高测距分辨率。

2) 实际方案

由于慢扫描锯齿波不易保证良好的线性度,从而增大了测距误差。因此,在具体实施过程中,可用阶梯波代替慢扫描锯齿波,而采用数字电路则很容易获得线性度良好的阶梯波,且调试也方便,其移动门原理如图 5.27 所示。

设阶梯波的台阶为 ΔV,则在一个测量周期内,第 i 个发射脉冲周期的阶梯波幅值为

$$V_3(t) = i\Delta V \quad (i=0,1,2,\cdots,n-1)$$

令 $V_3(t) = V_2(t)$,由式(5.45)代入整理后得

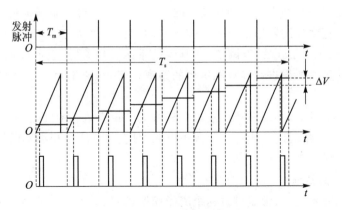

图 5.27　实际移动门工作原理

$$\tau_i = t - iT_m = t_0 + \frac{kT_m}{V}i\Delta V \qquad (5.50)$$

设 $\gamma = \dfrac{U}{kT_m}$ 为快速扫描锯齿波的斜率,则

$$\tau_i = t_0 + \frac{\Delta V}{\gamma}i \qquad (5.51)$$

可见,τ_i 随 i 的增大而增大,从而实现了距离门移动的功能。相邻距离门延时差为

$$\Delta\tau = \tau_i - \tau_{i-1} = \frac{\Delta V}{\gamma} \qquad (5.52)$$

所以,要提高测距分辨率,可减小阶梯波台阶的高度,或增加锯齿波的斜率。

　　3) 电路框图

　　实现上述的移动门测距电路可采用如图 5.28 所示的原理框图。图中计数器的作用是识别距离门:计数器将指示与某个发射脉冲周期相对应的距离门编号;当某个发射脉冲周期的距离门与回波脉冲相关时,可获得最大宽度,通过宽度鉴别器的识别,宽度鉴别器输出一个控制信号,表明在某距离门上有距离信息;控制信号与距离门编号信息共同表示回波脉冲与某距离门已经相关,从而获得了距离信息。宽度鉴别器的作用相当于固定门测距法中的积分与比较,具有获取相关函数最大值的功能,

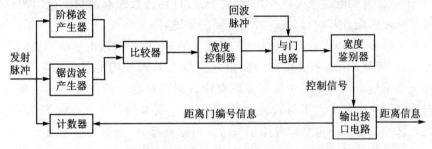

图 5.28　移动门测距电路原理框图

其鉴别的宽度相当于固定门中的比较门限,调整其大小,可控制测距精度和获取距离信息的概率。宽度控制器用以产生和控制移动门的门宽大小,一般应与回波脉冲宽度相匹配(如取 τ_m),通过适当调整(视具体的系统、目标及交会条件而定)可获得最佳测量效果。显然如需进一步获取更多的距离信息,该方案可容易地采用单片机及软件来实现。

由以上讨论可知,移动门测距法具有获取更多距离信息的优点,但与固定门测距法相比,以牺牲测量时间为代价换取减小电路规模。因此,应根据不同的使用场合和要求合理地选择方案。

4. 双波门定距法

在距离跟踪系统中,常需对目标距离做跟踪测量,并给出正负误差信息,作为控制信号。双波门定距法是距离跟踪的常用方法之一,其原理框图见图 5.29。

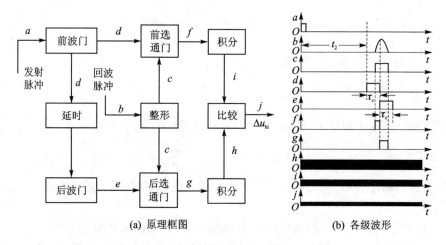

(a) 原理框图　　　　　(b) 各级波形

图 5.29　双波门定距法原理

参考信号(发射脉冲)a 经过前波门后,产生相对于参考信号延迟时间为 t_z、宽度为 τ_c 的前波门方波脉冲 d;前波门方波脉冲 d 经延时 τ_c 后,经后波门产生宽度为 τ_c 的后波门方波脉冲 e,从而形成了前、后两个波门,其预置时间 $t_z + \tau_c$ 对应于预定距离 R_0。于是该方案电路就可以在距离 R_0 上对目标进行跟踪测量。波门的宽度 τ_c 应与回波脉冲匹配,通常与回波脉冲有相同的脉宽,即 $\tau_c = \tau_m$。

当回波脉冲(经整形后 c 点波形)正好处于两波门中间时,由于与两波门重叠的部分相等,其能量相等(积分后取出能量),所以此时两波门能量差为零(j 点的波形),即误差信号 $\Delta u_{hi} = 0$,表示此时正好对应目标预定的距离,即 $R = R_0$;如果回波脉冲与前波门重叠部分大于与后波门重叠部分,则误差信号 $\Delta u_{hi} < 0$,表示 $R < R_0$;如果回波脉冲与前波门重叠部分小于与后波门重叠部分,则误差信号 $\Delta u_{hi} > 0$,表示 $R > R_0$。因此通过对误差信号 Δu_{hi} 的正负及大小的判别,即可获得距离跟踪及距离信息。

显然,双波门定距法只能在较小范围($t_z \sim t_z + 2\tau_c$)内进行测距,如要扩大测距范围,应适时调整有关参数(留作习题)。

5. 脉冲积累

上述的讨论主要是对单个脉冲进行检测的情况,实际上可在多个脉冲观测的基础上进行检测。对 n 个脉冲观测的结果就是一个积累的过程,积累可简单地理解为 n 个脉冲叠加起来的作用。在自动门限检测时,要用到某些存储元件及专门的电路来完成。

积累可有效地提高信噪比,从而改善探测系统的检测能力。积累可在检波前完成,称为检波前积累或中频积累,由于信号在中频积累时要求信号之间相位有严格的关系,所以又称为相参积累。此外,积累也可在检波以后完成,称为检波后积累或视频积累,由于信号经过检波后只保留幅度信息,失去了相位信息,所以检波后积累就不需要信号间有严格的相位关系,因此又称为非相参积累。

中频的理想积累可以使信噪比 S/N 提高到 n 倍(n 为中频积累脉冲数)。这是因为不同周期的中频回波信号按严格的相位关系(同相)相加,相加的结果使信号电压提高至 n 倍,相应的功率提高至 n^2 倍;而噪声是一随机过程,相邻 T_m 的噪声又是统计独立的,它们按矢量叠加,叠加后的总噪声功率按各平均功率相加,积累的结果使噪声功率提高至 n 倍,因此功率信噪比 S/N 可提高至 n 倍。

但同样 n 个脉冲,在检波后进行理想积累时,信噪比的改善却达不到 n 倍。这是因为检波器的非线性作用,信号与噪声在非线性电路上的相互作用,会使一部分信号能量转化为噪声能量,从而降低了信噪比;特别在小的信噪比时,信号能量损失更大。因此,采用视频积累,当脉冲积累数 n 很大时,随 n 增大,积累效果增长并不明显,其功率信噪比 S/N 的改善趋近于 $\sqrt{n}$。

虽然视频积累的效果不如中频积累,但在很多场合仍然采用,这是因为视频积累的工程实现比较简单,对系统的收发系统没有严格的相参性要求;对于大多数运动目标来讲,其回波的起伏将破坏相邻回波之间的相参性,因此即使在探测系统相参性很好的条件下,起伏回波也难以获得理想的相参积累效果。大多数脉冲测距探测系统采用的是非相干体制,所以常采用视频积累的方法改善其输出信噪比。

中频积累的效果比较好,但实施复杂,且对系统的相参性要求很高,所以常运用于特殊的要求较高的场合,如脉冲多普勒探测系统中。

下面对视频积累作一简要讨论。

表示视频积累效果最简明的方式,是将它的积累效果和理想中频积累相比较。由于视频积累达不到理想中频积累的效果,在同样脉冲积累数 n 的条件下,要得到同样的检测性能,采用视频积累方法要比采用中频积累方法需要的输入信噪比大。可用视频积累效率 $E_i(n)$ 来定量地表示为

$$E_i(n) = \frac{(S/N)_1 \cdot \dfrac{1}{n}}{(S/N)_n} = \frac{(S/N)_1}{n(S/N)_n} \tag{5.53}$$

式中，$(S/N)_1$ 表示为达到规定检测能力（如规定发现概率）时单个脉冲所需的信噪比；$(S/N)_n$ 表示为达到同样检测能力，经 n 个脉冲视频积累后，每个脉冲所需的信噪比。

式(5.53)也可表述为：$E_i(n)$ 等于理想中频积累的单个脉冲所需的信噪比 $(S/N)_1/n$ 和视频积累后所需信噪比 $(S/N)_n$ 之比。显然这是一个小于 1 的值。

相应地可定义积累损失（用 dB 表示）为

$$L_i(n) = 10\lg\left[\frac{1}{E_i(n)}\right] \tag{5.54}$$

有时为了直接表示 n 个脉冲视频积累后的改善效果，把单个脉冲观测时所需信噪比 $(S/N)_1$ 与积累 n 个脉冲后的每个脉冲所需的信噪比 $(S/N)_n$ 之比值定义为积累改善因子 $I_i(n)$，即

$$I_i(n) = \frac{(S/N)_1}{(S/N)_n} = nE_i(n) \tag{5.55}$$

可见，上式表示了视频积累后的改善倍数，也可看作视频积累的有效脉冲数。

根据式(5.55)的定义，可得出 n 个脉冲积累后每个脉冲积累所需的信噪比为

$$(S/N)_n = \frac{(S/N)_1}{nE_i(n)} \tag{5.56}$$

经过 n 个脉冲积累以后，雷达方程中的信噪比应以 $(S/N)_n$ 来表示，所以对点目标作用距离公式(2.44)和对平面目标作用距离公式(2.45)可分别改写为

$$R_{\max} = \left[\frac{P_t\lambda_0^2 G^2 \sigma nE_i(n)}{64\pi^3 kTB_n F(S/N)_1}\right]^{\frac{1}{4}} \quad （对点目标） \tag{5.57}$$

$$R_{\max} = \frac{\lambda_0 GN}{8\pi}\sqrt{\frac{p_t nE_i(n)}{kTB_n F(S/N)_1}} \quad （对平面目标） \tag{5.58}$$

可见，由于脉冲积累的作用，提高了系统的作用距离。

有关脉冲积累的进一步讨论，如检测能力（发现概率、虚警概率的设置以及与虚警时间的关系等）、积累叠加的加权模式、器件对积累效率的损失等，本书不再展开讨论，可参阅有关文献。

图 5.30 为一种采用横向滤波器形式的脉冲积累原理框图。它主要由三部分组成：$n-1$ 个等间隔抽头的延迟线 T_m、n 个可变权系数电路 a_i 和一个加法器。延迟线总的延迟时间等于全部积累时间，抽头间隔等于脉冲重复周期 T_m，每个抽头的输出信号经权系数电路加权后送至相加器，形成 n 个脉冲的和。所以输出信号 u_o 与输入信号 u_i 有如下关系：

$$u_o = u_i \sum_{k=0}^{n-1} a_i \mathrm{e}^{-jk\omega T_m} \tag{5.59}$$

对于输入信号 u_i 为等幅脉冲串的情况，则每个权系数都等于 1，即

$$a_0 = a_1 = a_2 = \cdots = a_{n-1} = 1$$

显然,此时权系数电路可以省去(直接相接),构成最简单的脉冲积累电路。

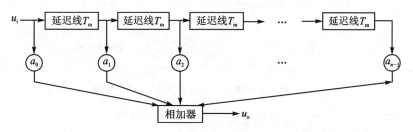

图 5.30　采用横向滤波器形式的脉冲积累原理框图

图 5.31 所示为一种二进制脉冲积累器,对每一个距离门,按距离单元将超过第一门限值的量化脉冲送到相应的计数器中进行计数,如 n 个重复周期中有 k 个以上的量化脉冲加到计数器,则由第二门限判为某距离门有信号。可见,二进制脉冲积累器实际上为一种概率积累器。

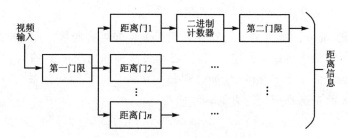

图 5.31　二进制脉冲积累原理框图

6. 信号恒虚警处理电路

第 1 章曾讨论过虚警问题。虚警是指没有回波信号存在,而仅有噪声时,噪声电平超过门限值而被误认为有目标回波信号的现象。噪声超过门限的概率叫虚警概率。在实际应用中,探测系统对回波信号的检测,总是在噪声干扰基础上进行,这些噪声干扰有来自外部的地物、气候、人为的有源和无源等干扰,也有来自系统内部本身噪声的干扰。各种噪声干扰的特性(包括强度、频谱等)变化很大。对于一定的门限电平,噪声干扰的特性不同,虚警率也将随之变化。要使噪声干扰的特性(尤其是强度)变化时虚警率保持恒定,就要对信号进行恒虚警处理。

(1) 噪声电平恒定电路

对于随温度、电源等因素而缓慢变化的噪声,可采用噪声电平恒定电路进行慢门限恒虚警处理,其原理框图见图 5.32。由于脉冲系统工作时,中频放大器的输出除噪声外,还有回波信号及其他(如地物等)干扰信号,所以应在脉冲间歇期(此时接近纯噪声区)进行噪声取样。将噪声取样值检波后送至滤波器进行平滑处理,平滑后的噪声电压用来控制中频放大器的增益。可见,这类似于自动增益控制的方法,只是这里的增益控制信号不是来自回波信号,而是来自取样的噪声。

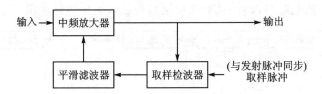

图 5.32　自动增益控制恒虚警电路原理框图

下面讨论图 5.32 所示的电路使噪声电平恒定的原理。

接收机内部噪声通常为正态白噪声,这种噪声经窄带放大后,其包络服从瑞利分布,即

$$p(x) = \frac{x}{\sigma^2} \exp\left(-\frac{x^2}{2\sigma^2}\right) \tag{5.60}$$

如果引入变量 $y = x/\sigma$,则 y 的概率密度函数为

$$p(y) = p(x)\frac{\mathrm{d}x}{\mathrm{d}y} = y\exp\left(-\frac{y^2}{2}\right) \tag{5.61}$$

由上式可见,变量 y 的概率分布与噪声强度无关。如果将变量 x 归一化为变量 y,则噪声强度变化时将保持输出恒定。因此,必须设法检测出噪声 x 的均方差值 σ,再通过相应的电路完成 x 和 σ 相除,便能达到归一化的目的。瑞利分布噪声的平均值正比于窄带放大前正态噪声的均方值,即

$$m(x) = \int_0^\infty x p(x)\mathrm{d}x = \sqrt{\frac{\pi}{2}}\,\sigma \tag{5.62}$$

在图 5.32 所示的自动增益控制恒虚警电路中,经取样检波的噪声通过平滑滤波器,相当于对随机变量取平均值的估值,只要平滑滤波器的时常数足够大,就可以得到满意的结果;而增益控制可等效为归一化计算。

用模拟电路实现噪声电平恒定处理比较简单,但所用平滑滤波器的时常数应足够大。因为大数定律指出,只有平滑时间很长时,所得平均值的估值才能接近统计平均值。由于取样滤波器输出端的电压是脉冲包络,通过滤波器很难完全平滑,从而留有残存波动。为消除这样的波动影响,在滤波器后面再增加一级长时间的取样保持电路,而长时间的模拟取样保持电路制作上有困难。所以模拟式的噪声电平恒定电路一般只用于对性能要求不高的系统中;在要求较高的系统中,可采用数字电路。

图 5.33 所示为一数字式噪声电平恒定电路原理框图,这是一个闭环自动调整电路。它直接测出虚警率,将所测得的虚警率与预置的虚警率相比较,根据差值的大小和正负,自动调整门限电压,从而保持虚警率的恒定。

(2) 对数-快时常数恒虚警电路

上述的噪声电平恒定电路只适用于缓变噪声的场合,对于噪声变化比较快的场合,可采用图 5.34 所示的对数-快时常数恒虚警电路。这种电路的恒虚警作用是基于瑞利噪声通过对数放大器后其统计特性发生的变化。瑞利噪声的概率密度函数由

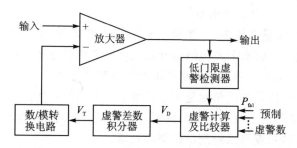

图 5.33　数字式噪声电平恒定电路原理框图

式(5.60)表示，对数放大器可用参数 A 和 B 来表征，则通过对数放大器变换为

$$z = A\ln(Bx)$$

变换后的概率密度函数为

$$p(z) = p(x)\frac{\mathrm{d}x}{\mathrm{d}z} = \frac{\mathrm{e}^{\frac{2z}{A}}}{AB^2\sigma^2}\exp\left(-\frac{\mathrm{e}^{\frac{2z}{A}}}{2B^2\sigma^2}\right) \tag{5.63}$$

这个新的分布具有的平均值为

$$m(z) = \int_{-\infty}^{\infty} zp(z)\mathrm{d}z = \frac{A}{2}\left[\ln(2B^2\sigma^2) - C_0\right] \tag{5.64}$$

式中，$C_0 \approx 0.577$，为欧拉常数。z 的方差为

$$D(z) = m(z^2) - \langle m(z)\rangle^2 = \frac{A^2\pi}{24} \tag{5.65}$$

式(5.64)和式(5.65)表明，将服从瑞利分布的随机噪声加到理想对数放大器的输入端，其输出噪声的平均值 $m(z)$ 随输入噪声功率(方差)σ^2 而变化，但输出噪声的方差 $D(z)$ 与输入噪声功率无关，为一常量。这时只要设法将其平均值减去，只留下起伏方差，就可以达到恒虚警的目的。

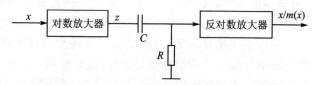

图 5.34　对数-快时常数恒虚警电路原理框图

在图 5.34 所示电路中，如果平均值的变化比较缓慢，可以用高通滤波器将缓慢变化的平均值滤去，只剩下不随噪声功率变化的起伏方差，便可达到恒虚警的目的。最简单的高通滤波器是快时常数的 RC 微分电路。微分电路可看作积分电路和相减器的组合。电容 C 上的电压近似为输入电压的积分，它相当于前一些单元平均值的估值，从电阻 R 上输出的电压已减去电容 C 上输入噪声平均值的估值，可认为得到的是恒虚警输出。

（3）邻近单元平均恒虚警电路

在低分辨率的测量系统中，一些噪声干扰（如海浪和雨雪等）可看作是很多独立照射单元回波的叠加，因而杂波包络的分布也接近于瑞利分布，因此恒虚警的途径也与噪声电平恒定相类似。邻近单元平均恒虚警电路利用抽头延迟线同时得到检测点和邻近单元的输出，这些邻近单元是为了获得杂波平均值的估值而取的参考单元，参考单元输出的均值即为杂波平均值的估值，用它来和检测点的输出作比较处理或自适应地控制检测门限，就可以得到恒虚警的效果。

图 5.35 为两侧单元平均选大恒虚警电路原理框图，该电路是一种性能比较好的快门限恒虚警电路。

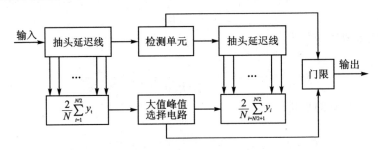

图 5.35　两侧单元平均选大恒虚警电路原理框图

以上只讨论了对服从瑞利分布的噪声和杂波进行恒虚警处理的原理和方法。对于服从其他分布的噪声和杂波，尚未讨论，如对数-正态分布、韦伯分布等，这些分布的特点是高振幅的概率较大，比瑞利分布的环境更苛刻，其恒虚警处理的原理和方法与服从瑞利分布杂波的原理相同，也要对杂波分布进行归一化处理，使归一化以后的新分布与输入的噪声功率无关。

上述恒虚警的处理方法，都是在噪声杂波干扰概率密度分布已知的条件下进行的，只需求出某些未知参量估值，属于参量方法。对于一些更复杂、分布规律未知的杂波环境，应采用与噪声杂波干扰分布无关的恒虚警处理方法，这样的方法称为非参量方法。非参量方法是以数理统计为基础的，以适应多种分布的噪声杂波环境。它通过对大量杂波取样和信号加噪声的取样进行比较，统计地确定目标是否存在，并保证虚警率与杂波分布无关。有关恒虚警处理问题，实际上是对噪声杂波的处理问题。现在人们还在不断地进行研究，寻找更加有效的方法。

5.4.4　脉冲多普勒探测系统

1. 工作原理与组成

脉冲多普勒探测系统是一种相参系统。当它发射射频脉冲信号时，和连续波发射时一样，运动目标回波信号中产生一个附加的多普勒频率分量，所不同的是目标回波仅在脉冲宽度时间内按重复周期出现。

图 5.36 是主振放大式脉冲多普勒探测系统原理框图，与连续波探测系统相类

似：发射信号按一定的脉宽 τ_m 和重复周期 T_m 工作。由连续波振荡器取出电压作为接收机相位检波器的基准信号,基准信号在每一重复周期均和发射信号有相同的起始相位,因而是相参的。

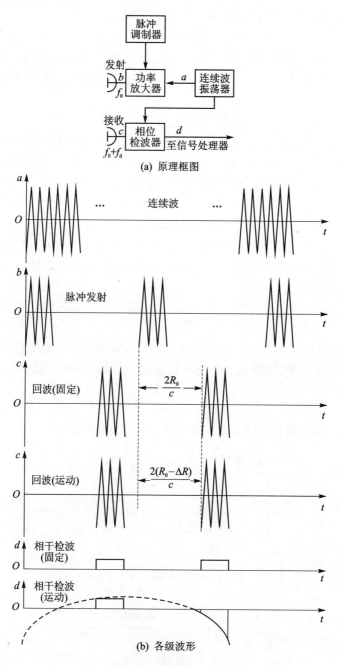

图 5.36　主振放大式脉冲多普勒探测系统原理

相位检波器两输入端分别接入基准信号电压 u_k 和回波信号电压 u_r。连续的基准信号电压为

$$u_k = U_k \sin(\omega_0 t + \phi)$$

其频率 ω_0 和起始相位 ϕ 均与发射信号相同。回波信号为

$$u_r = U_r \sin\left[(\omega_0(t - \tau) + \phi\right]$$

当探测系统为脉冲工作时,回波信号 u_r 是脉冲信号,只有在信号来到期间 $\tau \leqslant t \leqslant \tau + \tau_m$ 才存在,其他时间只有基准电压 u_k 加在相位检波器上。经过相位检波器的输出信号为

$$u_o = K_d U_k (1 + m\cos\varphi) = U_0 (1 + m\cos\varphi) \tag{5.66}$$

式中,$U_0 = K_d U_k$ 是直流分量,为连续波振荡器基准电压经检波后的输出;K_d 表示相位检波器传输效率;$m = U_r/U_k$;$\varphi = \omega_0 \tau$,为基准信号与回波信号的相位差。一般有 $U_r \ll U_k$,即 $m \ll 1$。式(5.66)经隔直滤波后,去掉直流分量,获得了检波后的有用信号 u_d,即

$$u_d = U_0 m \cos\varphi \tag{5.67}$$

在脉冲工作方式中,由于回波信号为按一定重复周期出现的脉冲,因此式(5.67)表示了相位检波器输出回波信号的包络,如图 5.37 所示。对于固定目标,相位差 $\varphi = \varphi_0$ 是一常数,即

$$\varphi_0 = \omega_0 \tau = \omega_0 \frac{2R_0}{c}$$

合成矢量的幅度不变,检波后隔直可得到一串等幅脉冲输出。对于运动目标,相位差 φ 随时间 t 而变化,其变化情况由目标接近速度 V_R 及工作波长 λ_0 决定,此时

$$\varphi = \omega_0 \frac{2R(t)}{c} = \frac{2\pi}{\lambda_0} 2(R_0 - V_R t) \tag{5.68}$$

所以由式(5.67),经检波及隔直滤波后得到的脉冲包络信号为

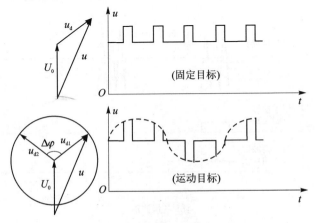

图 5.37　相位检波器输出波形

$$u_\mathrm{d} = U_0 m \cos\left(\frac{2\omega_0}{c}R_0 - \omega_\mathrm{d}t\right) = U_\mathrm{d}\cos(\omega_\mathrm{d}t - \varphi_0) \tag{5.69}$$

式中，$U_\mathrm{d} = U_0 m$。由此可见，回波脉冲的包络是一多普勒频率信号，其调制频率即为多普勒频率。这相当于连续波工作时的取样状态，在脉冲工作状态下，回波信号按脉冲重复周期依次出现，信号出现时对多普勒信号取样输出。

图 5.36 所示的脉冲多普勒探测系统实际上是外差式体制。外差式脉冲多普勒体制是一种能在大距离范围内既能测速又能测距的脉冲体制。如果对图 5.36 所示测速系统进行改进及完善功能，可组成如图 5.38 所示的既具有距离选择又有测速功能的脉冲多普勒系统，其中距离门具有测距及选择距离的功能。也不难设计出具有同时测距测速功能的脉冲多普勒系统（留作习题）。

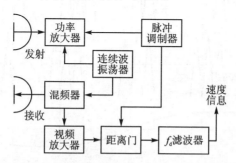

图 5.38　外差式脉冲多普勒测速系统原理框图

在近距离范围内，可采用自差式脉冲多普勒体制进行测速，其工作原理如图 5.39 所示。自差式脉冲多普勒系统是一种特殊的相参系统，其相参性是有条件的，它要求回波信号脉冲与发射信号脉冲在时间上有一部分重叠。回波信号与发射信号在振荡检波电路（自差机）中相互作用，使每个脉冲的幅度都与由连续波获得的多普勒信号各点的幅度相对应，得到幅度按多普勒频率变化的脉冲信号，取其包络，则得到多普勒信号。显然，通过合理选择发射脉宽，可实现距离的选择（距离截止特性）。

2. 参数选择原则

（1）发射脉冲宽度

① 自差式脉冲多普勒测速系统发射脉冲的调制脉宽 τ_m 主要由最大作用距离 R_max 决定。应保证在最大作用距离 R_max 时，发射脉冲仍有一部分时间与回波脉冲相重合，即

$$\tau_\mathrm{m} > \frac{2R_\mathrm{max}}{c} \tag{5.70}$$

当回波信号相对发射信号的延迟时间 τ 在一个脉冲周期 T_m 之内，但大于 τ_m 时，受多普勒频率调制的脉冲群将消失，系统将不会作用。

对于外差式相参系统，因以连续波作相位检波基准信号，故不受式（5.70）的限制。

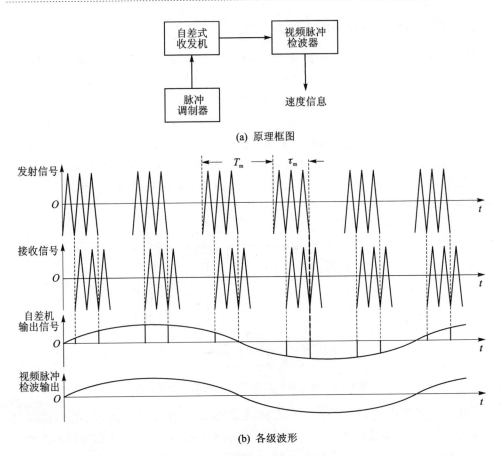

(a) 原理框图

(b) 各级波形

图 5.39　自差式脉冲多普勒测速系统原理

② 确定发射脉宽 τ_m 应考虑射频频率 f_0 的影响。由经验可得,一个发射脉冲内至少应包含 200 个射频振荡周期,即

$$\tau_m \geqslant \frac{200}{f_0} \tag{5.71}$$

如果发射脉冲宽度太小,则信号频谱将变宽,系统的能量将受到大的损失。

③ 在一个发射脉宽 τ_m 内,应使多普勒信号的瞬时值无显著变化。

通过对式(5.69)所示的多普勒信号求导,可求出多普勒信号的瞬时变化率,求二阶导数可得多普勒信号的最大变化速率:当

$$t = \frac{2k\pi}{\omega_d} \quad (k = 1, 2, \cdots)$$

时,可得

$$\left(\frac{\mathrm{d}u_d}{\mathrm{d}t}\right)_{max} = \pm U_d \omega_d$$

取 $\mathrm{d}u_d$ 绝对值的最大值为

$$|du_d| = U_d \omega_d dt \tag{5.72}$$

以脉宽 τ_m 代替 dt，Δu_d 代替 $|du_d|$，并将 f_d 的表达式代入式(5.72)，得多普勒信号在一个发射脉宽 τ_m 内的最大变化量为

$$\Delta u_d = \frac{4\pi U_d V_R f_0 \tau_m}{c} \tag{5.73}$$

或用多普勒信号的相对变化量表示

$$\frac{\Delta u_d}{U_d} = \frac{4\pi V_R f_0 \tau_m}{c} \tag{5.74}$$

如果取 $\Delta u_d < 5 \% U_d$，则在脉冲持续期间内脉冲包络的幅度接近于恒定，这时脉冲宽度应满足

$$\tau_m < \frac{0.05c}{4\pi V_R f_0} \tag{5.75}$$

由式(5.71)和式(5.75)可见，脉冲宽度既不能太小，又不能太大，太小了将影响多普勒信号的能量，从而影响检测效果；太大了由于多普勒信号瞬时幅值的变化将影响测量精度。因此，应综合考虑选择合适的发射脉冲宽度。

（2）发射脉冲重复频率

脉冲多普勒系统实质上相当于一个抽样系统。为传送足够的信息，应能较准确地恢复多普勒信号。因此必须考虑抽样次数。设多普勒信号为正弦信号，若正半周等间隔地抽样三次，分别落在起始端、峰值点和末端；负半周抽样两次，分别落在负的峰值点和整个周期的末端，这样就可以根据抽样信号恢复连续波多普勒信号。显然，抽样次数越多，连续波多普勒信号就恢复得越精确。依此分析，抽样间隔 T_m（也即发射脉冲重复周期）应满足

$$T_m < \frac{1}{4f_d} = \frac{c}{8V_R f_0} \tag{5.76}$$

显然，这一结论同样也能满足抽样定理

$$T_m < \frac{1}{2f_d} \tag{5.77}$$

3. 盲速与频闪

脉冲工作状态时，将产生区别于连续工作状态时的特殊问题，即盲速与频闪效应。

所谓盲速，就是目标虽按一定的接近速度运动，但其回波信号经过相位检波后，有可能输出一串等幅脉冲，与固定目标的回波相同。这时目标的接近速度称为盲速。

所谓频闪效应，是指当脉冲工作状态时，相位检波器输出端回波脉冲串的包络调制频率 F_d 和目标接近速度 V_R 不再保持正比关系。此时如用包络调制频率测速将产生测速模糊。

产生盲速和频闪的基本原因在于：脉冲工作状态是对连续发射脉冲的取样，取样后的波形和频谱均将发生变化。

当 $f_d = nf_m$ 时将产生盲速,当 $f_d > f_m/2$ 时将发生频闪。可用图 5.40 所示的矢量图和波形图来加以说明。

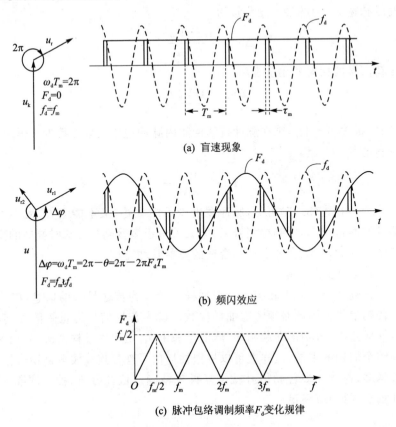

(a) 盲速现象

(b) 频闪效应

(c) 脉冲包络调制频率 F_d 变化规律

图 5.40　用矢量图和波形图说明盲速和频闪

由图 5.40(a)可以看出,相邻周期运动目标的回波和基准电压之间相位差的变化量为 $\Delta\varphi = \omega_d T_m$。根据 $\Delta\varphi$ 的变化规律可得到一串振幅变化的视频脉冲。如果 $\Delta\varphi = 2\pi$,此时虽然目标是运动的,但相邻周期回波与基准电压间的相对位置不变,其效果正如目标不运动一样,这就是盲速,即

$$\Delta\varphi = \omega_d T_m = 2n\pi \quad (n=1,2,\cdots)$$

时,会产生盲速,这时

$$f_d T_m = n \quad 或 \quad f_d = nf_m \tag{5.78}$$

代入 f_d 表达式,则盲速为

$$V_{Ro} = \frac{1}{2}n\lambda_0 f_m \tag{5.79}$$

盲速的出现是因为取样系统的观测是间断的而不是连续的。在连续系统中,多普勒频率总是正比于目标接近速度而没有模糊。但在脉冲工作时,相位检波器输出

端的回波脉冲包络频率只有在多普勒频率较脉冲重复频率低（$f_d < f_m/2$）时才能代表目标的多普勒频率。在盲速时 $V_R = V_{Ro}$，即在重复周期内，由式（5.79）表示，目标走过的距离正好是发射信号半波长的整数倍，由此引起的高频相位正好是 2π 的整数倍。

关于频闪效应，可参见图 5.40（b）。当相邻重复周期回波信号的相位差 $\Delta\varphi = 2n\pi - \theta$ 时（$\theta = 2\pi(f_m - f_d)T_m$），在相位检波器输出端的结果与 $\Delta\varphi = 0$ 是相同的，差别仅在矢量的视在旋转方向相反。当相位差 $\Delta\varphi = 2n\pi + \theta$ 时，其相位检波器输入端合成矢量与 $\Delta\varphi = 0$ 完全一样，因而其输出脉冲串的调制频率亦相同。当 $\theta = 0$ 时，表现为盲速现象；一般情况下 $\theta \neq 0$，则表现为频闪现象，这时相位检波器输出脉冲包络调制频率与回波信号的多普勒频率不相等。包络调制频率随着多普勒频率的增加按发射脉冲重复频率周期性地变化。包络调制频率的最大值产生在 $\Delta\varphi = 2n\pi - \pi$ 时，相应的多普勒频率为 $f_d = nf_m - f_m/2$，而这时的包络调制频率 $F_d = f_m/2$。只有当 $f_d < f_m/2$ 时，包络调制频率和多普勒频率才相等。图 4-40（c）画出了脉冲包络调制频率 F_d 的变化规律，它随多普勒频率的增加而周期性地变化，这就是频闪效应。当 $f_d = nf_m$ 时，包络调制频率 $F_d = 0$，这就是盲速。

盲速和频闪现象还可用频谱分析的方法加以说明，这里不再展开。

习　题

1. 填空题。

（1）脉冲无线电近程探测系统是指_____具有一定重复周期的高频脉冲探测系统。

（2）脉冲测距是通过测量电磁波在与目标之间_____进行测量的。

（3）周期矩形脉冲的频谱是_____，脉冲重复周期越大，_____越靠近。

（4）矩形脉冲的直流分量、基波和各次谐波的大小正比于_____ 和_____，反比于_____。

（5）如果发射信号、本振信号、相参振荡信号和时钟产生信号均由同一基准信号提供而产生，则这种系统通常被称为_____系统。

2. 单项选择题。

（1）对于脉冲测距探测系统，_____的选择是错误的。

　　A. $\tau_m \leqslant \dfrac{2R_{min}}{c}$　　　B. $f_m \leqslant \dfrac{c}{2R_{max}}$　　　C. $f_m \leqslant \dfrac{P_{pj\,max}}{P_t \tau_m}$　　　D. $f_m \geqslant \dfrac{c}{2R_{min}}$

（2）某一脉冲测距探测系统，由噪声对回波脉冲的影响引起的测距误差为 0.3 m，测时方法引起的测距误差为 0.5 m，目标和交会条件引起的随机误差为 0.4 m，如不计其他误差，则总测距误差为_____。

　　　　A. 0.5 m　　　　B. 1.095 m　　　　C. 0.707 1 m　　　　D. 1.2 m

3. 问答题。

(1) 单级振荡式脉冲发射机和主振放大式脉冲发射机有何不同？各有什么优缺点？

(2) 什么是匹配滤波器？其频率特性(传输函数)是怎样的？

(3) 单个矩形脉冲的匹配滤波器在何时获最大输出信噪比？最大输出信噪比为多少？

(4) 怎样才能使单个矩形脉冲的准匹配滤波器失配系数为最大？

(5) 什么叫脉冲积累？脉冲积累有什么优点？

(6) 自差式脉冲多普勒体制远距离时能否测速？

(7) 自差式脉冲多普勒体制能否同时实现测距测速？

4. 画出下列原理框图，并画出各级波形：

(1) 非相参脉冲测距探测系统；

(2) 相参脉冲测距探测系统；

(3) 计数法脉冲测距信号处理电路；

(4) 脉冲宽度鉴别法脉冲测距信号处理电路；

(5) 双波门定距法脉冲测距信号处理电路。

5. 采用积分的方法设计一种脉冲宽度鉴别电路，并画出各级波形。

6. 如何扩大双波门定距法的测距范围？(画出框图并进行参数计算)

7. 设一脉冲测距探测系统，其脉冲发射功率为 10 W，发射机所允许的最大平均功率为 0.25 W，要求在 30～1 000 m 范围内测距，请设计它的发射脉冲宽度和脉冲重复周期。

8. 在第 5 题的基础上，采用距离门法的脉冲测距信号处理电路，设计一种脉冲测距探测系统(要求画出具体原理框图，包含参数和指标设计说明、必要波形表示图以及其他说明等)。

9. 设计一种测距测速的脉冲多普勒系统。

第6章 伪码调相无线电近程探测系统

伪随机码调制无线电近程探测系统是噪声近程探测系统的一种。噪声近程探测系统是根据信号的统计特性进行分析处理从而完成测距的系统,其具有较强的抗干扰性能和良好的距离、速度鉴别能力。接收和发射的随机信号之间存在从零距离上完全相关到远距离上不大相关的距离特性,这就是噪声近程探测系统定距的基本出发点。伪随机码调制近程探测系统由随机噪声调制演化而来,不但有近似于噪声调制的性能,且容易实现,同时信号处理较容易。伪随机码是一个预先确定的序列,不仅可以重复地产生和复制,而且又具有某种随机序列的随机特性。从发射机的调制方法来说,伪随机码调制近程探测系统多采用调相体制;从信号处理方法来说,伪随机码调制近程探测系统多采用相关法。

伪随机码调制体制近程探测系统采用编码结构,按波形可分为伪码调相脉冲体制近程探测系统和伪码调相连续波体制近程探测系统两种。本章主要介绍伪码调相连续波体制无线电近程探测系统。

6.1 伪码调相无线电近程探测系统的基本原理

伪码调相连续波近程探测系统是利用伪随机码对高频载波信号进行 0/π 调相后再将其作为发射信号的一种近程探测系统。图 6.1 为伪码调相连续波近程探测系统的原理。该近程探测系统主要由发射天线、0/π 调相器、伪随机码信号发生器、射频振荡源、本地延时器、接收天线、混频器、低通滤波器、恒虚警放大器、相关器以及信号处理器等模块电路组成。

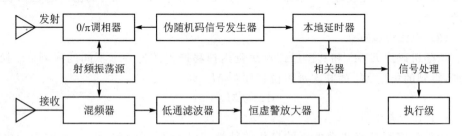

图 6.1 伪码调相连续波近程探测系统工作原理

伪码调相连续波近程探测系统通过射频振荡源产生高频连续载波信号,由伪随机码信号发生器产生的伪随机码在 0/π 调相器中对该高频连续载波信号进行相位调制,调制后的射频信号相对于原射频信号的相位为 0° 或 180°,已调制的信号通过发射天线向外辐射;伪码调相连续波近程探测系统将接收天线接收到的回波信号经低噪声放大后送至混频器,与射频振荡源提供的本振信号混频,经低通滤波器和恒虚警放大后输出伪码的视频信号,视频信号与经本地延时后的伪随机码信号(即本地延迟码)在相关器中进行相关处理,得到含伪随机码自相关函数的相关处理输出信号。相关处理输出信号包含目标的距离、速度信息,经过信号处理器处理,当弹目距离达到预定的起爆距离时,触发执行级产生引爆信号,近程探测系统就会适时地引爆战斗部。

6.2　伪码调相信号的特征

6.2.1　伪随机码信号分析

伪随机码是一个预先确定的序列,不仅可以重复地产生和复制,而且又具有某种随机序列的随机特性。由于电子器件技术的不断提高,可以将伪随机码码元的宽度设计得很窄,这样可以得到足够的有效带宽,最终实现良好的距离分辨力和测距精度。利用编码逻辑生成的延迟参考码,在很大程度上改善了测距的灵活性和精确度。此外,码的周期重复性可以让谱线离散,部分不相关的杂波将会被过滤掉。利用伪随机码的这两个特性,可以从干扰信号中将它轻易识别和分离出来。

m 序列是一种典型的伪随机序列,其具有易产生、规律性强等优点,被广泛应用于噪声近程探测系统。

伪随机码具有如下基本性质。

(1) 均衡性

在伪随机码的一个周期中,"0"与"1"的数目基本相等。准确地说,"1"的数目比"0"的数目多 1 个。

(2) 游程分布

n 个相同元素连续出现叫作一个长度为 n 的元素游程。长度为 k 的游程数目占游程总数的 2^{-k}。在长度为 k 的游程中,"连 0"的游程和"连 1"的游程各占游程总数的一半。

(3) 移位相加特性

伪随机码序列 M_p 和其经过任意次延迟位移产生的另一个不同的序列 M_r 模 2 相加,得到的仍是 M_p 的某次延迟位移序列 M_s,即

$$M_p \oplus M_r = M_s \tag{6.1}$$

(4) 自相关函数

伪随机序列具有非常重要的自相关特性。以 m 序列为例,利用 m 序列产生的周期性连续的伪随机码信号可表示为

$$p(t) = \sum_{k=-\infty}^{+\infty} \sum_{i=0}^{P-1} \mathrm{rect}\left(\frac{t - \dfrac{T_c}{2} - iT_c - kT_r}{T_c} \right) C_i \tag{6.2}$$

式中,P 为伪随机码序列的长度;T_c 为伪随机码码元的宽度;$T_r = PT_c$,为伪随机码的周期;$C_i = \{+1, -1\}$,为双极性 m 序列;$\text{rect}(t/T_c) = \begin{cases} 1, & |t| \leqslant T_c/2 \\ 0 & \text{else} \end{cases}$。

图 6.2 所示为 $P = 15, T_c = 50$ ns 时的周期连续 m 序列信号的波形。

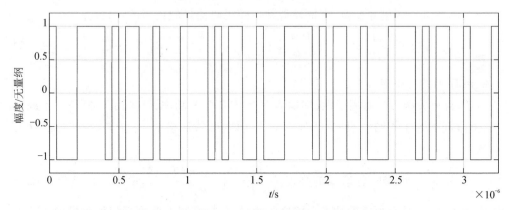

图 6.2　$P = 15, T_c = 50$ ns 时,周期连续 m 序列信号波形图

伪随机码信号的自相关函数可表示为

$$R(\tau) = \frac{1}{PT_c} \sum_{i=0}^{P-1} p(iT_c) p(iT_c + \tau) \qquad (6.3)$$

由此可得 m 序列信号的自相关函数为

$$R_{pp}(\tau) = \begin{cases} 1 - \dfrac{P+1}{PT_c} |\tau - kT_r|, & |\tau - kT_r| \leqslant T_c \\ -\dfrac{1}{P}, & \text{else} \end{cases} \qquad (6.4)$$

图 6.3 所示为 $P = 15, T_c = 50$ ns 时,周期连续 m 序列信号的自相关函数。可见,其自相关函数是以 T_r 为周期的函数,相关函数的主瓣宽度为两个码元宽度 $2T_c$,

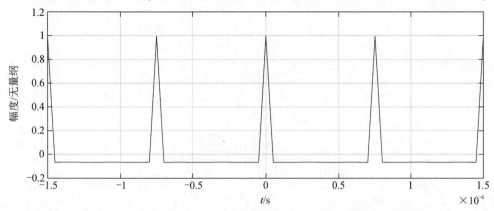

图 6.3　当 $P = 15, T_c = 50$ ns 时,周期连续 m 序列信号的自相关函数

副瓣与主瓣之比为-1/P,仅与伪随机码序列的长度有关。并且当伪随机码序列的周期足够大,码元宽度足够小时,其自相关函数的形状就越近似于冲激函数的形状。

(5) 功率谱

由于功率谱函数 $G(f)$ 与自相关函数 $R_{\rho\rho}(t)$ 构成一组傅里叶变换对,因此对其自相关函数进行傅里叶变换,可推导得到伪随机码信号的功率谱函数,即

$$G(f)=\frac{1}{P^2}\delta(f)+\frac{P+1}{P^2}\left(\frac{\sin\pi fT_c}{\pi fT_c}\right)^2\sum_{\substack{k=-\infty\\k\neq0}}^{\infty}\delta\left(f-\frac{k}{PT_c}\right) \tag{6.5}$$

m 序列的功率谱具有如下特点:

① 自相关函数具有周期性(周期为 $T_r=PT_c$),其功率谱(见图 6.4)是一个线状谱,谱线间隔为 $1/(PT_c)$,即谱线处于 m 序列波形的基频 $f=1/PT_c$ 及其各次谐波频率上。

② 除直流分量外,各谱线的强度为 $\dfrac{P+1}{P^2}\left(\dfrac{\sin\pi fT_c}{\pi fT_c}\right)^2$,由于序列波形是幅度恒定的方波,故具有恒定的功率。除零频率分量外,各谱线强度近似地与序列周期 P 成反比。

③ 直流分量强度为 $1/P^2$,与伪码序列长度的平方成反比;谱线包络由码元宽度 T_c 决定,而与序列的周期无关,从而功率谱的频带带宽取决于码元宽度 T_c。

综上所述,m 序列可用于伪码调相近程探测系统测距,可以提高测距精度并增强抗干扰能力。

(6) 伪噪声特性

假如对一个正态分布白噪声取样,取样值为正,记为+1,取样值为负,记为-1,

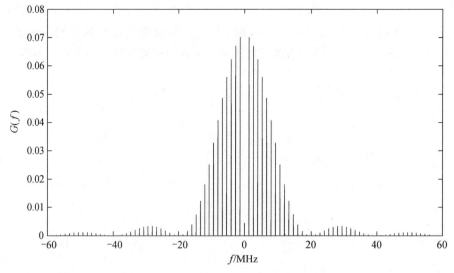

图 6.4　周期连续 m 序列信号的功率谱

并将每次取样所得极性排成序列,则取样结果可以写成

$$\cdots +1,-1,+1,+1,+1,-1,-1,+1,-1,\cdots$$

这是一个随机序列,具有如下基本性质:

① 序列中+1 和−1 出现的概率相等。

② 序列中+1,−1 游程数目相等。游程长度为 1 的占总游程数的 1/2,游程长度为 2 的占总游程数的 1/4,游程长度为 3 的占总游程数的 1/8,游程长度为 k 的占总游程数的 2^{-k}。

③ 由于白噪声的功率谱为常数,因此其自相关函数为一冲击函数 $\delta(t)$。

正态分布白噪声抽样序列的性质与伪随机码极为相似。

6.2.2　伪码调相连续波信号分析

假设运动点目标相对探测系统做径向匀速运动,且弹目相对速度为 v,则目标与探测系统之间的距离 $R(t)$ 可表示为

$$R(t)=R_0-vt \tag{6.6}$$

式中,R_0 为目标与探测系统之间的初始距离。

伪码调相连续波近程探测系统的发射信号可表示为

$$U_{\mathrm{T}}(t)=U_t\cos\left[2\pi f_ct+\pi m(t)\right]=U_tp(t)\cos(2\pi f_ct) \tag{6.7}$$

式中,U_t 为发射信号的幅度;f_c 为载波频率;$m(t)$ 为 $(0,1)$ 组成的伪随机码序列;$p(t)$ 为与 $m(t)$ 同构的伪随机序列 $(-1,1)$;设置初始相位为零。

图 6.5 和图 6.6 分别为伪码调相连续波近程探测系统发射信号的时域波形和功率谱。

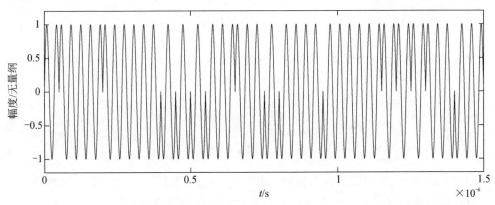

图 6.5　发射信号的时域波形($f_c=30\ \mathrm{MHz},P=15,T_c=50\ \mathrm{ns}$)

发射信号遇到目标发生反射,反射信号被接收机接收。忽略信号传播过程的干扰和天线的方向性,接收机接收的回波信号是发射信号经幅度衰减和时间延时的信号,其可表示为

$$U_{\mathrm{R}}(t)=U_rp(t-\tau)\cos\left[2\pi f_c(t-\tau)\right] \tag{6.8}$$

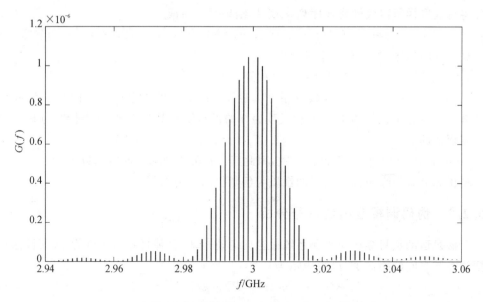

图 6.6　发射信号的功率谱($f_c = 3$ GHz,$P = 15$,$T_c = 50$ ns)

式中,U_r 为回波信号的幅度;延时 τ 为时间的函数。由于 t 时刻接收到的回波信号是 $t-\tau$ 时刻的发射信号经 $\dfrac{1}{2}\tau$ 时间照射到目标后返回被接收机接收的信号,因此有

$$R\left(t - \frac{1}{2}\tau\right) = R_0 - v\left(t - \frac{1}{2}\tau\right) = \frac{1}{2}\tau c \qquad (6.9)$$

即

$$\tau = \frac{2R(t)}{c - v} \qquad (6.10)$$

式中,$c = 3 \times 10^8$ m/s 为光速。当 $v \ll c$ 时,

$$\tau \approx \frac{2R(t)}{c} = \frac{2R_0}{c} - \frac{2v}{c}t \qquad (6.11)$$

回波信号可表示为

$$U_R(t) = U_r p(t - \tau) \cos\left[2\pi f_c\left(t - \frac{2R_0}{c} + \frac{2v}{c}t\right)\right] \qquad (6.12)$$

式中,$2R_0/c = \tau_0$,为目标回波的延时;$(2v/c)f_c = f_d$ 为目标回波的多普勒频移。这里对临近目标的 f_d 取正值,于是回波信号的表达式可写为

$$
\begin{aligned}
U_R(t) &= U_r p(t - \tau) \cos\left[2\pi f_c\left(1 + \frac{2v}{c}\right)t - 2\pi f_c\tau_0\right] \\
&= U_r p(t - \tau) \cos\left[2\pi(f_c + f_d)t + \varphi_0\right]
\end{aligned} \qquad (6.13)
$$

式中,$\varphi_0 = -2\pi f_c\tau_0$。

　　本振信号 U_L 可表示为

$$U_L(t)=U_l\cos(2\pi f_c t+\theta_0) \tag{6.14}$$

式中，U_l 为本振信号的幅度；θ_0 为本振信号的初始相位。

回波信号与本振信号通过混频器进行混频得到的信号可表示为

$$U_{RL}(t)=\frac{1}{2}U_r U_l p(t-\tau)\left\{\cos(2\pi f_d t+\varphi_0-\theta_0)+\cos\left[2\pi(2f_c+f_d)t+\varphi_0+\theta_0\right]\right\}$$

$$\tag{6.15}$$

该信号经低通滤波器，滤去高次谐波分量及高频信号，并经恒虚警放大器放大后所得信号为

$$U_I(t)=U_i p(t-\tau)\cos(2\pi f_d t+\varphi') \tag{6.16}$$

式中，U_i 为视频输出信号的幅度；相位 $\varphi'=\varphi_0-\theta_0$。

由式(6.16)可知，经混频、滤波及恒虚警放大后的信号是带有延迟的伪随机码信号与多普勒信号的乘积。观察该视频信号波形（见图 6.7），可以看到，经过混频、滤波、放大处理后的视频信号不仅码字延时了，而且有一个包络。其中延时由目标距离信息决定，而包络的频率则由目标相对于探测系统径向运动信息决定。精确检测和估计这两个参数是非常重要的。

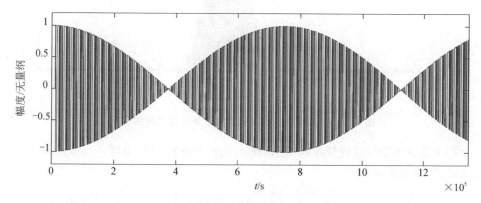

图 6.7　混频滤波后输出信号时域波形

设伪随机码发生器产生的伪随机码经本地延迟器延迟的时间为 τ_d，则相应的延迟器输出信号可表示为

$$p_d(t)=p(t-\tau_d) \tag{6.17}$$

将 $U_I(t)$ 与本地延迟信号 $p_d(t)$ 进行相关处理，则相关器的输出信号为

$$R(t)=\frac{1}{T_r}\int_0^{T_r}U_I(t)p_d(t)\,dt$$

$$=\frac{U_i}{T_r}\int_0^{T_r}p(t-\tau)p(t-\tau_d)\cos(2\pi f_d t+\varphi')\,dt \tag{6.18}$$

若选择伪随机码信号的周期远小于多普勒信号的周期，即令 $T_r\ll 1/f_d$，则此时在一个伪随机码信号周期内，多普勒信号的幅度基本保持不变。此时，可将式(6.18)

中的多普勒信号 $\cos(2\pi f_d t + \varphi')$ 提到定积分符号外,则相关器的输出信号可改写为

$$R(t) = \frac{U_i}{T_r} \int_0^{T_r} p(t-\tau)\, p(t-\tau_d)\, \mathrm{d}t \cdot \cos(2\pi f_d t + \varphi')$$

$$= U_i R_M(\tau - \tau_d) \cos(2\pi f_d t + \varphi') \tag{6.19}$$

式中,$R_M(\tau - \tau_d)$ 为伪随机码的自相关函数。相关器的输出信号 $R(t)$ 是伪随机码的自相关函数 $R_M(\tau - \tau_d)$ 和多普勒信号 $\cos(2\pi f_d t + \varphi')$ 的乘积。当 $\tau = \tau_d$ 时,相关器输出信号幅度最大。图 6.8 为相关器输出经过归一化后的归一化相关输出值与弹目距离之间的关系图。由图可知,当弹目距离与近程探测系统的定距值($R = 30$ m)一致时,近程探测系统输出归一化相关值达到最大值 1。

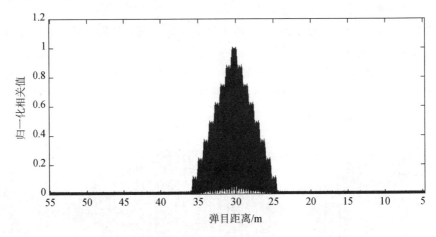

图 6.8　相关器输出归一化相关值与弹目距离的关系

相关器输出信号经过幅度检波后,进入比较器进行阈值检测。当检波输出达到阈值时,完成距离测量。

6.3　伪码调相近程探测系统的参数选择

伪码调相近程探测系统参数的选择很重要,其决定了近程探测系统的性能。伪码调相近程探测系统共有三个参数:伪码码元宽度 T_c、伪码序列长度 P、伪码周期 T_r。下面分别对这三个参数的选择原则进行介绍。

1. 伪码码元宽度 T_c

伪码码元宽度 T_c 越窄,距离分辨力越好,定距精度越高;码元宽度 T_c 越窄,距离截止特性越陡峭,系统的安全高度就越低,低空性能也就越好。

伪码码元宽度 T_c 确定了相关函数变化的斜率和相关函数的持续时间。伪码码元宽度 T_c 越窄,相关函数变化的斜率就越大,系统作用区内距离截止特性越陡峭,系统的安全高度就越低,低空性能也就越好;伪码码元宽度 T_c 越窄,相关函数的持

续时间就越短,距离分辨率越好,定距精度越高。

伪码码元宽度 T_c 越窄,伪码信号的频谱就越宽,信号的扩频性能也就越好,系统抗干扰能力也就越强。但是,为了使放大的视频信号不失真,要求放大器的带宽变宽,由此导致接收机的灵敏度下降。由于码元宽度受器件开关时间的限制,使得码元宽度不能无限窄。

此外,为了保证近程探测系统的可靠工作,系统的实际工作距离 R 应远小于系统的最大无模糊距离 R_{max},即

$$R < R_{max} = \frac{PT_c c}{2} \tag{6.20}$$

$$T_c > \frac{2R}{Pc} \tag{6.21}$$

因此,伪码码元宽度 T_c 越宽,系统最大无模糊工作距离越远,系统的工作可靠性越高。

结合以上分析,伪码码元宽度 T_c 的选择要综合考虑抗干扰能力、作用距离范围、设备的复杂性以及系统的工程可实现性等方面的因素。就目前而言,码元宽度一般选择在 $10\sim100$ ns 范围内较为合适。

2. 伪码序列长度 P

在选择伪码序列长度 P 时,应从系统抗干扰能力、最大无模糊距离和抑制多普勒影响三方面进行综合考虑。

1) 从系统抗干扰能力考虑

伪码周期决定了相关函数的主、副电平的比值,比值越大,对地、海平面散射杂波和其他干扰信号的抑制就越强。假设要求近程探测系统在距离截止区抑制干扰的能力不低于 $J(\mathrm{dB})$,则伪码序列长度 P 须满足

$$20\lg(PU_{com}) > J \tag{6.22}$$

即

$$P > \frac{10^{\frac{J}{20}}}{U_{com}} \tag{6.23}$$

式中,U_{com} 为门限电平,也称比较电平或起爆电平。

2) 从系统最大无模糊距离方面考虑

系统的实际工作距离 R 应远小于系统的最大无模糊距离 R_{max},由此可知伪码序列长度 P 应满足

$$R < R_{max} = \frac{PT_c c}{2} \tag{6.24}$$

$$P > \frac{2R}{T_c c} \tag{6.25}$$

综上可知,伪码序列长度 P 越长,系统性能越好。

3) 从多普勒效应的影响考虑

伪码序列长度越长,多普勒对相关函数的影响越大。为了使得多普勒频率 f_d 对自相关函数的影响足够小,应有 $\dfrac{1}{PT_c} > 4f_d$,即

$$P < \frac{1}{4f_d T_c} \tag{6.26}$$

3. 伪码周期 T_r

伪码周期 T_r 与伪码码元宽度 T_c 和伪码序列长度 P 间存在如下关系:

$$T_r = PT_c \tag{6.27}$$

因此,伪随机码的其他两个参数确定之后,伪码周期 T_r 也就随之确定了。

6.4　伪码调相无线电近程探测系统的测量原理及关键技术

6.4.1　测量原理

伪随机码定距的主要思想是利用伪随机码良好的自相关特性。若 m 序列的码长为 P,码元宽度为 T_c,伪随机码信号的周期远小于多普勒信号的周期,则在一个伪随机码信号周期内,多普勒信号的幅度基本保持不变,可忽略多普勒效应的影响。取单个周期的归一化自相关函数,其波形如图 6.9 所示。

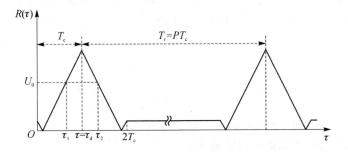

图 6.9　单个周期的归一化自相关函数波形

在自相关函数中,$\tau = 2R/c(c = 3 \times 10^8 \text{ m/s}$ 为光速,R 为弹目距离),即回波延时 τ 与弹目距离 R 一一对应。如图 6.9 所示,假设门限电平为 $0 < U_0 < 1$,其对应的回波延时分别为 τ_1 和 τ_2。根据归一化自相关函数的波形图,可分别求得每个延时所对应的弹目距离 R_1 和 R_2。列式:

$$\begin{cases} \dfrac{\tau_1}{T_c}=U_0, & \tau_1=\dfrac{2R_1}{c} \\[3mm] \dfrac{2T_c-\tau_2}{T_c}=U_0, & \tau_2=\dfrac{2R_2}{c} \end{cases} \tag{6.28}$$

解得

$$\begin{cases} R_1=\dfrac{U_0 T_c c}{2} \\[3mm] R_2=\dfrac{(2-U_0)T_c c}{2} \end{cases} \tag{6.29}$$

当相关器输出超过门限电平时,比较器会输出启动脉冲,触发执行级。因此,伪随机码调相近程探测系统的作用距离为 $R_1 \sim R_2$。

6.4.2　伪码调相近程探测系统测距关键技术

1. 伪随机码信号发生器

在各种伪随机序列中,m 序列是一种典型的伪随机序列,其具有易产生、规律性强等优点,被广泛应用于噪声近程探测系统。目前,伪码体制近程探测系统采用的伪随机码都是 m 序列。下面介绍 m 序列的产生方法。

m 序列是最长线性反馈移位寄存序列的简称。它是带线性反馈的移位寄存器产生的周期最长的序列。由于 n 级移位寄存器共有 2^n 种状态,除去全"0"状态外还有 2^n-1 种状态。产生 m 序列的移位寄存器的网络结构不是随意的,m 序列的周期 P 也不是任意取值的,必须满足 $P=2^n-1$。

只要找到了本原多项式,就能由它构成 m 序列产生器,但是寻找本原多项式并不简单。经过前人大量的计算,已将常用的本原多项式列表备查。在制作 m 序列产生器时,移位寄存器反馈线(及模 2 加法电路)的数目取决于本原多项式的项数。为了使 m 序列产生器的组成尽量简单,一般希望使用项数最少的那些本原多项式。

图 6.10 所示为一个 n 级的移位寄存器构成的 m 序列发生器。它由 n 个二元存储器和模 2 开关网络组成。二元存储器通常是一种双稳态触发器,它的两种状态记为 0 和 1,其状态取决于时钟控制下输入的信息(0 或 1),例如第 i 级移位寄存器的状

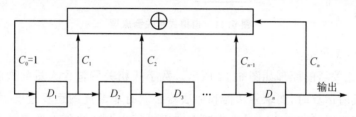

图 6.10　移位寄存器构成 m 序列发生器原理框图

态取决于时钟脉冲后的第 $i-1$ 级移位寄存器的状态。

图 6.10 中，$C_0, C_1, \cdots, C_n$ 为反馈线，其中 $C_0 = C_n = 1$，表示反馈连接。因为 m 序列是由循环序列发生器产生的，因此 C_0 和 C_n 必须为 1，即参与反馈。而反馈系数 $C_1, C_2, \cdots, C_{n-1}$ 若为 1，则参与反馈；若为 0，则表示断开反馈线，无反馈连接。当反馈逻辑满足特定条件时，就可以产生所需要的 m 序列。

2. 相关器

相关技术的实现，具体体现在测量相关函数的相关器上，相关函数可以看成随机过程(或波形)的"相似性"的一种度量，对于满足遍历性条件的平稳随机过程，计算它们的相关函数时，可以用一个时间平均来代替概率平均。

相关函数的模拟定义式为

$$R_x(\tau) = \frac{1}{T} \int_0^T x(t) x(t+\tau) \mathrm{d}t \tag{6.30}$$

离散定义为

$$R_x(i) = \frac{1}{N} \sum_{k=0}^{N-1} x(k) x(i+k), \quad (i = 0, 1, 2, \cdots, M) \tag{6.31}$$

相关器主要通过乘法器和积分器(累加器)等部件来实现。下面介绍应用于模拟信号的模拟式相关器和应用于数字信号的数字式相关器。

(1) 模拟式相关器

模拟式相关器的原理如图 6.11 所示。由于模拟式相关器自身器件(乘法器、积分器)产生的误差，导致其精度较差，因此该相关器的使用受到了很大限制。但是，模拟式相关器的结构简单，测量方法单纯，因此有一定的应用范围。受现代数字技术实现的局限，目前在高频尤其是在射频波段，受电子器件水平的限制，在一些特定的应用场合仍需要借助模拟器件完成相关检测功能。

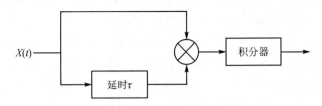

图 6.11　模拟式相关器原理

(2) 数字式相关器

数字式相关器的原理如图 6.12 所示。数字式相关器包含大量的乘法和加法运算，在进行实时运算时，要求乘法器和加法器必须有非常高的运算速度，普通的乘法器、加法器很难满足要求，为此，在实际电路中必须想办法降低电路系统对乘法器和加法器运算速度的要求。

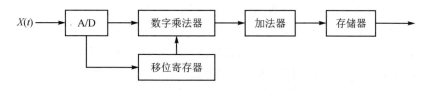

图 6.12 数字式相关器原理

6.5 伪码调相无线电近程探测系统抗干扰分析

伪码调相无线电近程探测系统采用了扩谱技术,通过伪随机序列对载波信号的进行相位调制,扩展了发射信号的频谱,因此伪码调相近程探测系统抗窄带干扰能力较好。同时,尽管扩谱信号的发射功率不小,但因频谱的扩宽,其功率谱密度可以很小,因此降低了被截获的概率。在接收端,通过本地延迟后的伪随机码与回波信号进行相关处理,当两个信号同相(回波信号的延时与本地延时相同)时,得到最大的相关峰值。而因窄带噪声与多径信号(由于传播时通过不同路径而经历不同时延后到达接收机的信号)与发射信号不相关,其能量扩散在发送频带内。另外,信号通过一个窄带滤波器使所要的有用信号频谱通过,而且只让处于滤波器通带内的那部分干扰或噪声通过,这样就极大改善了输出信号的信噪比。

有源干扰在现代电子对抗中是一种主要的干扰形式。它可以同时干扰制导系统与无线电近程探测系统,同时干扰时干扰效果会更加显著。当对制导系统的干扰难以产生效果时,干扰武器系统的最后一环——无线电近程探测系统,能够得到事半功倍的效果。无线电近程探测系统的人为有源干扰与一般雷达的干扰基本相同,大体分为压制式干扰和欺骗式干扰两大类。压制式干扰的主要形式是噪声信号。按照对噪声信号的处理方式不同,压制式干扰一般可分为射频噪声干扰和噪声调制干扰(调幅、调频、调相)。

本节讨论压制式干扰对近程探测系统接收机的作用与影响,包括射频高斯噪声干扰、噪声调幅干扰和噪声调频干扰。

首先,建立伪码调相无线电近程探测系统抗干扰性能分析模型,如图 6.13 所示。$U_i(t)=U_R(t)+J(t)$,为近程探测系统接收机接收的回波信号。其中 $U_R(t)$ 为近程探测系统发射信号经目标反射和时间延时后的有用信号,$J(t)$ 为自信道进入近程探

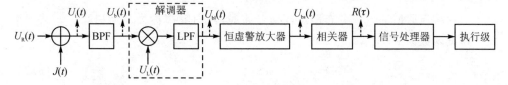

图 6.13 伪码调相无线电近程探测系统抗干扰性能分析模型

测系统接收机的干扰信号。假设带通滤波器的中心频率为 f_0,通带宽度为 B,且 $f_0=f_c,B\ll f_0$。该信号首先通过带通滤波器得到 $U_b(t)$,后经混频和低通滤波解调得到基带信号 $U_{bl}(t)$,最后经恒虚警放大后进入相关器与本地延迟码做相关处理。

以信干比增益作为衡量标准来定量研究近程探测系统抗噪声干扰的性能。通过推导系统接收机对接收信号从带通滤波至相关检测后的信干比增益的推导,分析和讨论伪码调相无线电近程探测系统抗干扰的性能。

6.5.1 伪码调相近程探测系统抗射频高斯噪声干扰分析

射频噪声干扰是一种压制式干扰,是将在一定频段内的高斯(正态)噪声放大到足够功率电平而发射的噪声干扰。

1. 高斯白噪声

若噪声的功率谱密度在所有频率上均为常数,即

$$G(f)=\frac{n_0}{2}, \quad -\infty < f < +\infty \quad (W/Hz) \tag{6.32}$$

或

$$G(f)=n_0, \quad 0<f<+\infty \quad (W/Hz)$$

其中,n_0 为正常数,则称该噪声为白噪声,用 $n(t)$ 来表示。

式(6.32)为双边功率谱密度函数,其图像如图6.14(a)所示。

对式(6.32)取傅里叶反变换,可得白噪声的自相关函数:

$$R(\tau)=\frac{n_0}{2}\delta(\tau) \tag{6.33}$$

如图6.14(b)所示,对于所有的 $\tau\neq0$ 都有 $R(\tau)=0$,这表明白噪声只在 $\tau=0$ 时才相关,而在任意两个时刻(即 $\tau\neq0$)的随机变量都是不相关的。

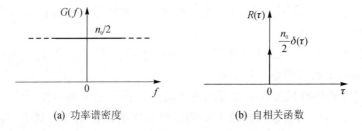

(a) 功率谱密度   (b) 自相关函数

图6.14 白噪声的功率谱密度与自相关函数

当白噪声取值的概率分布服从高斯分布时,该白噪声称为高斯白噪声。其一维概率密度函数为

$$f(x)=\frac{1}{\sqrt{2\pi}\sigma}\exp\left(-\frac{(x-m)^2}{2\sigma^2}\right) \tag{6.34}$$

式中,m 和 σ^2 分别为高斯白噪声的均值和方差。

如果高斯白噪声通过理想矩形的带通滤波器或理想带通信道,则其输出的噪声称为带通白噪声。设带通滤波器的中心频率为 f_0,通带宽度为 B,则其输出噪声的功率谱密度为

$$G'(f) = \begin{cases} \dfrac{n_0}{2}, & f_0 - \dfrac{B}{2} \leqslant |f| \leqslant f_0 + \dfrac{B}{2} \\ 0 & \text{else} \end{cases} \quad (6.35)$$

自相关函数为

$$R'(\tau) = \int_{-\infty}^{\infty} G'(f) \mathrm{e}^{\mathrm{j}2\pi f\tau} \mathrm{d}f = \int_{-f_0-\frac{B}{2}}^{-f_0+\frac{B}{2}} \frac{n_0}{2} \mathrm{e}^{\mathrm{j}2\pi f\tau} \mathrm{d}f + \int_{f_0-\frac{B}{2}}^{f_0+\frac{B}{2}} \frac{n_0}{2} \mathrm{e}^{\mathrm{j}2\pi f\tau} \mathrm{d}f$$

$$= \frac{n_0}{\pi\tau} \sin(\pi B\tau)\cos(2\pi f_0\tau) = n_0 B \operatorname{sinc}(\pi B\tau)\cos(2\pi f_0\tau) \quad (6.36)$$

通常,带通滤波器的 $B \ll f_0$,因此也称窄带滤波器,相应地将带通白噪声称为窄带高斯白噪声。窄带高斯白噪声可表示为

$$n'(t) = a_n(t)\cos[\omega_0 t + \varphi_n(t)], \quad a_n(t) \geqslant 0 \quad (6.37)$$

式中,$a_n(t)$ 和 $\varphi_n(t)$ 分别为窄带高斯白噪声的随机包络和随机相位;ω_0 为正弦波的中心角频率。将式(6.37)进行三角函数展开,可以改写为

$$n'(t) = n_c(t)\cos\omega_0 t - n_s(t)\sin\omega_0 t \quad (6.38)$$

式中,$n_c(t) = a_n(t)\cos\varphi_n(t)$ 和 $n_s(t) = a_n(t)\sin\varphi_n(t)$ 分别为 $n'(t)$ 的同相和正交分量。假设 $n'(t)$ 的均值为 0,方差为 σ_n^2,则

$$E[n'(t)] = E[n_c(t)] = E[n_s(t)] = 0 \quad (6.39)$$

$$\sigma_n^2 = \sigma_c^2 = \sigma_s^2 \quad (6.40)$$

式中,σ_c^2 和 σ_s^2 分别为同相分量和正交分量的方差。由式可见,$n'(t)$、$n_c(t)$、$n_s(t)$ 具有相同的平均功率。

2. 接收机总信干比增益推导

假设进入近程探测系统接收机的干扰信号 $J(t)$ 和有用信号 $U_R(t)$ 分别表示为

$$J(t) = n(t) \quad (6.41)$$

$$U_R(t) = U_r p(t-\tau)\cos[2\pi(f_c + f_d)t] \quad (6.42)$$

式中,$n(t)$ 表示单边功率谱密度为 n_0 的高斯白噪声。则近程探测系统接收机接收到的回波信号为

$$U_i(t) = U_R(t) + J(t) = U_r p(t-\tau)\cos[2\pi(f_c + f_d)t] + n(t) \quad (6.43)$$

带通滤波器的作用是滤除有用信号频段以外的噪声,因此,经过带通滤波器后到达解调器输入端的有用信号仍可认为是 $U_R(t)$。由于带通滤波器的带宽 B 远小于其中心频率 f_0,可将其视为窄带滤波器,故高斯白噪声 $J(t)$ 经过带通滤波器后的输出 $J'(t)$ 为窄带高斯噪声,其可表示为

$$J'(t) = n'(t) = a_n(t)\cos[\omega_0 t + \varphi_n(t)], \quad a_n(t) \geqslant 0 \quad (6.44)$$

或

$$J'(t) = n'(t) = n_c(t)\cos\omega_0 t - n_s(t)\sin\omega_0 t \quad (6.45)$$

窄带高斯噪声 $J'(t)$ 及其同相分量 $n_c(t)$ 和正交分量 $n_s(t)$ 的均值都为 0,且具有相同的方差,即

$$\overline{n'^2(t)}=\overline{n_c^2(t)}=\overline{n_s^2(t)}=P_j \tag{6.46}$$

式中,P_j 为解调器输入噪声的平均功率,且

$$P_j=n_0B \tag{6.47}$$

有用信号的平均功率为

$$P_s=\overline{U_R^2(t)}=\overline{U_r^2p^2(t-\tau)\cos^2\left[2\pi(f_c+f_d)t\right]}$$

$$=\frac{U_r^2}{2PT_c}\int_0^{PT_c}\left[\mathrm{rect}\left(\frac{t-\tau-\dfrac{T_c}{2}-iT_c}{T_c}\right)C_i\right]^2\mathrm{d}t+$$

$$\frac{U_r^2}{2PT_c}\int_0^{PT_c}\left[\mathrm{rect}\left(\frac{t-\tau-\dfrac{T_c}{2}-iT_c}{T_c}\right)C_i\right]^2\cos2\left[2\pi(f_c+f_d)t\right]\mathrm{d}t$$

$$=\frac{U_r^2}{2PT_c}\left\{PT_c+\int_0^{PT_c}\cos2\left[2\pi(f_c+f_d)t\right]\mathrm{d}t\right\} \tag{6.48}$$

由于高频载波的频率远远高于伪码码元重复频率,因此,第 2 项积分与第 1 项积分相比,所含能量可以忽略不计,故

$$P_s\approx\frac{U_r^2}{2PT_c}PT_c=\frac{U_r^2}{2} \tag{6.49}$$

因而,伪码调相连续波近程探测系统解调器的输入信干比为

$$\mathrm{SJR_i}=\frac{P_s}{P_j}=\frac{U_r^2}{2n_0B} \tag{6.50}$$

假设本振信号为 $U_L(t)=U_l\cos(2\pi f_c t)$,则 $U_R(t)$ 经过混频器和低通滤波器后,输出的信号为

$$U_1(t)=\frac{1}{2}U_lU_rp(t-\tau)\cos(2\pi f_d t) \tag{6.51}$$

接收机中的带通滤波器的中心频率 ω_0 和信号载频 ω_c 相同,因此解调器输入端的窄带高斯白噪声 $J'(t)$ 可表示为

$$J'(t)=n_c(t)\cos\omega_c t-n_s(t)\sin\omega_c t \tag{6.52}$$

$J'(t)$ 通过混频器与本振信号相乘,得

$$J'(t)U_L(t)=\left[n_c(t)\cos\omega_c t-n_s(t)\sin\omega_c t\right]U_l\cos(2\pi f_c t)$$

$$=\frac{1}{2}U_ln_c(t)+\frac{1}{2}U_l\left[n_c(t)\cos2\omega_c t-n_s(t)\sin2\omega_c t\right] \tag{6.53}$$

经低通滤波器后,解调器最终的输出噪声为

$$J''(t)=\frac{1}{2}U_ln_c(t) \tag{6.54}$$

因此,解调器的输出信号 $U_{bl}(t)$ 可表示为

$$U_{bl}(t) = \frac{1}{2}U_l \left[U_r p(t-\tau)\cos(2\pi f_d t) + n_c(t) \right] \tag{6.55}$$

经过恒虚警放大处理,得到的输出信号为

$$U_{bs}(t) = p(t-\tau)\cos(2\pi f_d t) + n_c(t)/U_r \tag{6.56}$$

设本地延迟码为 $p(t-\tau_d)$,$U_{bs}(t)$ 经相关处理后,输出为

$$R(\tau) = \frac{1}{PT_c}\int_0^{PT_c} U_{bs}(t)p(t-\tau_d)\,dt$$

$$= \frac{1}{PT_c}\int_0^{PT_c} p(t-\tau_d)p(t-\tau)\cos(\omega_d t)\,dt +$$

$$\frac{1}{U_r PT_c}\int_0^{PT_c} p(t-\tau_d)n_c(t)\,dt$$

$$= R_s(\tau_d - \tau) + R_j(\tau_d) \tag{6.57}$$

式中,$R_s(\tau_d - \tau)$ 是有用信号;$R_j(\tau_d)$ 是噪声干扰。当 $\tau = \tau_d$ 时,$R(\tau)$ 达到最大值。

$$R_s(\tau_d - \tau)_{max} = R_s(0) = \frac{1}{PT_c}\int_0^{PT_c} p^2(t-\tau_d)\cos(\omega_d t)\,dt = \text{sinc}(PT_c\omega_d) \tag{6.58}$$

此时,有用信号的最大峰值功率为

$$P_{os\,max} = \overline{R_s^2(\tau_d - \tau)_{max}} = \text{sinc}^2(PT_c\omega_d) \tag{6.59}$$

相关器输出干扰的平均功率为

$$P_{oj} = \overline{R_j^2(\tau_d)} = \frac{1}{(U_r PT_c)^2}\int_0^{PT_c}\int_0^{PT_c} n_c(t_1)n_c(t_2)p(t_1-\tau_d)p(t_2-\tau_d)\,dt_1\,dt_2$$

$$= \frac{1}{(U_r PT_c)^2}\int_0^{PT_c}\int_0^{PT_c} n_0 B\,\text{sinc}\left[\pi B(t_1-t_2)\right]\exp[j2\pi f_0(t_1-t_2)]p(t_1-\tau_d)p(t_2-\tau_d)\,dt_1\,dt_2 \tag{6.60}$$

由式(7.60)可知,当 $t_1 = t_2$ 时,P_{oj} 取最大值,故

$$P_{oj\,max} = \frac{1}{(U_r PT_c)^2}n_0 B(PT_c)^2 = \frac{n_0 B}{U_r^2} \tag{6.61}$$

由此可得相关器输出的最大峰值信干比为

$$\text{SJR}_o = \frac{P_{os\,max}}{P_{oj\,max}} = \frac{U_r^2 \text{sinc}^2(PT_c\omega_d)}{n_0 B} \tag{6.62}$$

接收机总的信干比增益为

$$G = \frac{\text{SJR}_o}{\text{SJR}_i} = 2\text{sinc}^2(PT_c\omega_d) \tag{6.63}$$

3. 分析与讨论

根据伪码调相连续波近程探测系统接收机信干比增益的表达式,可得伪码调相连续波近程探测系统抗射频高斯噪声干扰的性能与噪声本身的参数无关,而是受伪

码序列长度 P、码元宽度 T_c 及多普勒频率 ω_d 的综合影响。这是由于该体制近程探测系统是利用相关原理工作的,理想情况下窄带高斯噪声与伪码调相连续波信号不相关,所以接收机的信噪比增益与噪声强度无关。在伪码序列长度 P、码元宽度 T_c 一定的情况下,信干比增益 G 随多普勒频率 ω_d 按 sinc 函数的平方规律变化。信干比增益 G 越大,伪码调相近程探测系统抗噪声性能越强。

6.5.2　伪码调相近程探测系统抗噪声调幅干扰分析

噪声调幅干扰是有源干扰中的一种重要的干扰方式,其具有信号产生简单、带宽可变、压制效果明显等优点,已成为瞄准式及复合式干扰的重要组成部分。噪声调幅干扰是一种有效的压制性干扰,可压制无线电近程探测系统对目标信息的获取。

1. 噪声调幅干扰

用带限视频高斯白噪声对载波进行调制可得噪声调幅信号,其数学表示式为

$$J(t) = [U_j + n(t)] \cos \omega_j t \tag{6.64}$$

式中,U_j 和 ω_j 分别为噪声调幅信号的载波振幅和角频率;$n(t)$ 为高斯白噪声,是均值为 0、方差为 σ^2、在区间 $[-U_j, \infty]$ 分布的广义平稳随机过程,其对应的功率谱密度为

$$G_n(f) = \begin{cases} \sigma^2/\Delta F_n, & 0 \leqslant f \leqslant \Delta F_n \\ 0, & \text{else} \end{cases} \tag{6.65}$$

式中,ΔF_n 为高斯白噪声的谱宽。图 6.15 和图 6.16 分别为调制噪声谱密度和噪声调幅干扰信号谱密度。

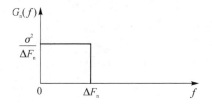

图 6.15　调制噪声谱密度

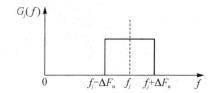

图 6.16　噪声调幅干扰信号谱密度

噪声调幅干扰信号的自相关函数为

$$R_j(\tau) = E[J(t)J(t+\tau)]$$
$$= E\{[U_j + n(t)][U_j + n(t+\tau)]\} E[\cos(\omega_j t)\cos \omega_j(t+\tau)] \tag{6.66}$$

而

$$E\{[U_j + n(t)][U_j + n(t+\tau)]\} = E[U_j^2 + n(t)n(t+\tau) + U_j n(t) + U_j n(t+\tau)] \tag{6.67}$$

由于调制噪声的均值为 0,故

$$E[n(t)] = E[n(t+\tau)] = 0 \tag{6.68}$$

$$E\{[U_j + n(t)][U_j + n(t+\tau)]\} = E[U_j^2 + n(t)n(t+\tau)] = U_j^2 + R_n(\tau) \tag{6.69}$$

式中，$R_n(\tau)$ 为调制噪声的自相关函数。

$$R_n(\tau) = E\left[n(t)n(t+\tau)\right] = \int_0^{\Delta F_n} \frac{\sigma^2}{\Delta F_n} \cos \omega \tau \, \mathrm{d}f = \sigma^2 \mathrm{sinc}(2\pi \Delta F_n \tau)$$

(6.70)

又因为

$$E\left[\cos(\omega_j t)\cos\omega_j(t+\tau)\right] = \frac{1}{2}E\left[\cos \omega_j(2t+\tau) + \cos \omega_j \tau\right] = \frac{1}{2}\cos \omega_j \tau$$

(6.71)

所以，可到得噪声调幅干扰信号的自相关函数，即

$$R_j(\tau) = \frac{1}{2}\left[U_j^2 + R_n(\tau)\right]\cos \omega_j \tau$$

(6.72)

噪声调幅信号的功率谱密度为

$$G_j(f) = 4\int_0^\infty R_j(\tau)\cos 2\pi f \tau \, \mathrm{d}\tau = \frac{1}{2}\delta(f-f_j) + \frac{1}{4}G_n(f_j-f) + \frac{1}{4}G_n(f-f_j)$$

(6.73)

通过式(6.73)可以看出，噪声调幅信号的频谱由载频频谱和两个对称的旁频带组成，其带宽为调制噪声频谱宽度的两倍，即 $B_j = 2\Delta F_n$。

噪声调幅信号的总功率为

$$P_j = R(0) = \frac{1}{2}\left[U_j^2 + R_n(0)\right] = \frac{1}{2}(U_j^2 + \sigma^2)$$

(6.74)

噪声调幅干扰的最大调制系数为

$$m_A = \frac{U_{n\,\max}}{U_j} = \frac{U_{n\,\max}}{\sigma}\frac{\sigma}{U_j} = K_c m_{Ae}$$

(6.75)

式中，$U_{n\,\max}$ 为最大噪声值；$K_c = U_{n\,\max}/\sigma$，为噪声的峰值系数；$m_{Ae} = \sigma/U_j$，为有效调制系数。

通常噪声调幅干扰的最大调制系数 $m_{Ae} \leqslant 1$，当 $m_{Ae} > 1$ 时将产生过调制，严重的过调制会损坏振荡管。为提高噪声调幅干扰的旁频功率，需要对调制噪声 $n(t)$ 进行适当限幅，兼顾噪声质量与获得最大的有效调制系数 m_{Ae}，通常取 $K_c = 1.4 \sim 2$。

2. 接收机总信干比增益推导

假设进入近程探测系统接收机的干扰信号 $J(t)$ 和有用信号 $U_R(t)$ 分别表示为

$$J(t) = \left[U_j + n(t)\right]\cos \omega_j t$$

(6.76)

$$U_R(t) = U_r p(t-\tau)\cos\left[2\pi(f_c+f_d)t\right]$$

(6.77)

则近程探测系统接收机接收到的回波信号为

$$U_i(t) = U_R(t) + J(t) = U_r p(t-\tau)\cos\left[2\pi(f_c+f_d)t\right] + \left[U_j + n(t)\right]\cos \omega_j t$$

(6.78)

故接收机接收到的有用信号的平均功率为

$$P_s = \overline{U_R^2(t)} = \overline{U_r^2 p^2(t-\tau)\cos^2[2\pi(f_c+f_d)t]}$$

$$= \frac{U_r^2}{2PT_c}\left\{PT_c + \int_0^{PT_c}\cos 2[2\pi(f_c+f_d)t]\,\mathrm{d}t\right\}$$

$$\approx \frac{U_r^2}{2PT_c}PT_c = \frac{U_r^2}{2} \tag{6.79}$$

噪声调幅干扰信号的平均功率为

$$P_j = \frac{1}{2}(U_j^2 + \sigma^2) \tag{6.80}$$

因此,伪码调相连续波近程探测系统接收机的输入信干比为

$$\mathrm{SJR_i} = \frac{P_s}{P_j} = \frac{U_r^2}{U_j^2 + \sigma^2} \tag{6.81}$$

经过带通滤波器后到达解调器输入端的有用信号仍可认为是 $U_R(t)$,而干扰信号 $J(t)$ 的带外部分被滤除。在瞄准式干扰($f_j \approx f_0$)下,由带通滤波器输出的干扰信号仍然是噪声调幅信号,可表示为

$$J'(t) = [U_j + n'(t)]\cos \omega_j t \tag{6.82}$$

式中,$n'(t)$ 是原调制噪声 $n(t)$ 通过带宽为 B 的带通滤波器的结果,是一个均值为 0、方差为 $\rho B\sigma^2/\Delta F_n$ 的高斯白噪声;ρ 为噪声质量因素($0<\rho<1$)。因此可得 $n'(t)$ 的功率谱密度为

$$G_{n'}(f) = \begin{cases} \rho\sigma^2/\Delta F_n, & |f - f_j| \leqslant \dfrac{1}{2}B \\ 0, & \text{else} \end{cases} \tag{6.83}$$

其自相关函数为

$$R_{n'}(\tau) = \int_0^\infty G_{n'}(f)\cos 2\pi f\tau\,\mathrm{d}f = \int_{f_j-\frac{1}{2}B}^{f_j+\frac{1}{2}B}\frac{\rho\sigma^2}{\Delta F_n}\cos 2\pi f\tau\,\mathrm{d}f$$

$$= \frac{\rho B\sigma^2}{\Delta F_n}\operatorname{sinc}(\pi B\tau)\cos(2\pi f_j\tau) \tag{6.84}$$

因此,由带通滤波器输出的信号为

$$U_b(t) = U_r p(t-\tau)\cos[2\pi(f_c+f_d)t] + [U_j + n'(t)]\cos \omega_j t \tag{6.85}$$

假设本振信号 $U_L(t) = U_l\cos(2\pi f_c t)$,则 $U_b(t)$ 经过混频器和低通滤波器后,输出信号 $U_{bl}(t)$ 可表示为

$$U_{bl}(t) = \frac{1}{2}U_l\{U_r p(t-\tau)\cos(2\pi f_d t) + [U_j + n'(t)]\cos(\omega_j - \omega_c)t\}$$

$$= \frac{1}{2}U_l\{U_r p(t-\tau)\cos(2\pi f_d t) + [U_j + n'(t)]\} \tag{6.86}$$

经过恒虚警放大处理,得到的输出信号为

$$U_{bs}(t) = p(t-\tau)\cos(2\pi f_d t) + n'(t)/U_r \tag{6.87}$$

设本地延迟码为 $p(t-\tau_d)$,$U_{bs}(t)$ 经相关处理后,输出为

$$R(\tau) = \frac{1}{PT_c} \int_0^{PT_c} U_{bs}(t) p(t - \tau_d) \, dt$$

$$= \frac{1}{PT_c} \int_0^{PT_c} p(t - \tau_d) p(t - \tau) \cos(2\pi f_d t) \, dt +$$

$$\frac{1}{PT_c} \int_0^{PT_c} p(t - \tau_d) n'(t) / U_r \, dt$$

$$= R_s(\tau_d - \tau) + R_j(\tau_d) \tag{6.88}$$

式中,$R_s(\tau_d - \tau)$ 是有用信号;$R_j(\tau_d)$ 是噪声干扰。当 $\tau = \tau_d$ 时,$R(\tau)$ 达到最大值,即

$$R_s(\tau_d - \tau)_{max} = R_s(0) = \frac{1}{PT_c} \int_0^{PT_c} p^2(t - \tau_d) \cos(\omega_d t) \, dt = \mathrm{sinc}(PT_c \omega_d) \tag{6.89}$$

此时,有用信号的最大峰值功率为

$$P_{os\,max} = \overline{R_{ss}^2(\tau_d - \tau)_{max}} = \mathrm{sinc}^2(PT_c \omega_d) \tag{6.90}$$

相关器输出干扰的平均功率为

$$P_{oj} = \overline{R_j^2(\tau_d)} = \frac{1}{(U_r PT_c)^2} \int_0^{PT_c} \int_0^{PT_c} p(t_1 - \tau_d) p(t_2 - \tau_d) n'(t_1) n'(t_2) \, dt_1 \, dt_2$$

$$= \frac{1}{(U_r PT_c)^2} \int_0^{PT_c} \int_0^{PT_c} R_{n'}(t_1 - t_2) p(t_1 - \tau_d) p(t_2 - \tau_d) \, dt_1 \, dt_2 \tag{6.91}$$

由式(6.91)可知,当 $t_1 = t_2$ 时,P_{oj} 取最大值,故

$$P_{oj\,max} = \frac{R_{n'}(0)}{(U_r PT_c)^2} \int_0^{PT_c} \int_0^{PT_c} p(t_1 - \tau_d) p(t_2 - \tau_d) \, dt_1 \, dt_2 = \frac{\rho B \sigma^2}{U_r^2 \Delta F_n} \tag{6.92}$$

由此可得相关器输出(信号)的最大峰值信干比为

$$\mathrm{SJR}_o = \frac{P_{os,max}}{P_{oj,max}} = \frac{\Delta F_n U_r^2 \mathrm{sinc}^2(PT_c \omega_d)}{\rho B \sigma^2} \tag{6.93}$$

因此,在噪声调幅瞄准式干扰情况下,伪码调相连续波近程探测系统接收机总的信干比增益为

$$G = \frac{\mathrm{SJR}_o}{\mathrm{SJR}_i} = \frac{\Delta F_n (U_j^2 + \sigma^2)}{\rho B \sigma^2} \mathrm{sinc}^2(PT_c \omega_d)$$

$$= \frac{\Delta F_n (1 + m_{Ae}^2)}{\rho B m_{Ae}^2} \mathrm{sinc}^2(PT_c \omega_d) \tag{6.94}$$

3. 分析与讨论

根据伪码调相连续波近程探测系统接收机信干比增益的表达式可知,在瞄准式干扰情况下,伪码调相连续波近程探测系统抗噪声调幅干扰性能主要受接收机带宽 B、伪码序列长度 P、伪码码元宽度 T_c、多普勒频率 ω_d 以及噪声本身的参数,如噪声干扰带宽 ΔF_n、噪声有效调制系数 m_{Ae} 和噪声质量因数 ρ 等因素的综合影响,具体分析如下:

信干比增益 G 与噪声干扰带宽 ΔF_n 成正比，ΔF_n 的值越大，系统的抗干扰能力越强；与噪声质量因数 ρ 成反比，ρ 越大，系统的抗干扰能力越差。此外，信干比增益 G 与噪声有效调制系数有关，噪声有效调制系数 m_{Ae} 越大，系统的抗干扰能力越差。

信干比增益 G 与接收机带宽 B 成反比，因此在确保近程探测系统目标回波信号能够顺利接收的情况下，采取减小近程探测系统接收机带宽 B 的方法，能够达到提高伪码调相近程探测系统抗干扰性能的效果。

在噪声、接收机以及伪随机码的参数一定的情况下，信干比增益 G 随多普勒频率 ω_d 按 sinc 函数的平方规律变化。

6.5.3　伪码调相近程探测系统抗噪声调频干扰分析

在现代电子对抗中，对近程探测系统威胁最大的干扰是压制式干扰中的阻塞式干扰，阻塞式干扰发射宽频带的干扰信号，可对频带内的近程探测系统同时进行干扰。为此要求干扰机发射宽频谱的大功率干扰信号，而噪声调频干扰具有宽的干扰带宽和较大的噪声功率，是目前对雷达、引信、通信进行阻塞式干扰中最常用的干扰形式。

1. 噪声调频干扰

噪声调频干扰信号最常见的是射频振荡的频率与调制噪声电压 $n(t)$ 呈线性关系，其数学表示式为

$$J(t)=U_j\cos\left[\omega_j t + k_f\int_0^t n(\tau)\mathrm{d}\tau\right] \tag{6.95}$$

式中，U_j 为噪声调频干扰信号的恒定振幅(忽略其寄生调幅)；ω_j 为噪声调频干扰信号载波频率；k_f 为调频指数，即单位噪声电压引起的角频率偏移；$n(t)$ 为高斯白噪声，其均值为 0，方差为 σ^2。

调制噪声电压 $n(t)$ 为高斯噪声，其一维概率密度函数为

$$f_n(x)=\frac{1}{\sqrt{2\pi}\sigma}\exp\left(-\frac{x^2}{2\sigma^2}\right) \tag{6.96}$$

因为噪声调频干扰的角频率与 $n(t)$ 呈线性关系，所以瞬时角频率或角频偏的概率密度亦应为高斯分布，即

$$f_\omega(\omega)=\frac{1}{\sqrt{2\pi}\omega_e}\exp\left[-\frac{(\omega-\omega_j)^2}{2\omega_e^2}\right] \tag{6.97}$$

式中，ω_e 为角频偏的均方根值，$\omega_e=k_f\sigma$。相应地，其瞬时频率及频偏的概率密度也应服从高斯分布，其均方根值为

$$f_e=\frac{\omega_e}{2\pi}=\frac{k_f\sigma}{2\pi} \tag{6.98}$$

该值称为有效频偏，则

$$f_j(f)=\frac{1}{\sqrt{2\pi}f_e}\exp\left[-\frac{(f-f_j)^2}{2f_e^2}\right] \tag{6.99}$$

　　根据信号功率谱与自相关函数的傅里叶变换关系,先求出自相关函数,再求其功率谱密度。噪声调频干扰的自相关函数为

$$R_{\mathrm{j}}(\tau) = \lim_{T \to \infty} \frac{1}{T} \int_{-\frac{T}{2}}^{\frac{T}{2}} J(t) J(t+\tau) \mathrm{d}t \tag{6.100}$$

为简化公式,令 $i\theta(t) = k_{\mathrm{f}} \int_0^t n(\tau) \mathrm{d}\tau$,用 $\overline{}$ 表示对时间的平均,由此

$$\begin{aligned}
R_{\mathrm{j}}(\tau) &= \overline{J(t)J(t+\tau)} = U_{\mathrm{j}}^2 \overline{\cos[\omega_{\mathrm{j}}t + \theta(t)]\cos[\omega_{\mathrm{j}}(t+\tau) + \theta(t+\tau)]} \\
&= \frac{1}{2} U_{\mathrm{j}}^2 \overline{\cos[\omega_{\mathrm{j}}(2t+\tau) + \theta(t+\tau) + \theta(t)]} + \frac{1}{2} U_{\mathrm{j}}^2 \overline{\cos[\omega_{\mathrm{j}}\tau + \theta(t+\tau) - \theta(t)]} \\
&= \frac{1}{2} U_{\mathrm{j}}^2 \{ \overline{\cos[\omega_{\mathrm{j}}(2t+\tau)]\cos[\theta(t+\tau) + \theta(t)]} - \overline{\sin[\omega_{\mathrm{j}}(2t+\tau)]\sin[\theta(t+\tau) + \theta(t)]} + \\
&\quad \overline{\cos(\omega_{\mathrm{j}}\tau)\cos[\theta(t+\tau) - \theta(t)]} - \overline{\sin(\omega_{\mathrm{j}}\tau)\sin[\theta(t+\tau) - \theta(t)]} \} \\
&= \frac{1}{2} U_{\mathrm{j}}^2 \{ \cos(\omega_{\mathrm{j}}\tau)\overline{\cos[\theta(t+\tau) - \theta(t)]} - \sin(\omega_{\mathrm{j}}\tau)\overline{\sin[\theta(t+\tau) - \theta(t)]} \} \tag{6.101}
\end{aligned}$$

令 $x(t) = \theta(t+\tau) - \theta(t)$,则

$$R_{\mathrm{j}}(\tau) = \frac{1}{2} U_{\mathrm{j}}^2 [\cos(\omega_{\mathrm{j}}\tau)\overline{\cos x(t)} - \sin(\omega_{\mathrm{j}}\tau)\overline{\sin x(t)}] \tag{6.102}$$

　　因为 $\theta(t)$ 和 $n(t)$ 之间存在一一对应的积分变换关系,因而其概率密度分布同为高斯分布,另外,根据具有高斯分布的变量差的概率密度仍为高斯分布,有

$$\overline{\cos x(t)} = \int_{-\infty}^{+\infty} \cos x W(x) \mathrm{d}x = \int_{-\infty}^{+\infty} \cos x \frac{1}{\sqrt{2\pi}\sigma_x} \exp\left(-\frac{x^2}{2\sigma_x^2}\right) \mathrm{d}x = \mathrm{e}^{-\frac{\sigma_x^2}{2}}$$
$$\tag{6.103}$$

$$\overline{\sin x(t)} = \int_{-\infty}^{+\infty} \sin x W(x) \mathrm{d}x = 0 \tag{6.104}$$

$$\sigma_x^2 = \overline{[\theta(t+\tau) - \theta(t)]^2} = \overline{\theta^2(t+\tau) + \theta^2(t) - 2\theta(t+\tau)\theta(t)} = 2[R_\theta(0) - R_\theta(\tau)]$$
$$\tag{6.105}$$

式中,$W(x)$、σ_x^2 分别为 $x(t)$ 的概率密度和方差;$R_\theta(\tau)$ 为 $\theta(t)$ 的相关函数。因此

$$R_{\mathrm{j}}(\tau) = \frac{1}{2} U_{\mathrm{j}}^2 \mathrm{e}^{-\frac{\sigma_x^2}{2}} \cos(\omega_{\mathrm{j}}\tau) \tag{6.106}$$

　　噪声调频信号的功率谱密度可由自相关函数经傅里叶变换求得,即

$$\begin{aligned}
G(\omega) &= 4 \int_0^\infty \frac{1}{2} U_{\mathrm{j}}^2 \mathrm{e}^{-\frac{\sigma_x^2}{2}} \cos(\omega_{\mathrm{j}}\tau) \cos \omega\tau \mathrm{d}\tau \\
&= U_{\mathrm{j}}^2 \int_0^\infty \mathrm{e}^{-\frac{\sigma_x^2}{2}} [\cos(\omega_{\mathrm{j}} + \omega)\tau + \cos(\omega_{\mathrm{j}} - \omega)\tau] \mathrm{d}\tau \tag{6.107}
\end{aligned}$$

式(6.107)中,指数乘积 $\mathrm{e}^{-\frac{\sigma_x^2}{2}}$ 相比 $\cos(\omega_{\mathrm{j}} + \omega)\tau$ 增长得很慢,因此可以忽略,则

$$G(\omega) \approx U_j^2 \int_0^\infty e^{-\frac{\sigma_x^2}{2}} \cos(\omega_j - \omega)\tau \mathrm{d}\tau$$

$$= U_j^2 \int_0^\infty \exp\left[-m_{fe}^2 \Delta\Omega_n \int_0^{\Delta\Omega_n} \frac{1-\cos\Omega\tau}{\Omega^2}\mathrm{d}\Omega\right]\cos(\omega_j-\omega)\tau\mathrm{d}\tau \quad (6.108)$$

式中，$\Delta\Omega_n = 2\pi\Delta F_n$ 为调制噪声的频谱宽度；$m_{fe}^2 = \omega_e/\Delta\Omega_n$ 为噪声调频信号的有效调频指数。

通常情况下，有效调频指数 $m_{fe} \gg 1$，故 $m_{fe}^2\Delta\Omega_n\int_0^{\Delta\Omega_n}\frac{1-\cos\Omega\tau}{\Omega^2}\mathrm{d}\Omega \approx \frac{1}{2}\omega_e^2\tau^2$，因此

$$G(\omega) \approx U_j^2 \int_0^\infty \cos(\omega_j-\omega)\tau\exp\left[-\frac{1}{2}\omega_e^2\tau^2\right]\mathrm{d}\tau$$

$$= \frac{1}{2}U_j^2 \frac{1}{\sqrt{2\pi}\,\omega_e}\exp\left[-\frac{(\omega-\omega_j)^2}{2\omega_e^2}\right] \quad (6.109)$$

相应地，有

$$G(f) = \frac{1}{2}U_j^2 \frac{1}{\sqrt{2\pi}\,f_e}\exp\left[-\frac{(f-f_j)^2}{2f_e^2}\right] \quad (6.110)$$

可见，噪声调频信号的功率谱密度与调制噪声的概率密度之间具有线性关系(调制噪声的概率密度服从高斯分布时，噪声调频信号的功率谱密度也应服从高斯分布)。

噪声调频信号的干扰带宽(半功率带宽)为

$$\Delta f_j = 2\sqrt{2\ln 2}\,f_e \quad (6.111)$$

2. 接收机总信干比增益推导

假设进入近程探测系统接收机的干扰信号 $J(t)$ 和有用信号 $U_R(t)$ 分别表示为

$$J(t) = U_j\cos\left[\omega_j t + k_f\int_0^t n(\tau)\mathrm{d}\tau\right] \quad (6.112)$$

$$U_R(t) = U_r p(t-\tau)\cos\left[2\pi(f_c+f_d)t\right] \quad (6.113)$$

则接收机接收到的有用信号的平均功率为

$$P_s = \overline{U_R^2(t)} = \frac{U_r^2}{2} \quad (6.114)$$

噪声调频干扰信号的平均功率为

$$P_j = \int_{-\infty}^\infty G(f)\mathrm{d}f = \frac{U_j^2}{2} \quad (6.115)$$

因此，伪码调相连续波近程探测系统接收机的输入信干比为

$$\mathrm{SJR}_i = \frac{P_s}{P_j} = \frac{U_r^2}{U_j^2} \quad (6.116)$$

经过窄带滤波器后到达解调器输入端的有用信号仍可认为是 $U_R(t)$。噪声调频

干扰信号通过窄带滤波器接收后,具有窄带高斯性质,设为 $J'(t)$,则窄带噪声调频干扰信号可表示为

$$J'(t)=n_c(t)\cos \omega_j t-n_s(t)\sin \omega_j t \tag{6.117}$$

式中,$n_c(t)$、$n_s(t)$ 是 $J'(t)$ 的同相分量和正交分量,二者的统计特性相同,且 $J'(t)$ 的功率谱密度为

$$G_{J'}(f)=\frac{\rho U_j^2}{2\sqrt{2\pi}f_e}\exp\left[-\frac{(f-f_j)^2}{2f_e^2}\right] \tag{6.118}$$

式中,$\rho(0<\rho<1)$ 为噪声质量因素。

$n_c(t)$ 的自相关函数为

$$R_{n_c}(\tau)=\frac{\rho U_j^2 B\operatorname{sinc}(\pi B\tau)}{2\sqrt{2\pi}f_e}\cos(2\pi f_j\tau)\exp\left[-\frac{(f_c-f_j)^2}{2f_e^2}\right] \tag{6.119}$$

假设本振信号为 $U_L(t)=U_1\cos(2\pi f_c t)$,则经过混频器和低通滤波器后,解调器的输出信号 $U_{bl}(t)$ 可表示为

$$U_{bl}(t)=\frac{1}{2}U_1\left[U_r p(t-\tau)\cos(2\pi f_d t)+n_c(t)\right] \tag{6.120}$$

经过恒虚警放大处理,得到的输出信号为

$$U_{bs}(t)=p(t-\tau)\cos(2\pi f_d t)+n_c(t)/U_r \tag{6.121}$$

设本地延迟码为 $p(t-\tau_d)$,$U_{bs}(t)$ 经相关处理后,输出为

$$\begin{aligned}R(\tau)&=\frac{1}{PT_c}\int_0^{PT_c}U_{bs}(t)p(t-\tau_d)\mathrm{d}t\\&=\frac{1}{PT_c}\int_0^{PT_c}p(t-\tau_d)p(t-\tau)\cos(\omega_d t)\mathrm{d}t+\frac{1}{U_r PT_c}\int_0^{PT_c}p(t-\tau_d)n_c(t)\mathrm{d}t\\&=R_s(\tau_d-\tau)+R_j(\tau_d)\end{aligned} \tag{6.122}$$

式中,$R_s(\tau_d-\tau)$ 是有用信号;$R_j(\tau_d)$ 是噪声干扰。当 $\tau=\tau_d$ 时,$R(\tau)$ 达到最大值。

$$R_s(\tau_d-\tau)_{\max}=R_s(0)=\frac{1}{PT_c}\int_0^{PT_c}p^2(t-\tau_d)\cos(\omega_d t)\mathrm{d}t=\operatorname{sinc}(PT_c\omega_d) \tag{6.123}$$

此时,最大峰值功率为

$$P_{os\,\max}=\left[R_s(\tau_d-\tau)_{\max}\right]^2=\operatorname{sinc}^2(PT_c\omega_d) \tag{6.124}$$

相关器输出干扰的平均功率为

$$\begin{aligned}P_{oj}&=\overline{R_j^2(\tau_d)}=\frac{1}{(U_r PT_c)^2}\int_0^{PT_c}\int_0^{PT_c}\overline{n_c(t_1)n_c(t_2)}p(t_1-\tau_d)p(t_2-\tau_d)\mathrm{d}t_1\mathrm{d}t_2\\&=\frac{1}{(U_r PT_c)^2}\int_0^{PT_c}\int_0^{PT_c}R_{n_c}(t_1-t_2)p(t_1-\tau_d)p(t_2-\tau_d)\mathrm{d}t_1\mathrm{d}t_2\end{aligned} \tag{6.125}$$

由式(6.125)可知,当 $t_1=t_2$ 时,P_{oj} 取最大值,故

$$P_{oj\,\max}=\frac{1}{(U_r PT_c)^2}\int_0^{PT_c}\int_0^{PT_c}R_{n_c}(0)p(t_1-\tau_d)p(t_2-\tau_d)\mathrm{d}t_1\mathrm{d}t_2$$

$$= \frac{1}{(U_r P T_c)^2} \frac{\rho B U_j^2}{2\sqrt{2\pi} f_e} \exp\left[-\frac{(f_c - f_j)^2}{2 f_e^2}\right] (P T_c)^2$$

$$= \frac{\rho B U_j^2}{2\sqrt{2\pi} f_e U_r^2} \exp\left[-\frac{(f_c - f_j)^2}{2 f_e^2}\right] \tag{6.126}$$

由此可得相关器输出的最大峰值信干比为

$$\mathrm{SJR_o} = \frac{P_{os\ max}}{P_{oj\ max}} = \frac{2\sqrt{2\pi} f_e U_r^2 \mathrm{sinc}^2 (P T_c \omega_d)}{\rho B U_j^2} \exp\left[\frac{(f_c - f_j)^2}{2 f_e^2}\right] \tag{6.127}$$

接收机总的信干比增益为

$$G = \frac{\mathrm{SJR_o}}{\mathrm{SJR_i}} = \frac{2\sqrt{2\pi} f_e \mathrm{sinc}^2 (P T_c \omega_d)}{\rho B} \exp\left[\frac{(f_c - f_j)^2}{2 f_e^2}\right] \tag{6.128}$$

3. 分析与讨论

由式(6.128)可知伪码调相连续波近程探测系统抗噪声调频干扰性能主要受接收机带宽 B、伪码序列长度 P、码元宽度 T_c、载波频率 f_c、多普勒频率 ω_d、载频瞄准偏差 $\Delta f = f_c - f_j$、噪声调制有效频偏 f_e、噪声质量因数 ρ 等因素的综合影响,具体分析如下:

信干比增益 G 与噪声质量因数 ρ 成反比,ρ 越大,近程探测系统的抗干扰能力越差。信干比增益 G 与接收机带宽 B 成反比。因此在确保近程探测系统目标回波信号能够顺利接收的情况下,采取减小系统接收机带宽 B 的方法能够达到提高伪码调相近程探测系统抗噪声调频干扰性能的效果。

在噪声、接收机以及伪随机码的参数一定的情况下,信干比增益 G 随多普勒频率 ω_d 按 sinc 函数平方规律变化。

6.6　伪码调相近程探测系统测量性能指标

6.6.1　距离分辨力

距离分辨力是指能够区分两个目标相距的最小距离,记为 R_{min}。当电磁波由系统发射端到两个相邻目标的往返时间延时恰好等于一个码元宽度时,这两个目标之间的距离为距离分辨力 R_{min},即

$$R_{min} = \frac{T_c c}{2} \tag{6.129}$$

显然,距离分辨力 R_{min} 和码元宽度成正比,因此为了提高距离分辨力,可以减小码元宽度。

6.6.2　最大无模糊距离

序列的相关函数具有周期性,所以每个相关取值都会对应多个距离,如果不能正

确判断,就会存在距离模糊问题。对于一定码元宽度和周期的伪码序列而言,其无模糊作用距离是有限的。当电磁波由系统发射端到目标的往返延时恰好等于一个伪码序列周期时,这个距离就是最大无模糊距离 $R_{\max}$,即

$$R_{\max} = \frac{PT_c c}{2} \tag{6.130}$$

显然,最大无模糊距离 $R_{\max}$ 与伪码序列长度 P 和码元宽度 T_c 成正比。因此,增大码元宽度 T_c 或增加伪码序列长度 P 都会使最大无模糊距离增大。在实际系统中,要求近程探测系统的最大无模糊距离 $R_{\max}$ 远大于近程探测系统的实际工作距离。

习　题

1. 填空题。

(1) 伪码调相连续波近程探测系统是利用_____作为发射信号的一种近程探测系统。

(2) 利用伪随机码的_____和_____特性,可以从干扰信号中将它轻易识别和分离出来。

(3) 回波信号经混频、滤波、放大处理后,所得视频信号的延时由_____决定,而包络的频率则由_____决定。

(4) 当近程探测系统与目标之间的弹目距离与近程探测系统的定距值一致时,近程探测系统输出归一化相关值达到_____。

(5) 当电磁波由系统发射端到两个相邻目标的往返时间延时恰好等于_____时,这两个目标之间的距离为距离分辨力。

(6) 当电磁波由系统发射端到目标的往返延时恰好等于_____时,这个距离就是最大无模糊距离。

2. 单项选择题。

(1) 伪随机码定距的主要思想是利用伪随机码的_____。

A. 均衡性　　　　　　　　　　　　B. 移位相加特性

C. 自相关特性　　　　　　　　　　D. 伪噪声特性

(2) 为保证近程探测系统的可靠工作,应选择_____。

A. $T_c > \dfrac{2R}{Pc}$　　　B. $T_c < \dfrac{2R}{Pc}$　　　C. $T_c > \dfrac{4R}{Pc}$　　　D. $T_c < \dfrac{4R}{Pc}$

(3) 为保证近程探测系统在距离截止区抑制干扰的能力不低于 J(dB),应选择_____。

A. $P > \dfrac{10^{\frac{J}{10}}}{U_{\text{com}}}$　　　　　　　　　　B. $P < \dfrac{10^{\frac{J}{10}}}{U_{\text{com}}}$

C. $P > \dfrac{10^{\frac{J}{20}}}{U_{\text{com}}}$　　　　　　　　　　　　　D. $P < \dfrac{10^{\frac{J}{20}}}{U_{\text{com}}}$

(4) 为保证多普勒频率对相关函数的影响足够小,应选择_____。

A. $P > \dfrac{1}{4 f_{\text{d}} T_{\text{c}}}$　　　　　　　　　　　　B. $P < \dfrac{1}{4 f_{\text{d}} T_{\text{c}}}$

C. $P > \dfrac{1}{2 f_{\text{d}} T_{\text{c}}}$　　　　　　　　　　　　D. $P < \dfrac{1}{2 f_{\text{d}} T_{\text{c}}}$

(5) 伪码周期 T_{r} 与伪码码元宽度 T_{c} 和伪码序列长度 P 间的关系为_____。

A. $T_{\text{r}} > P T_{\text{c}}$　　　　　　　　　　　　B. $T_{\text{r}} < P T_{\text{c}}$

C. $T_{\text{r}} = P T_{\text{c}}$　　　　　　　　　　　　D. $T_{\text{r}} \neq P T_{\text{c}}$

3. 问答题。

(1) m 序列功率谱的特性是什么? 如何产生 m 序列?

(2) 相关运算法提取目标距离信息的原理是什么? 两种相关器的实现原理是什么?

(3) 查阅资料,了解匹配滤波法等其他提取目标距离信息的方法。

(4) 瞄准式干扰情况下,伪码调相连续波近程探测系统抗噪声调幅干扰性能与哪些参数有关? 如何提高对应的抗噪声调幅干扰能力?

(5) 若采用线性调频干扰,试推导系统接收机的总信干比增益。

4. 设计一伪码调相探测系统(确定 T_{c}、P 和 T_{r}),其工作频率为 35 GHz,伪随机码采用 m 序列,最大无模糊距离作用范围为 381 m,距离分辨率为 3 m。

5. 在伪码调相引信设计中,目标与引信之间往往存在相对运动,而伪码调相引信对多普勒频率十分敏感,严重时引信将无法工作。查阅资料,尝试分析多普勒敏感性,并探讨多普勒频率的补偿方法。

第7章 捷变频无线电近程探测系统

频率捷变(简称捷变频)技术指雷达发射和本地振荡频率高速同步跳变的一种工作方式,是扩展信号频率、增大系统频带的一种有效方法,可以显著提高抗干扰性能。在无线电近程探测系统中采用频率捷变技术设计的宽带近程探测系统,称为频率捷变近程探测系统。从杂波去相关的角度来看,只要相邻脉间频差大于脉宽的倒数,就可以称为频率捷变无线电近程探测系统;从抗干扰的角度来看,有时只有当相邻脉间频差达到近程探测系统的整个工作频带10%带宽以上,才能将其称为频率捷变无线电近程探测系统。但是,单发近程探测系统由于体积重量等各方面的限制,频率捷变的频点不能太多,带宽也不能太宽。频率捷变技术的应用极大地提高了近程探测系统的抗干扰能力,但是要采用适当的定距体制才能保证近程探测系统的定距精度。

7.1 捷变频无线电近程探测系统的基本原理

7.1.1 引 言

无线电近程探测系统的发展趋势是:为了积极对抗干扰机的干扰,一方面应使频率变化范围尽可能宽,变化速率尽可能快。另一方面是使用更高的频段,因为高频段内干扰机输出功率受到的限制会更多。为提高定距精度,可采用脉冲定距、调频定距和测相定距等性能优良的测距技术。同时,调制波形不断优化,将向着调制规律无规则化方向发展。随着波形调制规律无规则性的增强,系统的分辨力、测量精度及其抗干扰能力都会得到提高。

捷变频无线电近程探测系统的优点有:

(1) 抗干扰能力较强

抗干扰的方法有很多,可以分为空间选择、极化选择、频率选择以及时间选择等,其中频率选择是最有效的方法之一。而频率选择法中频率捷变可以认为是较有效的一种方法,频率捷变无线电近程探测系统抗干扰能力与频率捷变范围和接收机带宽之比成正比。因此,要进一步提高其抗干扰能力,只有增加其频率捷变带宽。

(2) 改善近程探测系统角分辨力和距离分辨力

两个尺寸相当的相邻目标由近程探测系统对目标视角的变化而引起幅度起伏不同,当近程探测系统采用固定频率时,天线扫过目标同时获得两个回波串,这两个回波串的幅度可能相差悬殊,积累后相差更多。强回波脉冲会使得弱回波脉冲信难以分辨。当采用捷变频后,两回波脉冲串起伏的速率会加快,积累后有近似相等的幅度,易于分辨,故可提高分辨力。

(3) 增加作用距离

只要捷变频无线电近程探测系统相邻脉冲的跃频频率间隔大于"临界频率",就可以使相邻回波幅度不相关。使目标回波由慢速起伏变为快速起伏,这就可以消除由于目标回波慢速起伏所带来的检测损失,快速起伏的效果相当于对回波信号的幅度求平均值。

(4) 消除邻近近程探测系统的同频干扰

由于发射频率以随机方式进行脉冲快速变化,捷变频近程探测系统的发射脉冲就不太可能恰好落在相邻近程探测系统的固有探测频率上,因此可减小近程探测系统间的相互干扰。

(5) 可以消除"二次"回波信号

对于普通近程探测系统,从远距离反射回来的目标回波信号,在下一个脉冲发射之后,这些回波信号才到达接收机,它们与近距离目标反射的第二个脉冲回波信号交错在一起,这将产生观察错误。而对于捷变频近程探测系统,在一个脉冲已经发射出去后,发射机和接收机已经跃变到另一个完全不同的频率上,于是接收机自然收不到这些"二次"回波信号。

(6) 抑制海浪杂波以及其他分布杂波的干扰

当相邻脉冲载频的频差大于脉宽的倒数时,就可以使海浪、云雨、箔条等这类分布目标的杂波去相关。对这些回波进行视频积累以后,目标的等效反射面积接近于其平均值,而杂波的方差则可以减小,从而就改善了信噪比。

(7) 减小多路径传输的误差

多路径传输误差主要反映海面、地面反射引起的波束分裂对探测目标的影响。只要频率捷变无线电近程探测系统跃频范围达到 10%,就可使分裂的波瓣相互补偿,从而降低波束分裂对测距的影响。

7.1.2　捷变频无线电近程探测系统的分类及组成

捷变频近程探测系统主要分为非相干与全相干两种,形成频率捷变的方式可分为脉内捷变、脉间捷变、脉组捷变等几种,如图 7.1～图 7.3 所示。现在已出现了脉间捷变与多普勒技术、脉冲压缩技术相结合的脉间捷变高性能无线电近程探测系统。

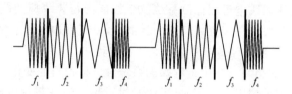

图 7.1　脉内频率捷变

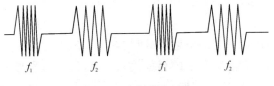

图 7.2　脉间频率捷变

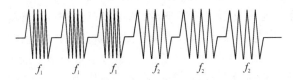

图 7.3　脉组频率捷变

　　非相干体制中,通常采用旋转调谐磁控管振荡器及超外差式接收机,全相干频率捷变主要是由主振放大链构成的频率捷变。相对捷变带宽是频率捷变雷达的重要参数。一般,发射频率越高,相对捷变带宽越难增大。

　　非相干频率捷变近程探测系统的基本组成如图 7.4 所示。在非相干频率捷变近程探测系统中最关键的部分是压控本振的自动频率控制系统,其所发射的脉冲是脉间捷变。频率捷变磁控管和压控本振之间没有严格的相位关系,即发射的信号和本机振荡之间没有固定的相位关系,从而就不能进行相参信号的处理。调谐马达驱动频率捷变磁控管,当触发脉冲重复频率和调谐马达的转速不一致时,就可以得到准随机的频率捷变信号。系统的压控本振须满足极高的调谐速率,只有这样,本振信号才能在短时间内跟上发射信号载频的变化,但是在接收回波信号过程中,本振信号的频率必须保持稳定。非相干频率捷变无线电近程探测系统结构简单,成本低,但是不易控制发射频率,具有较低的跃频灵活性,因此与其他脉冲体制(如脉冲压缩等)结合起来比较困难。

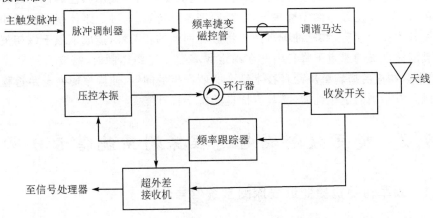

图 7.4　非相干频率捷变近程探测系统

全相干频率捷变近程探测系统的基本组成如图 7.5 所示,其中 f_t 为发射频率,f_i 为中频信号,$f_i + f_t$ 为本振信号。全相干频率捷变近程探测系统的核心是捷变频率合成器,它能产生快速捷变的发射信号和本振信号,发射信号和本振信号由同一个高稳定信号源产生,两者具有严格的相位关系,所以回波信号与本振信号混频后仍然可以保留其相位信息。频率合成器之前通常将晶振产生的高稳定低电平的高频信号经过倍频器放大到足够高的功率电平后再发射出去。因为全相干频率捷变无线电近程探测系统的发射波形是在低电平下形成的,所以可以进行各种复杂的波形(例如线性调频脉冲、相位编码脉冲等)设计。但固定频率的全相参近程探测系统抗干扰能力差,虽然可以更换晶体或者采用更为复杂的倍频体系得到很多的工作频率,但是实际抗干扰性能并没有得到改善,所以在目前的实际应用中频率捷变合成器主要采用数字合成技术,以实现真正的脉间阶跃,从而获得强抗干扰能力。全相干频率捷变无线电近程探测系统易于实现可控捷变,可以与脉冲压缩、脉冲多普勒等体制相结合,相比非相干频率捷变无线电近程探测系统,其具有更大的捷变灵活性,但是成本高,技术设备较复杂。目前大多使用的是全相干频率捷变无线电近程探测系统。

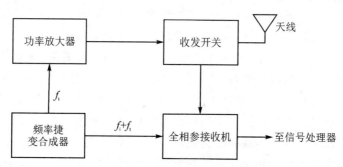

图 7.5　全相干频率捷变近程探测系统

采用频率捷变技术的近程探测系统将快速捷变的射频技术与性能优良的定距技术相结合。由于定距体制多种多样,定距原理各具特点,每种定距体制并非都能与频率捷变技术完全兼容,如脉冲频率捷变将破坏回波的相关性,造成依赖于该相关性的多普勒滤波性能的严重下降。因此在确定频率捷变定距体制时,需要合理地设计方案,并采取相应的措施解决两种技术结合时所产生的问题,使频率捷变定距近程探测系统既具有精确的定距性能,又具有优良的抗干扰性能。

7.2　捷变频无线电近程探测系统信号分析

7.2.1　频率伪随机捷变近程探测系统信号分析

目标的有用信息加载在回波信号中,回波信号的参数的变化便包含了目标信息。频率伪随机捷变近程探测系统若有 N 个频点,则其信号的一个周期可表示为

$$U(t) = S(t)\mathrm{e}^{\mathrm{j}[2\pi f_i t + \theta_i + h_i(t)]} \tag{7.1}$$

式中,$S(t)$ 为脉冲包络函数,且

$$S(t) = \frac{1}{N f_\mathrm{m}} \sum_{i=0}^{N-1} \mathrm{rect}\left(\frac{t - iT_\mathrm{r}}{f_\mathrm{m}}\right) \tag{7.2}$$

式(7.1)和式(7.2)中,f_i 为频率捷变集 $\{f_i\}$ 中的频率,Hz;θ_i 为第 i 个频率脉冲信号的初相,rad;$h_i(t)$ 为第 i 个频率分量的随机相位误差,rad;f_m 为脉冲宽度,s;T_r 为脉冲重复周期,s。

频率捷变信号可表示为

$$U_{\mathrm{FA}}(t) = U(t) * \left[\sum_{R=-\infty}^{\infty} W(t - kNT_\mathrm{r})\right] \tag{7.3}$$

信号频谱可表示为

$$U_{\mathrm{FA}}(f) = \frac{2\pi f_\mathrm{m}}{T_\mathrm{r} N^{\frac{3}{2}}} \sum_{k=-\infty}^{\infty} \sum_{i=0}^{N-1} \left[\mathrm{sinc}\left(\frac{K}{NT_\mathrm{r}} - f_i\right) f_\mathrm{m}\right] \mathrm{e}^{\mathrm{j}2\pi k} W\left(f - \frac{K}{NT_\mathrm{r}}\right) \tag{7.4}$$

7.2.2　频率捷变多普勒信号分析

在普通多普勒雷达中,发射信号可表示为

$$S_\mathrm{t}(t) = A_\mathrm{t} \cdot \cos(2\pi f_\mathrm{c} t) \tag{7.5}$$

其中,f_c 为载频频率,A_t 为发射信号幅度。经过目标反射,雷达接收到的信号可表示为

$$S_\mathrm{r}(t - \tau) = A_\mathrm{r} \cdot \cos[2\pi f_\mathrm{c}(t - \tau)] \tag{7.6}$$

其中,A_r 表示接收信号的幅度;τ 为信号往返于目标与雷达之间的延时,即

$$\tau = 2\frac{R + vt}{c} \tag{7.7}$$

在雷达接收机中,接收信号与发射信号混频,可得到多普勒信号:

$$x(t) = A \cdot \cos\left(2\pi f_\mathrm{d} t + \frac{2f_\mathrm{c} R}{c}\right) \tag{7.8}$$

其中,$f_\mathrm{d} = 2f_\mathrm{c} v/c$。

在频率捷变多普勒雷达中,若采用载频分别为 f_c1、f_c2 的两段发射信号,则得到的两段多普勒信号分别可表示为

$$x_1(t) = A \cdot \cos\left(2\pi f_\mathrm{d1} t + \frac{2f_\mathrm{c1} R}{c}\right) \tag{7.9}$$

$$x_2(t) = A \cdot \cos\left(2\pi f_\mathrm{d2} t + \frac{2f_\mathrm{c2} R}{c}\right) \tag{7.10}$$

由于频差 $\Delta f = f_\mathrm{c1} - f_\mathrm{c2}$ 很小,多普勒频率可近似认为相等,即 $f_\mathrm{d1} \approx f_\mathrm{d2}$。而对于相位,很小的频差就会引起比较明显的相位变化,由式(7.9)和式(7.10)可见,两段多普勒信号的相位分别为

$$\varphi_1 = 4\pi \frac{f_1 R}{c} \tag{7.11}$$

$$\varphi_2 = 4\pi \frac{f_2 R}{c} \tag{7.12}$$

因此,两段多普勒信号的相位差可表示为

$$\Delta\varphi = \varphi_1 - \varphi_2 = \frac{4\pi(f_1 - f_2)R}{C} = \frac{4\pi\Delta f R}{C} \tag{7.13}$$

7.2.3　频率捷变调频信号分析

频率捷变调频信号就是在较宽的频带范围内,信号载波频率进行离散地周期性跳变,而在每个载频保持的短时间内进行线性调频。即可以把频率捷变调频信号看成线性调频信号与频率跳变信号的组合。

(1) 非谐波关系的多频调频波

设非谐波关系的 N 频调频波的瞬时角频率表达式为

$$\omega_i(t) = \omega_0 + \Delta\omega_1 \cos\Omega_1 t + \Delta\omega_2 \cos\Omega_2 t + \cdots + \Delta\omega_N \cos\Omega_N t \tag{7.14}$$

该调频波的相角表示式为

$$\begin{aligned}
\theta(t) &= \int_0^t \omega_i(t)\,dt \\
&= \omega_0 t + \beta_1 \sin\Omega_1 t + \beta_2 \sin\Omega_2 t + \cdots + \beta_N \sin\Omega_N t
\end{aligned} \tag{7.15}$$

式中,$\beta_i = \dfrac{\Delta\omega_i}{\Omega_i}$,$i = 1, 2, \cdots, N$。

该调频波的复数时变函数为

$$\boldsymbol{S}_{FM} = A\,e^{j\theta(t)} \tag{7.16}$$

用贝塞尔函数展开式(7.16)可得

$$\boldsymbol{S}_{FM}(t) = A_0\, e^{j\omega_c t} \left[\sum_{n_1 = -\infty}^{\infty} J_{n_1}(\beta_1) e^{j n_1 \Omega_1 t} \right] \cdot \left[\sum_{n_2 = -\infty}^{\infty} J_{n_2}(\beta_2) e^{j n_2 \Omega_2 t} \right] \cdots \left[\sum_{n_N = -\infty}^{\infty} J_{n_N}(\beta_N) e^{j n_N \Omega_N t} \right]$$

$$= A_0 \left[\prod_{m=1}^{N} \sum_{n_m = -\infty}^{\infty} J_m(\beta_m) e^{j n_m \Omega_m t} \right] e^{j\omega_c t} \tag{7.17}$$

式中,载波分量幅度为 $J_0(\beta_1)J_0(\beta_2)\cdots J_0(\beta_N)A_0$;边频分量幅度为 $J_{n_1}(\beta_1)J_{n_2}(\beta_2)\cdots J_{n_N}(\beta_N)A_0$。

由式(7.17)可以看出,多频调频波的边频幅度随 β 的增加而迅速下降。因此多频调频波的带宽可以用卡逊带宽 $\left[\dfrac{2\Omega}{2\pi}(1+\beta) \right]$ 来确定。在多频调频波的瞬时相位表达式中,使用卡逊带宽法确定其带宽时往往存在如何选择频偏和调制频率的问题。在实际应用中,通常选择最高调制频率占有全部频偏的情况,这时多频调频波的卡逊带宽为

$$B_{e\,max} = 2(F_{max} + \Delta f_{max}) = 2F_{max}(1+\beta) \tag{7.18}$$

式中，$F_{\max}=\dfrac{\Omega_{\max}}{2\pi}$ 为调制信号的最高频率；$\beta=\dfrac{\Delta f_{\max}}{F_{\max}}$ 为多频调制信号可能产生的最大频偏与最高调制频率之比。

（2）线性调制的调频波

周期线性调制信号可以用傅里叶级数分解为无穷多个频率分量之和，如果只取其中的有限项，则可用多频调制 $S_{FM}(t)$ 表达式计算调频信号的各边频分量。但当所取频率分量项数很多时，求解过程比较繁琐，可以另外采用信号变换的方法进行分析。设周期线性信号 $f(t)$ 调制的调频波表达式为

$$S_{FM}(t)=A\cos\left[\omega_c t+2\pi\int f(t)\mathrm{d}t\right]$$
$$=\frac{A}{2}\left[\mathrm{e}^{\mathrm{j}2\pi\int f(t)\mathrm{d}t}\,\mathrm{e}^{\mathrm{j}\omega_c t}+\mathrm{e}^{-\mathrm{j}2\pi\int f(t)\mathrm{d}t}\,\mathrm{e}^{-\mathrm{j}\omega_c t}\right] \tag{7.19}$$

令 $q(t)=\mathrm{e}^{\mathrm{j}2\pi\int f(t)\mathrm{d}t}$，则 $S_{FM}(t)=\dfrac{A}{2}\left[q(t)\mathrm{e}^{\mathrm{j}\omega_c t}+q^*(t)\mathrm{e}^{-\mathrm{j}\omega_c t}\right]$。

因为调制信号 $f(t)$ 是周期信号，所以 $q(t)$ 也是周期函数，其用傅里叶级数表示为

$$q(t)=\sum_{n=-\infty}^{+\infty}C_n\mathrm{e}^{\mathrm{j}n\Omega t} \tag{7.20}$$

式中，Ω 为 $f(t)$ 的角频率。

进一步可得

$$C_n=\frac{1}{T}\int_{-\frac{T}{2}}^{\frac{T}{2}}q(t)\mathrm{e}^{-\mathrm{j}n\Omega t}\mathrm{d}t \tag{7.21}$$

式中，T 为 $f(t)$ 的周期。

由 $q(t)$ 和 C_n 的关系可得

$$S_{FM}(t)=\frac{A}{2}\sum_{n=-\infty}^{\infty}\left[C_n\mathrm{e}^{\mathrm{j}(\omega_c t+n\Omega t)}+C_n^*\mathrm{e}^{-\mathrm{j}(\omega_c t+n\Omega t)}\right] \tag{7.22}$$

因此信号的复数时变函数可以表示为

$$S_{FM}(t)=A\sum_{n=-\infty}^{\infty}C_n\mathrm{e}^{\mathrm{j}(\omega_c t+n\Omega t)} \tag{7.23}$$

取 $f(t)$ 为周期锯齿波信号，已调信号时-频波形见图 7.6。

设扫频斜率为 $2K=\dfrac{2\Delta\omega}{T}$，则

$$f(t)=2Kt=\frac{2\Delta\omega}{T}t,\quad t\in\left[-\frac{T}{2},\frac{T}{2}\right] \tag{7.24}$$

瞬时相角变化为

$$\varphi(t)=2\pi\int f(t)\mathrm{d}t=Kt^2=\frac{\Delta\omega}{T}t^2=\frac{\Delta\omega\cdot\Omega}{2\pi}t^2,\quad t\in\left[-\frac{T}{2},\frac{T}{2}\right] \tag{7.25}$$

可以求得

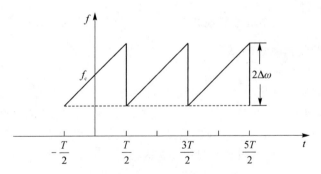

图 7.6　锯齿波调频信号时-频波形

$$C_n = \frac{1}{T}\int_{-\frac{T}{2}}^{\frac{T}{2}} e^{j\left(\frac{\Delta\omega\cdot\Omega}{2\pi}t^2 - n\Omega t\right)}\, \mathrm{d}t = \frac{\Omega}{2\pi}\int_{-\frac{\pi}{\Omega}}^{\frac{\pi}{\Omega}} e^{j\left(\frac{\Delta\omega\cdot\Omega}{2\pi}t^2 - n\Omega t\right)}\, \mathrm{d}t \tag{7.26}$$

当调制指数比较大时，

$$C_n \approx \frac{\Omega}{2\pi}\sqrt{\frac{2\pi^2}{\Delta\omega\Omega}}\, e^{-j\left(\frac{n^2\Omega\pi}{2\Delta\omega} - \frac{\pi}{4}\right)}$$

$$= \sqrt{\frac{\Omega}{2\Delta\omega}}\, e^{-j\left(\frac{n^2\Omega\pi}{2\Delta\omega} - \frac{\pi}{4}\right)}, \quad n \in \left[-\frac{\Delta\omega_m}{\Omega}, \frac{\Delta\omega_m}{\Omega}\right] \tag{7.27}$$

将式(7.27)代入信号的复数时变函数可得

$$\boldsymbol{S}_{\mathrm{FM}}(t) \approx A \sum_{n=-\infty}^{\infty} \sqrt{\frac{\Omega}{2\Delta\omega}}\, e^{-j\left(\frac{n^2\Omega\pi}{2\Delta\omega} - \frac{\pi}{4}\right)} \cdot e^{j(\omega_{\mathrm{c}}t + n\Omega t)} \tag{7.28}$$

对式(8.28)进行傅里叶变换可得

$$S_{\mathrm{FM}}(\omega) = 2\pi A \sum_{n=-\infty}^{\infty} C_n \delta(\omega - \omega_{\mathrm{c}} - n\Omega)$$

$$\approx \pi A \sqrt{\frac{\Omega}{2\Delta\omega}} \sum_{n=-\infty}^{\infty} e^{-j\left(\frac{n^2\Omega\pi}{2\Delta\omega} - \frac{\pi}{4}\right)} \delta(\omega - \omega_{\mathrm{c}} - n\Omega), \quad n \in \left[-\frac{\Delta\omega_m}{\Omega}, \frac{\Delta\omega_m}{\Omega}\right] \tag{7.29}$$

　　图 7.7 为周期锯齿波调频信号频谱图，中心频率为 99 MHz，调制频率为 250 kHz，最大频偏为 2 MHz。

　　(3) 频率捷变调频波

　　由于单近程探测系统的应用条件限定以及为了简化分析过程，假设频率跳变集为 $\{f_0, f_1, f_2\}$ 三个频率跳变点。频率捷变调频波在一个频点循环周期内的时-频波形见图 7.8。在实际应用中，跳频的方式可以用编码控制，或者是随机跳频。

　　随机跳频使频点跳变的随机性会使敌方很难做到侦听后进行相关预测跟踪，所以其抗干扰性很好，但是该信号产生的方式比较复杂，很难控制跳频频点，可能使不规则区域差频信号的频谱线混入有用差频信号的频谱中，从而影响定距的能力。伪码控制的跳频相比随机跳频随机性更差一些，但是通过对伪码的设计可以改善相关

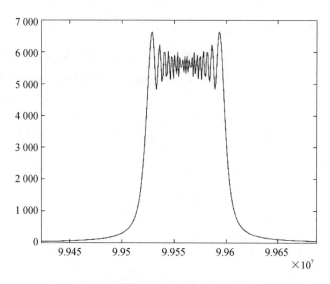

图 7.7　周期锯齿波调频信号频谱图

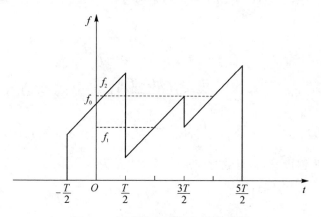

图 7.8　频率捷变调频波时-频曲线

系统性能。所以下面讨论载波频率的跳频采用伪码控制。

为了后续叙述方便,假定:T 为线性调频周期,Ω 为调制信号频率,T_M 为跳频频点循环周期,Ω_M 为跳频频点循环频率,$S_i(t)$,$i=0,1,2$ 为对应于频点 ω_i 的周期线性调频信号,$u(t)$ 为单位阶跃函数。

由图 7.8 可知频率捷变调频波发射信号为

$$S_{\mathrm{FH}}(t) = \sum_{i=-\infty}^{\infty} \left[u\left(t + \frac{T}{2} - iT_M\right) - u\left(t - \frac{T}{2} - iT_M\right) \right] \cdot S_0(t) +$$

$$\sum_{i=-\infty}^{\infty} \left[u\left(t - \frac{T}{2} - iT_M\right) - u\left(t - \frac{3T}{2} - iT_M\right) \right] \cdot S_1(t) +$$

$$\sum_{i=-\infty}^{\infty}\left[u\left(t-\frac{3T}{2}-iT_M\right)-u\left(t-\frac{5T}{2}-iT_M\right)\right]\cdot S_2(t) \tag{7.30}$$

由式(7.30)可以直接得出频率捷变调频波是由处于时间轴上不同位置的周期矩形信号与对应于各个跳频频点上的周期线性调频信号相乘后线性叠加而成的。设对应跳频点 i 的周期矩形信号为

$$U_0(t)=\sum_{i=-\infty}^{\infty}\left[u\left(t+\frac{T}{2}-iT_M\right)-u\left(t-\frac{T}{2}-iT_M\right)\right] \tag{7.31}$$

$$U_1(t)=\sum_{i=-\infty}^{\infty}\left[u\left(t-\frac{T}{2}-iT_M\right)-u\left(t-\frac{3T}{2}-iT_M\right)\right] \tag{7.32}$$

$$U_2(t)=\sum_{i=-\infty}^{\infty}\left[u\left(t-\frac{3T}{2}-iT_M\right)-u\left(t-\frac{5T}{2}-iT_M\right)\right] \tag{7.33}$$

对频率捷变调频波发射信号 $S_{FH}(t)$ 做傅里叶变换可得

$$S_{FH}(\omega)=\frac{1}{2\pi}\left[U_0(\omega)\cdot S_0(\omega)+U_1(\omega)\cdot S_1(\omega)+U_2(\omega)\cdot S_2(\omega)\right] \tag{7.34}$$

在式(7.34)中，$U_0(\omega)$、$U_1(\omega)$、$U_2(\omega)$ 是通过 $U_0(t)$、$U_1(t)$、$U_2(t)$ 做傅里叶变换所得到的。

$$U_0(\omega)=2\pi\sum_{n=-\infty}^{\infty}\frac{T}{T_M}Sa\left(\frac{n\Omega_M T}{2}\right)\delta(\omega-n\Omega_M) \tag{7.35}$$

$$U_1(\omega)=2\pi\sum_{n=-\infty}^{\infty}\frac{T}{T_M}Sa\left(\frac{n\Omega_M T}{2}\right)\mathrm{e}^{-jn\Omega_M T}\delta(\omega-n\Omega_M) \tag{7.36}$$

$$U_2(\omega)=2\pi\sum_{n=-\infty}^{\infty}\frac{T}{T_M}Sa\left(\frac{n\Omega_M T}{2}\right)\mathrm{e}^{-j2n\Omega_M T}\delta(\omega-n\Omega_M) \tag{7.37}$$

调制信号为锯齿波，其复数时变函数可以表示为

$$S(t)=A\sum_{n=-\infty}^{\infty}C_n\mathrm{e}^{\mathrm{j}(\omega_c t+n\Omega t)} \tag{7.38}$$

经过傅里叶变换可得

$$S_i(\omega)=2\pi A\sum_{n=-\infty}^{\infty}C_{in}\delta(\omega-\omega_i-n\Omega) \tag{7.39}$$

经过上述推导整理可得

$$\begin{aligned}S_{FH}(\omega)=\frac{2\pi AT}{T_M}\Bigg[&\sum_{n=-\infty}^{\infty}\sum_{m=-\infty}^{\infty}C_{0n}Sa\left(\frac{m\Omega_M T}{2}\right)\delta(\omega-\omega_0-n\Omega-m\Omega_M)+\\&\sum_{n=-\infty}^{\infty}\sum_{m=-\infty}^{\infty}C_{1n}Sa\left(\frac{m\Omega_M T}{2}\right)\mathrm{e}^{-jm\Omega_M T}\delta(\omega-\omega_1-n\Omega-m\Omega_M)+\\&\sum_{n=-\infty}^{\infty}\sum_{m=-\infty}^{\infty}C_{2n}Sa\left(\frac{m\Omega_M T}{2}\right)\mathrm{e}^{-j2m\Omega_M T}\delta(\omega-\omega_2-n\Omega-m\Omega_M)\Bigg]\end{aligned} \tag{7.40}$$

式中，$\Omega_M=\dfrac{2\pi}{T_M}$。当频点跳变与线性调频同步时，$\Omega$ 和 Ω_M 具有倍数关系。

7.2.4　线性调频–COSTAS 跳频信号

脉间频率步进信号是一串脉间载频顺序步进、脉内频率线性调制窄带脉冲串信号,虽然其具有许多优良特性,但是由于其模糊函数图像为"刀刃"型,因此存在距离-速度耦合和模糊旁瓣较大等不足。这些不足是由于脉间频率步进雷达信号采用线性步进的频率编码方式带来的,是其固有的模糊特性,因而很难解决。如果采用一些性能优良的频率编码方式就能很好地解决这些问题。在众多跳频码中,Costas 阵列编码具有最优的性能,Costas 编码序列是一种 FSK 编码形式,该序列是一种非周期相关的最佳序列。将 Costas 阵列编码与调频步进信号相结合构成线性调频-Costas 跳频雷达信号,既可以消除调频步进信号的距离-速度耦合,又降低了信号的周期性旁瓣。

线性调频子脉冲可表示为

$$u_1(t) = \frac{1}{\sqrt{T}} \text{rect}\left(\frac{t-T/2}{T}\right) \cdot \mathrm{e}^{\mathrm{j}\pi K t^2} \tag{7.41}$$

线性调频-Costas 频率步进相参脉冲串波形的数学表达式一般可写为

$$S(t) = \frac{1}{\sqrt{N}} \sum_{n=1}^{N} u_1(t-(n-1)T_r) \mathrm{e}^{\mathrm{j}2\pi f_n t} \tag{7.42}$$

式中,N 为 Costas 频率步进的脉冲个数;T_r 为脉冲重复周期;f_n 是相参脉冲串波形的第 n 个发射脉冲的发射频率,其表达式如下:

$$f_n = f_0 + (c_n-1)\Delta F, \quad n=1,2,\cdots,N \tag{7.43}$$

式中,f_0 为发射的标准频率;ΔF 为频率变化量,也是线性调频子脉冲的调频带宽;c_n 为 Costas 序列。这种线性调频-Costas 频率步进参脉冲串的复包络为

$$s(t) = \frac{1}{\sqrt{N}} \sum_{n=0}^{N-1} u_1(t-nT_r) \mathrm{e}^{\mathrm{j}2\pi(c_n-1)\Delta Ft} \tag{7.44}$$

式中,$(c_n-1)\Delta F$ 表示第 n 个发射脉冲的载频增量。

发射信号的时-频曲线如图 7.9 所示,在该图中,B_{sub} 为脉冲带宽,T_{sub} 为脉宽,调频斜率为 $\gamma = B_{\text{sub}}/T_{\text{sub}}$。

设扩展目标后向电磁散射强度在径向上投影为 M 个散射中心,散射强度分别为 A_m,目标与近程探测系统之间的初始距离分别为 R_{0m},弹体以速度 v 向目标方向做匀速运动,则第 n 个子脉冲回波为

$$s_{rn}(t) = \sum_{m=1}^{M} \frac{A_m}{\sqrt{N}} u_1(t-nT_r-t_m) \mathrm{e}^{\mathrm{j}2\pi F_n(t-t_m)} \tag{7.45}$$

式中,$t_m = \dfrac{2(R_{0m}-vt)}{c} = t_{0m} - \dfrac{2vt}{c}$,为目标散射点的延时。

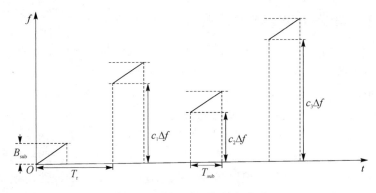

图 7.9　发射信号的时-频曲线

7.3　频率捷变调频无线电近程探测系统的参数选择

无线电近程探测系统工作的特点是作用时间短、与目标间的距离相对较近,其工作时间一般只有几秒到几十秒,作用距离一般只有几米到几十米。由于该系统具有上述特点,因此将频率捷变技术应用于近程探测系统时,近程探测系统的抗干扰性能将极大提高。对于近程探测系统而言,要使系统的特点和优势发挥得较好,就需要考虑各种因素的影响,抑制不利因素,同时利用有利因素,因此近程探测系统相关参数的选择十分重要。不同跳频体制的近程探测系统相关参数的选择会有不同,本节主要介绍频率捷变调频近程探测系统的参数选择。

7.3.1　频率捷变循环周期

频点跳变规律由伪随机码控制,当一个跳变对应着一个伪码状态时,频点捷变循环周期和伪随机码长度就相对应,当在一个循环周期内一个跳频点仅出现一次时,频点捷变周期和跳频集的频点数就相对应。当频率捷变近程探测系统的跳频规律由伪码控制时,其随机性较好,现代无线电侦收系统要完成对近程探测系统频点跳变规律的侦收判断,至少需要一个以上的频点循环周期,当伪码长度较长或跳频频点数较多时,频点循环周期就长,加之近程探测系统工作的短时性,敌方很难判断频点跳变规律,这使得频率捷变近程探测系统在反侦收截获和抗跟踪瞄准式干扰时十分有效。因此,延长频点捷变循环周期将增强近程探测系统的抗干扰性能。

频率捷变调频定距系统差频信号的谱线间隔是与频点捷变循环周期有关的,频率捷变循环周期越大,谱线间隔越小,谱线越密,由谱线离散而引起的系统固定误差就越小,系统的定距精度也就越高。

频率捷变循环周期为 T_M, T_M 越长,频率捷变的随机性越好,抗干扰性能越好,系统由差频信号谱线离散而带来的固定误差越小。综上所述,在参数选择设计时,希望 T_M 的值较大。一般,在频点数为 N、线性调频周期为 T 的情况下,令 $T_M = NT$,当频点数较少时,而又希望近程探测系统抗干扰能力更强一些,可以将周期设置为伪随机周期,此时一个频点在一个循环周期内不止出现一次。

7.3.2　频点跳变速率

频点跳变速率是频率捷变系统的重要特征指标,其与系统性能的关系很密切。一方面,如果频点跳变速率过低,信号就容易被对方截获、跟踪和干扰;另一方面,如果频点跳变速率过高,又需要考虑应用的可实现性,并且存在和线性调制周期的配合等一系列问题。

当频率捷变近程探测系统的工作点不断变化时,对方就很难实现侦察、截获及干扰。从广义角度来说,其属于逃避式抗干扰,隐蔽性是相对对方的变动性而言的,从抗干扰性能角度来说,跳频速率越快,其抗干扰性能越强,高的频点跳变速率有利于频率捷变系统抵抗多种有源干扰。

设计频点跳变速率 f_v 时,当确定了线性调制周期 T 的值后,跳变速率受线性调制周期的限制,须满足 $f_v \leqslant \dfrac{1}{T}$ 的关系。跳变速率的快慢也对应着单个频点跳变周期的长短,而跳变周期与线性调频周期是相互联系的,彼此之间的关系影响到系统的定距性能。通常,跳变周期大于线性调频周期,当一个跳变周期内有 m 个线性调频周期时,频率跳变速率的取值为 $f_v = \dfrac{1}{mT}$。

7.3.3　跳频间隔与捷变总带宽

系统占有频带带宽一般均匀地分为多个频隙,频率的跳变可在相邻频隙间进行,也可相隔几个频隙。当跳频间隔较宽时,有利于对抗跟踪干扰,使侦收机不易跟踪跳变频点,也使得敌方干扰机不易调谐到对应频点上。但是当跳频间隔较宽时,不规则区差频信号频率将远高于规则区差频信号频率。当频点数为 M 时,跳频间隔需要满足 $d < \dfrac{M}{2}$。

当频率捷变总带宽越宽时,抗干扰能力越强。此时,有较多跳变频点,对方很难侦收到该信号。而且,在有源干扰方面很少有能做到在全部总带宽上都进行干扰。宽带阻塞式干扰对宽带系统比较有效,但频率捷变近程探测系统总带宽很宽,而对每一个频点而言,近程探测系统却是窄带的,阻塞式干扰要对如此宽的频带实施干扰,就会迫使干扰机将其功率分散到很宽的频带上,使干扰功率潜密度极大降低,导致进入近程探测系统的有效干扰要小得多,因此较宽的频率捷变总带宽将使系统抗有源干扰的能力得到增强。捷变总带宽与中心工作频率有关,当中心工作频率高时,带宽可以相应宽一些。但是实际应用中,总带宽要受到器件水平、工程可实现等因素限制。

7.4　捷变频无线电近程探测系统测量原理

多普勒定距、调频定距、相位定距和脉冲定距是常用于无线电近程探测系统定距的几种定距体制。当无线电近程探测系统引入频率捷变技术时,由于不同的定距体制的特点各不相同,相应的各定距体制与频率捷变技术不都完全兼容。近程探测系统的发射信号不包含任何目标信息,只有当发射信号被目标反射后所得的回波信号才包含目标信息。下面主要介绍频率捷变多普勒相位定距和频率捷变调频测距两种定距体制。

7.4.1　频率捷变多普勒相位定距原理及方法

因为单发近程探测系统重量、体积等因素的限制,下面选取的频率捷变点是三个。图7.10是频率捷变多普勒相位定距近程探测系统原理框图。

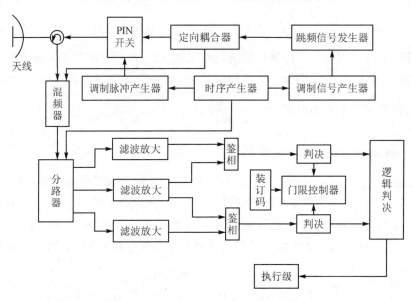

图7.10　频率捷变多普勒相位定距近程探测系统原理框图

多普勒相位定距工作原理是时序发生器通过调制信号发生器控制振荡器,从而产生频率捷变信号,频率捷变信号再通过天线辐射出去,该辐射信号遇到目标后产生的回波信号通过天线进入近程探测系统,回波信号进入近程探测系统后,与振荡器进行混频,再通过时序发生器控制的分路器将混频后的信号分成三路,各自与某一个频率点相对应,幅度由多普勒信号调制的脉冲信号决定。三路信号各经过滤波放大后,两两组合,选其中两组分别鉴相,鉴相输出经过由装订码控制的门限控制器判决后,再输入逻辑判决。如果满足预先设定的条件,就输出启动信号。

距离信息包含在不同载频的多普勒信号之间的相位差之中。两个载频频差为 Δf 的多普勒信号之间的相位差为

$$\Delta \varphi = \frac{4\pi \Delta f R}{c} \tag{7.46}$$

式中,R 表示近程探测系统与目标之间的距离;c 表示光速。

由式(8.46)推导可得

$$R = \frac{c \cdot \Delta \varphi}{4\pi \Delta f} \tag{7.47}$$

因此,可以通过测得 $\Delta \varphi$ 的值获得距离信息,但是 $\Delta \varphi$ 实际上是以 2π 为周期的,因此这种方法运用存在距离模糊现象。当 $\Delta \varphi$ 取 2π 时,获得的是最大不模糊距离

$$R_0 = \frac{c}{2\Delta f} \tag{7.48}$$

理想状态下,Δf 的值足够小,这样 R_0 的值就可以很大,从而满足测距需要。但在实际工程应用中,由于振荡器频率稳定度等因素的限制,实际的 Δf 值并不是很小,这就造成在测距范围内可能存在测距模糊问题。

为解决这一问题,根据剩余定理,假设所测距离是 R',可以选择两组多普勒信号,它们的最大不模糊距离各为 R_{01}、R_{02},两者满足互质的要求,且 $R' < R_{01} \cdot R_{02}$。由此可以通过测这两组多普勒信号的相位差来共同定距。相位差与距离之间的关系如图 7.11 所示。

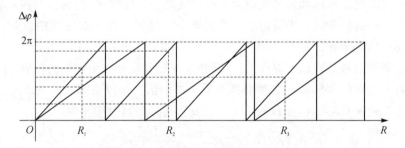

图 7.11　相位差与距离之间的关系图

7.4.2　频率捷变调频定距原理及方法

在雷达和通信领域,频率捷变技术已经被广泛应用。频率捷变调频定距系统亦可应用到无线电近程探测系统,该定距方法有较高的定距精度和较强的抗干扰性能。其原理见图 7.12。

在频率捷变调频定距系统中,VCO 的瞬时中心频率由信号调制器通过伪随机码

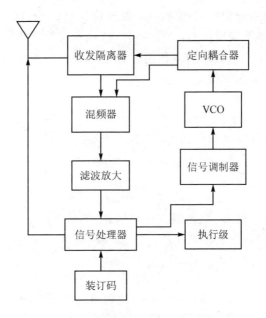

图 7.12　频率捷变调频定距系统原理框图

生成的频率捷变序列或者随机跳频来控制,从而实现频率的跳变。在 VCO 两端加上锯齿波进行线性调频,就能产生瞬时中心频率不断跳变的调制射频信号。有一部分信号经过定向耦合器在混频器与接收到的回波信号进行混频,从而获得差频信号,再经过信号处理得到距离信息,判决是否给出点火信号。

　　调频定距的工作原理是将发射信号与回波信号进行混频,混频后得到差频信号,从得到的差频信号中获取距离信息。当调频定距与频率捷变技术相结合时,其工作原理相比调频定距有什么不同呢?

　　假设调制信号是理想的锯齿波,不存在多普勒频偏和寄生调幅的影响,回波信号为在时间上发射信号延迟 τ,忽略传播介质对回波信号相位造成的偏差。

　　假定扫频速率是 $2K$,单位是 Hz/s,则发射信号的瞬时频率为

$$f_{\mathrm{t}}(t) = f_n + 2K(t - nT), \qquad \frac{2n-1}{2}T < t \leqslant \frac{2n+1}{2}T \qquad (7.49)$$

式中,T 表示锯齿波调制信号的周期;f_n 表示各调制周期 $\dfrac{2n-1}{2}T < t \leqslant \dfrac{2n+1}{2}T$ 的瞬时中心频率,即跳变的频率点。

　　令 $t_n = t - nT$,则发射信号为 $f_{\mathrm{t}}(t) = f_n + 2Kt_n$,由发射信号的瞬时频率可以得到瞬时相位为 $\varphi_{\mathrm{t}}(t) = 2\pi \displaystyle\int_0^t f_{\mathrm{t}}(t)\mathrm{d}t + \phi$,其中 ϕ 为发射信号的初始相位,假设在 $t=0$ 时刻为初始相位($\phi = 0$),$\Delta\varphi_n$ 为 $\dfrac{2n+1}{2}T$ 时刻的瞬时相位。

由上述条件可以推导如下：

当 $n=0$ 时，

$$\varphi_t(t)=2\pi\int_0^t(f_0+2Kt_0)\mathrm{d}t=2\pi(f_0t+Kt^2),\quad 0<t\leqslant\frac{1}{2}T$$

所以，当 $t=\frac{1}{2}T$ 时，$\Delta\varphi_0=\pi f_0T+\dfrac{\pi KT^2}{2}$。

当 $n=1$ 时，

$$\varphi_t(t)=2\pi\int_{\frac{T}{2}}^t(f_1+2Kt_1)\mathrm{d}t+\Delta\varphi_0$$

$$=2\pi f_1t_1+2\pi Kt_1^2+\pi T(f_0+f_1),\quad\frac{1}{2}T<t\leqslant\frac{3}{2}T$$

所以，当 $t=\frac{3}{2}T$ 时，$\Delta\varphi_1=\pi T(f_0+2f_1)+\dfrac{\pi KT^2}{2}$。

当 $n=2$ 时，

$$\varphi_t(t)=2\pi\int_{\frac{3T}{2}}^t(f_2+2Kt_2)\mathrm{d}t+\Delta\varphi_1$$

$$=2\pi f_2t_2+2\pi Kt_2^2+\pi T(f_0+f_1+f_2),\quad\frac{3}{2}T<t\leqslant\frac{5}{2}T$$

所以，当 $t=\frac{5}{2}T$ 时，$\Delta\varphi_2=\pi T(f_0+2f_1+2f_2)+\dfrac{\pi KT^2}{2}$。

当 $n=3$ 时，

$$\varphi_t(t)=2\pi\int_{\frac{5T}{2}}^t(f_3+2Kt_3)\mathrm{d}t+\Delta\varphi_2$$

$$=2\pi f_3t_3+2\pi Kt_3^2+\pi T(f_0+2f_1+2f_2+f_3),\quad\frac{5}{2}T<t\leqslant\frac{7}{2}T$$

所以，当 $t=\frac{7}{2}T$ 时，$\Delta\varphi_3=\pi T(f_0+2f_1+2f_2+2f_3)+\dfrac{\pi KT^2}{2}$。

由上述推导不难发现如下规律：

$$\varphi_t(t)=2\pi\int_{\frac{2n-1}{2}T}^t(f_n+2Kt_n)\mathrm{d}t+\Delta\varphi_{n-1}=2\pi f_nt_n+2\pi Kt_n^2+$$

$$\pi T(f_0+2f_1+\cdots+2f_{n-1}+f_n),\quad n>0 \tag{7.50}$$

$$\Delta\varphi_n=\pi T(f_0+2f_1+\cdots+2f_{n-1}+2f_n)+\frac{\pi KT^2}{2} \tag{7.51}$$

用 $\varphi_r(t)$ 表示回波信号的瞬时相位，因为回波信号相比发射信号在时间上延迟了 τ，所以 $\varphi_r(t)$ 的表达式为

$$\varphi_r(t)=\varphi_t(t-\tau)=2\pi f_n(t_n-\tau)+2\pi K(t_n-\tau)^2+$$

$$\pi T(f_0+2f_1+\cdots+2f_{n-1}+f_n) \tag{7.52}$$

则发射信号与回波信号的相位差为

$$\varphi_1(t) = \varphi_t(t) - \varphi_r(t) \tag{7.53}$$

由图 7.13 和图 7.14 所示的曲线可以直观地看到中心频率在随机跳变,存在同时刻点的发射信号与回波信号的中心频率不同的情况,因此需要在一个扫描周期范围内分段讨论相位差 $\varphi_1(t)$。

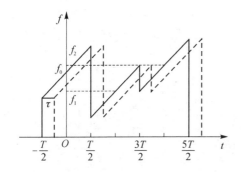

图 7.13　发射回波信号时-频波形　　　　图 7.14　差频信号波形图

当 $\dfrac{2n-1}{2}T + \tau < t \leqslant \dfrac{2n+1}{2}T$ 时,

$$\begin{aligned}
\varphi_1(t) &= \varphi_t(t) - \varphi_r(t) \\
&= 2\pi f_n t_n + 2\pi K t_n^2 + \pi T(f_0 + 2f_1 + \cdots + 2f_{n-1} + f_n) - \\
&\quad [2\pi f_n(t_n - \tau) + 2\pi K(t_n - \tau)^2 + \pi T(f_0 + 2f_1 + \cdots + 2f_{n-1} + f_n)] \\
&= 2\pi f_n \tau - 2\pi K \tau^2 + 4\pi K t_n \tau \tag{7.54}
\end{aligned}$$

当 $\dfrac{2n+1}{2}T < t \leqslant \dfrac{2n+1}{2}T + \tau$ 时,

$$\begin{aligned}
\varphi_1(t) &= \varphi_t(t) - \varphi_r(t) \\
&= 2\pi f_{n+1} t_{n+1} + 2\pi K t_{n+1}^2 + \pi T(f_0 + 2f_1 + \cdots + 2f_n + f_{n+1}) - \\
&\quad [2\pi f_n(t_n - \tau) + 2\pi K(t_n - \tau)^2 + \pi T(f_0 + 2f_1 + \cdots + 2f_{n-1} + f_n)] \\
&= 2\pi t_{n+1}[(f_{n+1} - f_n) - 2K(T - \tau)] + \pi T(f_{n+1} - f_n) + 2\pi f_n \tau - 2\pi K(T - \tau)^2 \tag{7.55}
\end{aligned}$$

令 $\Delta f_n = f_{n+1} - f_n$,则相位差 $\varphi_1(t)$ 的表达式为

$$\varphi_1(t) = \begin{cases}
2\pi f_n t_n - 2\pi K \tau^2 + 4\pi K t_n \tau, & \dfrac{2n-1}{2}T + \tau < t \leqslant \dfrac{2n+1}{2}T \\
2\pi t_{n+1}[\Delta f_n - 2K(T - \tau)] + \pi T \Delta f_n + 2\pi f_n \tau - 2\pi K(T - \tau)^2, & \dfrac{2n+1}{2}T < t \leqslant \dfrac{2n+1}{2}T + \tau
\end{cases} \tag{7.56}$$

因为发射信号相位和回波信号相位在时间轴上都为连续函数,所以它们所得的相位差 $\varphi_1(t)$ 在时间轴上也为差值函数。对相位差进行求导,可以得到瞬时差频:

$$\frac{\mathrm{d}\varphi_1(t)}{\mathrm{d}t} = \begin{cases} 4K\pi\tau, & \dfrac{2n-1}{2}T + \tau < t \leqslant \dfrac{2n+1}{2}T \\[2mm] 2\pi\left[\Delta f_n - 2K(T-\tau)\right], & \dfrac{2n+1}{2}T < t \leqslant \dfrac{2n+1}{2}T + \tau \end{cases}$$

$$(7.57)$$

因为 $\tau \ll T$，所以在大部分时间范围内延迟时间 τ 都正比于瞬时差频，而距离 R 和延迟时间 τ 之间的关系为 $R = \dfrac{\tau c}{2}$，进一步就能通过延迟时间 τ 来获得相应的距离信息。

7.5　捷变频无线电近程探测系统抗干扰分析

7.5.1　干扰的基本类型

在现代战争中，无线电近程探测系统面临的电磁环境十分复杂，干扰的类型也很多。一般情况下，战争中的干扰都是有意的人为干扰，这种干扰分为无源干扰和有源干扰。无源干扰实际上就是有意投放的无源反射体，这些反射体和真实的目标一样能反射无线电波。其中最实用有效的是角反射体和半波长箔条。角反射体的特性是全向反射，也就说电磁波被反射的方向和入射波是一样的，因此它的等效反射面积特别大。而箔条基本都是由全金属化的玻璃纤维制造而成的，它的直径只有几十微米，这个长度刚好是近程探测系统工作波长的一半，它可以和近程探测系统的工作频率发生谐振，从而进行干扰。此外，诱饵火箭和假弹头也都是常用的无源干扰。

有源干扰是现代战争中最有效的干扰方法，主要分欺骗式干扰和压制式干扰。欺骗式干扰的预期效果是产生一个假目标，将信号伪装成敌人希望的目标信号，从而进行干扰，如今使用最多的是回答式干扰。压制式干扰主要分为窄带瞄准式干扰、宽带阻塞式干扰和扫频式干扰，这三种干扰最常用，也是本节着重分析的三种干扰模式。

窄带瞄准式干扰首先需要用电子侦察系统测出近程探测系统的工作频率，然后将干扰机的频率调谐到该频率上，这种干扰能最大限度地把干扰功率集中在近程探测系统工作的频率上，因此，这种干扰在该固定频率上的干扰效果十分明显；宽带阻塞式干扰不需要知道近程探测系统的工作频率，直接利用大功率的干扰机产生功率极强的宽带干扰信号，从而直接将有用信号淹没；扫频干扰兼备了窄带瞄准式干扰和宽带阻塞式干扰的特点，通过动态扫描干扰频带，提高了干扰的功率利用率。扫频干扰的中心频率是连续的、周期的函数，扫频的范围比较宽，而且保持较高的干扰功率密度，可以对近程探测系统造成周期性间断的强干扰，从而使近程探测系统提高检测门限达到保护目标的目的。图 7.15 所示为常用干扰的基本类型。

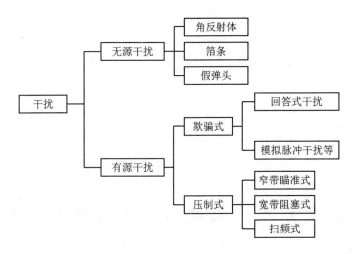

图 7.15 常用干扰的基本类型

7.5.2 捷变频无线电近程探测系统抗干扰分析函数

如何衡量无线电抗干扰能力,在有些文献中,提出系统反电子对抗措施(ECCM)评估的概念,即引入近程探测系统对抗作战的反电子对抗改善因子:

$$\text{EIF} = \frac{(S/J)_k}{(S/J)_o} \tag{7.58}$$

式中,$(S/J)_o$ 和 $(S/J)_k$ 代表未采用抗干扰措施和采用抗干扰措施近程探测系统的输出信干比,它们的具体表达式分别为

$$(S/J)_o = \frac{P_t G_t^2 \sigma \lambda^2}{(4\pi)^3 R_t^4 L} \Bigg/ \left[P_n + \frac{P_J G_J(\phi) G_t(\phi) \lambda_J^2 B_R}{(4\pi)^2 R_J^2 L_r B_{JS}} \right] \tag{7.59}$$

$$(S/J)_k = \frac{P_t G_t^2 \sigma \lambda^2}{(4\pi)^3 R_t^4 L} \Bigg/ \left[P_n + \frac{P_J G_J(\phi) G_t(\phi) \lambda_J^2 B_R}{D(4\pi)^2 R_J^2 L_r B_{JS}} \right] \tag{7.60}$$

其中,P_t 为近程探测系统的发射功率;G_t 为近程探测系统的天线增益;σ 为近程探测系统横截面积;λ 为近程探测系统的工作波长;R_t 为目标距近程探测系统的距离;P_J 为干扰机的发射功率;R_J 为干扰机距近程探测系统的距离;L 为近程探测系统系统损耗;L_r 为近程探测系统接受支路损耗;B_{JS} 为干扰信号带宽;B_R 为近程探测系统接收机带宽;P_n 为接收机等效输入噪声;$G_J(\phi)$ 为干扰机天线在近程探测系统方向上的增益;$G_t(\phi)$ 为近程探测系统天线在干扰机方向上的增益;D 为各种抗干扰技术措施的改善因子。

在捷变频近程探测系统信号对抗中,捷变频带宽是很大的,但是同时干扰机的带宽也很大,因此只有捷变频信号落在干扰机带宽外的信号才是有效未被干扰信号。在有些文献中,定义干扰频率捷变信号的有效频带函数为

$$f(f_{\mathrm{J}},f_{\mathrm{R}},B_{\mathrm{R}},B_{\mathrm{FA}},B_{\mathrm{JA}})=\frac{B_{\mathrm{R}}}{B_{\mathrm{JA}}}\cdot\frac{B_{\mathrm{JA}}\bigcap B_{\mathrm{FA}}}{B_{\mathrm{FA}}} \tag{7.61}$$

其中，f_{J} 为干扰中心频率；f_{R} 为近程探测系统中心频率；B_{JA} 为干扰机带宽；B_{FA} 为近程探测系统捷变频带宽；$B_{\mathrm{JA}}\bigcap B_{\mathrm{FA}}$ 为近程探测系统捷变频带宽与干扰机干扰带宽重叠的频带宽度。

在实际应用中，带宽阻塞干扰的带宽刚好等于干扰信号的带宽，但是对于窄带瞄准式和扫频式等动态干扰来说，干扰机的带宽不等于干扰信号的带宽。因此，为了能够统一分析这三种压制式干扰的性能，把式(7.61)改写为

$$f(f_{\mathrm{J}},f_{\mathrm{R}},B_{\mathrm{R}},B_{\mathrm{FA}},B_{\mathrm{JA}})=f_{\mathrm{p}}\frac{B_{\mathrm{R}}}{B_{\mathrm{JA}}} \tag{7.62}$$

其中，f_{p} 代表近程探测系统被干扰的概率。显然，对于宽带阻塞式干扰来说，上面有效频带函数是相等的。

同时，当忽略接收机等效输入噪声时，可以把 $(S/J)_{\mathrm{o}}$ 和 $(S/J)_{\mathrm{k}}$ 改写为

$$(S/J)_{\mathrm{o}}=\frac{P_{\mathrm{t}}G_{\mathrm{t}}^{2}\sigma\lambda^{2}}{(4\pi)^{3}R_{\mathrm{t}}^{4}L}\Bigg/\left[\frac{P_{\mathrm{J}}G_{\mathrm{J}}(\phi)G_{\mathrm{t}}(\phi)\lambda_{\mathrm{J}}^{2}B_{\mathrm{R}}}{(4\pi)^{2}R_{\mathrm{J}}^{2}L_{\mathrm{r}}B_{\mathrm{JS}}}\right] \tag{7.63}$$

$$(S/J)_{\mathrm{k}}=\frac{P_{\mathrm{t}}G_{\mathrm{t}}^{2}\sigma\lambda^{2}}{(4\pi)^{3}R_{\mathrm{t}}^{4}L}\Bigg/\left[\frac{P_{\mathrm{J}}G_{\mathrm{J}}(\phi)G_{\mathrm{t}}(\phi)\lambda_{\mathrm{J}}^{2}B_{\mathrm{R}}}{D(4\pi)^{2}R_{\mathrm{J}}^{2}L_{\mathrm{r}}B_{\mathrm{JS}}}\right] \tag{7.64}$$

综上所述，对采取抗干扰措施前后系统的被干扰概率进行分析，即可实现对系统抗干扰能力的评估。

7.5.3　捷变频无线电近程探测系统抗干扰性能分析

（1）对抗宽带阻塞式干扰的性能分析

宽带阻塞式干扰的信号带宽等于干扰机的带宽，这里假设不采取抗干扰措施时，被干扰的概率为 1，即完全被干扰，则此时采取捷变频抗干扰措施后，被干扰的概率为

$$f_{\mathrm{p}}=\frac{B_{\mathrm{JA}}\bigcap B_{\mathrm{FA}}}{B_{\mathrm{FA}}} \tag{7.65}$$

忽略近程探测系统变频后目标回波信号等因素的影响，可以得出捷变频抗带宽阻塞式干扰的改善因子为

$$D=\frac{B_{\mathrm{FA}}}{B_{\mathrm{JA}}\bigcap B_{\mathrm{FA}}} \tag{7.66}$$

宽带阻塞式干扰是产生一个很大功率宽带信号，从而让有用信号无法被接受。因此，这种干扰方式对宽带的系统是非常有效的，但是多发捷变频近程探测系统的频率捷变带宽超过 500 MHz，对于其中的每一个频点来说，近程探测系统是窄带的，若对如此宽度的频带进行干扰，干扰信号的功率谱密度会极大降低，也即进入每一个频点对应频带的有效干扰很小。因此，频率捷变近程探测系统对于抗宽带阻塞式干扰

的能力比较强。

(2) 对抗窄带瞄准式干扰的性能分析

窄带瞄准式干扰是一个动态扫描的过程,在有些文献中,提出用相对捷变因子来反映捷变频近程探测系统的抗动态干扰过程。相对捷变因子定义为

$$S_{RFA} = \frac{B_{FA}/T_{FA}}{B_{JA}/T_{JA}} \qquad (7.67)$$

其中,T_{FA} 为捷变频近程探测系统的捷变周期;T_{JA} 为干扰机的调频周期。

虽然相对捷变因子可以较好地反应捷变频近程探测系统的抗窄带瞄准式干扰的能力,却不能反应近程探测系统采用抗干扰措施后所发生的变化,因此需要修正这个式子。假设近程探测系统受到窄带瞄准式干扰,并且被完全干扰的情况下,即被干扰概率为 1,此时采用捷变频抗干扰措施后,近程探测系统被干扰的概率为

$$f_p = \frac{B_{JA} \bigcap B_{FA}}{B_{FA}} \cdot \frac{T_{FA} - T_{JR}}{T_{FA}} \qquad (7.68)$$

其中,T_{JR} 代表干扰机干扰近程探测系统所需要的时间,也是干扰机跳频周期与干扰信号到达近程探测系统的延迟时间的和。很显然,只要近程探测系统的跳频周期远小于干扰机干扰近程探测系统的周期,就不可能被干扰到,即被干扰概率为 0。若此时忽略近程探测系统变频后对回波信号等因素的影响,则近程探测系统的抗干扰改善因子为

$$D = \frac{B_{FA}}{B_{JA} \bigcap B_{FA}} \cdot \frac{T_{FA}}{T_{FA} - T_{JR}} \qquad (7.69)$$

在现实战争中,无线电侦测系统是很难有效截获多发近程探测系统的大量的频点,即使窄带瞄准式干扰截取到部分频点,也需要时间来频率调谐。因此,窄带瞄准式干扰是很难干扰到捷变频近程探测系统的,也就说捷变频近程探测系统抗窄带瞄准式干扰的能力很强。

(3) 对抗扫频式干扰的性能分析

扫频式干扰也是一个动态扫描过程,但是它兼具窄带瞄准式和宽带阻塞式干扰的特点。扫频式干扰虽然运用的是窄带来干扰信号,但是由于干扰的范围局限于扫频扫到的带宽内干扰,因此想要干扰到频率捷变近程探测系统,也必须具备足够宽的带宽。同时,扫频的速度也非常重要,不能太慢也不能太快,需要考虑近程探测系统的反应时间。

当近程探测系统频率正处于干扰扫描的区域时,干扰能影响捷变频近程探测系统的时间为

$$t = \frac{B_R + B_{JS}}{V_J} = T_{JS} \frac{B_R + B_{JS}}{B_{JA} - B_{JS}} \qquad (7.70)$$

其中,V_J 为干扰机的扫频速率;T_{JS} 为干扰机扫频周期。

为了考虑近程探测系统的反应时间,干扰频带扫过接收机的时间应该大于或等

于近程探测系统接受的响应时间。一般情况下,近程探测系统的响应时间为 $t_0 = \dfrac{1}{B_R}$,因此形成干扰的条件必须满足 $t \geqslant t_0$。综合上式可得 $V_J \leqslant B_R(B_R + B_{JS})$。在此条件下,一个扫频周期内雷达被干扰的概率为

$$f_p = \frac{t}{T_{JS}} = \frac{B_R + B_{JS}}{B_{JA} - B_{JS}} \tag{7.71}$$

然而,采取了抗干扰措施后,近程探测系统被干扰的概率为

$$f_p = \frac{B_{JA} \bigcap B_{FA}}{B_{FA}} \cdot \frac{t}{T_{JS}} \tag{7.72}$$

将采取抗干扰措施前后的干扰概率相比,即可得到改善因子

$$D = \frac{B_{FA}}{B_{JA} \bigcap B_{FA}} \tag{7.73}$$

综上所述,扫频式干扰虽然利用率高,并且可以在很宽的频带范围内进行快速的频率调谐,但是干扰的效果并不理想。因为要控制扫频的速度不能太快也不能太慢,太快会导致对近程探测系统的干扰不充足,达不到近程探测系统被干扰的电压积累响应时间,太慢又会使得近程探测系统受干扰的概率降低。即使在某一时刻,扫频式干扰能够影响到某一频点的信号,但是对于捷变频近程探测系统的该频点的多普勒信号来说,只是影响到了几个取样脉冲而已,使整个多普勒信号的信噪比略有下降。因此,扫频式干扰对于捷变频近程探测系统的干扰效果很不好,换言之,捷变频近程探测系统抗扫频式干扰能力很强,几乎不会被影响。

习　题

1. 填空题。

（1）频率捷变技术指＿＿＿＿＿的一种工作方式,在无线电近程探测系统中采用频率捷变技术设计的宽带近程探测系统,称为频率捷变近程探测系统。

（2）非相干频率捷变近程探测系统中最关键的部分是＿＿＿＿＿,所发射的脉冲是＿＿＿＿＿;全相干频率捷变近程探测系统的核心是＿＿＿＿＿,它能产生＿＿＿＿＿。

（3）频率捷变调频信号就是在较宽的频带范围内＿＿＿＿＿进行离散地周期性跳变,而在每个载频保持的短时间内进行＿＿＿＿＿。

（4）频率捷变调频信号可以看作线性调频信号与频率跳变信号的组合。频率捷变调频波是由＿＿＿＿＿与＿＿＿＿＿相乘后线性叠加而成的。

（5）频点捷变循环周期与＿＿＿＿＿有关,且频点捷变循环周期与系统的定距精度成＿＿＿＿＿。频点跳变速率对应着＿＿＿＿＿,并与＿＿＿＿＿相联系,影响系统定距性能。

(6) 在频率捷变多普勒相位定距中,距离信息包含在_____之中;在频率捷变调频测距中,一般情况下,可以通过_____来获得相应的距离信息。

2. 单项选择题。

(1) 下面关于全相干频率捷变近程探测系统的叙述中,_____是错误的。

A. 发射信号和本振信号由同一个高稳定信号源产生,两者具有严格的相位关系

B. 全相干频率捷变近程探测系统中最关键的部分是压控本振的自动频率控制系统

C. 固定频率的全相参近程探测系统抗干扰能力差

D. 全相干频率捷变无线电近程探测系统可以进行各种复杂的波形设计

(2) 设 T_M 为频率捷变循环周期,T 为线性调频周期,N 为频点数,为保证近程探测系统的可靠工作,应选择_____。

A. $T_M = NT$ B. $T_M < NT$ C. $T_M > NT$ D. $T_M \neq NT$

(3) 设 f_v 为频点跳变速率,T 为线性调频周期,为保证近程探测系统的定距性能,应选择_____。

A. $f_v = \dfrac{1}{T}$ B. $f_v \leqslant \dfrac{1}{T}$ C. $f_v \geqslant \dfrac{1}{T}$ D. $f_v \neq \dfrac{1}{T}$

(4) 设 d 为跳频间隔,M 为频点数,综合考虑系统的抗干扰性能和定距性能,应选择_____。

A. $d = \dfrac{M}{2}$ B. $d < \dfrac{M}{2}$ C. $d > \dfrac{M}{2}$ D. $d \neq \dfrac{M}{2}$

(5) 在频率捷变多普勒相位定距系统中,_____。

A. 可通过测量多普勒相位差 $\Delta\varphi$,借助 $R = \dfrac{c \cdot \Delta\varphi}{2\pi\Delta f}$,实现定距

B. 最大不模糊距离为 $R_0 = \dfrac{c}{4\Delta f}$

C. 可能存在测距模糊问题

D. A、B 和 C

3. 问答题。

(1) 查阅资料,了解其他频率编码方式,并对相应的回波信号进行分析。

(2) 要提高系统的抗干扰性能,应调整哪些系统参数?如何调整?

(3) 频率捷变多普勒相位定距系统的组成以及工作原理是什么?

(4) 试对比分析普通调频定距和频率捷变调频定距两种体制的工作原理的异同。

(5) 结合所学知识,查阅资料,探讨频率捷变多普勒比相定距方案的工作原理。

(6) 简要分析捷变频无线电近程探测系统抗宽带阻塞式干扰、抗窄带瞄准式干扰和抗扫频式干扰性能好的原因。

4. 设计一频率捷变近程探测系统（确定 T_M、f_v 和 d 等参数），发射载频 f_0 为 35 GHz，作用距离范围为 3~40 m，脉间跳频，最大测距误差不超过 1 m，与目标的相对运动速度为 10 m/s。

5. 在频率捷变调频定距系统中，调频振荡源会产生寄生调幅，进而影响系统的探测结果。当频率捷变总带宽较宽时，寄生调幅比较严重，试结合文献与所学知识，对这种现象进行分析，并给出抑制寄生调幅的措施。

第8章　被动式无线电探测系统

8.1　物体的辐射特性及辐射模型

自然界中,只要不是接近绝对零度,任何物体都是一个辐射源。也就是说,物体将在一定温度下发射电磁波,同时也被别的物体发射的电磁波所照射。物体所辐射的电磁波与物体本身的特性有关,不同的物质有不同的辐射频谱,从而具有不同的辐射特性。根据物体辐射特性的差异,可进行目标识别,这就是被动式探测系统工作原理的基础。

8.1.1　黑体辐射

能够在热力学定理允许的范围内最大限度地把热能转变成辐射能的理想热辐射体,称为黑体。同样,在无线电探测系统工作的频段内,黑体就是指在该频段所有的频率上都能吸收落在它上面的全部辐射而无反射的理想物体。此外,它除了是一个理想的吸收体外,同时也是一个理想的发射体。

根据普朗克定律,一个单位频率、单位黑体的发射面积,在单位立体角的功率,可定义为亮度 L_{bb},表示为

$$L_{bb} = \frac{2hf^3}{c^2} \cdot \frac{1}{e^{\frac{hf}{kT}} - 1} \tag{8.1}$$

式中,$h = 6.63 \times 10^{-34}$ J·S,为普朗克常数;$k = 1.38 \times 10^{-23}$ J/K,为玻耳兹曼常数。

可见,L_{bb} 只与频率 f 和温度 T 有关,与方向和位置无关。

在整个无线电波段范围,一般有 $hf/kT \ll 1$,所以指数项经级数展开取近似值并整理后,式(8.1)可简化为

$$L_{bb} \approx \frac{2f^2 kT}{c^2} = \frac{2kT}{\lambda^2} \tag{8.2}$$

上式通常称为瑞利-琼斯公式。

设接收系统天线归一化功率增益方向图为 $G(\theta, \varphi)$,θ、φ 分别为入射角和方位角,并考虑天线单极化接收,只检测总入射功率的一半,则在带宽 B 内接收的总功率为

$$W = \frac{\lambda^2}{8\pi} \int_f^{f+B} \int_{4\pi} L(\theta, \varphi) G(\theta, \varphi) \mathrm{d}\Omega \mathrm{d}f \tag{8.3}$$

式中,积分是在 4π 立体角内进行的,黑体亮度 $L(\theta,\varphi)=L_{bb}$,通常有 $B\ll f$,并设天线的辐射电阻 R 与其终端相匹配,则由式(8.3)可得

$$W=\frac{kTB}{4\pi}\int_{4\pi}G(\theta,\varphi)\mathrm{d}\Omega \tag{8.4}$$

根据天线理论,有

$$\int_{4\pi}G(\theta,\varphi)\mathrm{d}\Omega=4\pi$$

所以式(8.4)可写为

$$W=kTB \tag{8.5}$$

由式(8.5)可见,功率与温度有一一对应的关系。在分析主动式系统时,常采用功率的概念;在分析被动式系统时,常采用温度的概念。

8.1.2　辐射温度

实际上,完全吸收并完全发射的绝对黑体是不存在的,它只是一种理想的物体。为了与黑体这一术语相对应,实际上的物体可称为灰体。由一个灰体辐射的功率,可用比该灰体实际温度更低的等效黑体所辐射的功率来代替。一般将此等效黑体的温度 T_{ap} 称作该物体的辐射温度(又叫表观温度、视在温度、亮度温度等,在不同的应用领域、不同的工作频段,有不同的习惯术语)。因为 T_{ap} 可以是方向的函数,故记为 $T_{ap}(\theta,\varphi)$,与物体实际温度 T 之比定义为该物体的频谱发射率:

$$\varepsilon(\theta,\varphi)=\frac{T_{ap}(\theta,\varphi)}{T} \tag{8.6}$$

严格地讲,$\varepsilon(\theta,\varphi)$ 是频率的函数,是定义在 $B=1\ \mathrm{Hz}$ 的单位带宽上的。但在实际应用中,与中心频率相比,带宽很窄,并且在带宽 B 上 $\varepsilon(\theta,\varphi)$ 具有平滑的连续谱响应(实际的探测系统几乎总能满足这些条件)。因此在实际应用中,频率对 $\varepsilon(\theta,\varphi)$ 影响较小,故常把 $\varepsilon(\theta,\varphi)$ 看作与频率无关的物理量。所以,为了简化讨论,常将频谱发射率简称为发射率。当只考虑最大发射率,即最大方向上的发射率(一般为法线方向)时,常将 $\varepsilon(\theta,\varphi)$ 简记为 ε,相应 $T_{ap}(\theta,\varphi)$ 简记为 T_{ap},与方向无关。

黑体的发射率为1,故黑体的辐射温度就是它的实际温度。在无线电工作频率范围内,常根据不同的应用波段采用不同的吸收材料来近似黑体,往往可得到高达0.99的发射率。对于一般物体,有 $0\leqslant\varepsilon(\theta,\varphi)\leqslant1$。

例如,在常温 $T=290\ \mathrm{K}$ 时,在米波波段,一般典型地面 $\varepsilon\approx0.4$,则辐射温度 $T_{ap}\approx116\ \mathrm{K}$;而在 Ka 波段(8 mm 波段),一般典型地面 $\varepsilon\approx0.92$,则 $T_{ap}\approx267\ \mathrm{K}$。

8.1.3　辐射模型

当电磁波以平面波的形式传播到一平坦的目标物体表面时,其入射功率的一部分被反射或散射,另一部分被吸收,剩下的部分则被透射。根据能量守恒定律,入射

功率 W_i 的平衡条件是

$$W_i = W_\rho + W_\alpha + W_\tau$$

式中,下标 ρ、α、τ 分别表示反射、吸收、透射。将 W_i 归一化可得

$$1 = \frac{W_\rho}{W_i} + \frac{W_\alpha}{W_i} + \frac{W_\tau}{W_i} = \rho + \alpha + \tau \qquad (8.7)$$

式中,$\rho = \dfrac{W_\rho}{W_i}$ 为反射率(又称反射系数),$\alpha = \dfrac{W_\alpha}{W_i}$ 为吸收率,$\tau = \dfrac{W_\tau}{W_i}$ 为透射率。

一般目标物透射的功率很小,故透射率可忽略不计,则由式(8.7)简化得

$$\rho + \alpha = 1 \qquad (8.8)$$

根据基尔霍夫定律,物体的发射率等于吸收率,即 $\varepsilon = \alpha$,则式(8.8)变为

$$\rho + \varepsilon = 1 \quad \text{或} \quad \varepsilon = 1 - \rho \qquad (8.9)$$

当接收机接收地面(或水面)的辐射时,可用一个简单的二维辐射温度模型来表示天线"看到"的辐射温度:

$$T_{Bg}(\theta, \varphi, p_i, B) = \rho_g(\theta) T_{sky}(\theta) + \varepsilon_g(\theta) T_g + \varepsilon_{at}(\theta) T_{at} + \rho_g(\theta) T_{at} \varepsilon_{at} \qquad (8.10)$$

式中,θ 为入射角;φ 为方位角(认为它的变化不影响测量);p_i 为极化方式(i 既表示水平极化,又表示垂直极化);B 为接收机带宽;ρ_g 为地面的反射率;ε_g、ε_{at} 为地面和大气的发射率;$T_{sky}(\theta)$ 为天空辐射温度;T_g、T_{at} 为地面和大气的真实温度,都是 θ 的函数,但对简单模式而言,可认为其不随 θ 而改变。

式(8.10)模型没有考虑电磁辐射穿过大气时的吸收效应。如果避开大气中水蒸气和氧的吸收区,并设大气中均无湍流,则这种模型是比较有效的,尤其适用于对近距离作用的探测系统。

类似地,当接收机天线指向天空,接收天空温度及大气温度时,如果忽略大气衰减,与式(8.10)相对应,在一定条件下,可得天线"看到"的辐射温度为

$$T_{Bs}(\theta, \varphi, p_i, B) = T_{sky}(\theta) + \varepsilon_{at}(\theta) T_{at} + \rho_{at}(\theta) T_g \varepsilon_g \qquad (8.11)$$

式中,$\rho_{at}(\theta)$ 为大气的反射率。

为了简化计算,设天气晴朗,且天空无云彩,式(8.10)和式(8.11)可分别简化为

$$T_{Bg}(\theta, \varphi, p_i, B) = \rho_g(\theta) T_{sky}(\theta) + \varepsilon_g(\theta) T_g \qquad (8.12)$$

$$T_{Bs}(\theta, \varphi, p_i, B) = T_{sky}(\theta) \qquad (8.13)$$

8.1.4　利用辐射特性识别目标

各种物质的辐射特性各不相同,每种物质在不同频段的辐射特性也不相同。

利用物质的辐射特性差异,可进行目标的测量。天文上常用射电望远镜(一种被动式电磁波接收装置)来观测遥远星体发出的电磁波频谱和大气中微粒子成分等;红外夜视仪可以在漆黑的夜间观察敌方活动;医学上常利用人体辐射特性来诊断有关疾病;遥感卫星可利用辐射特性对地下矿石、森林覆盖率、大气污染、海面污染等进行监测;军事上常利用目标的辐射特性进行目标跟踪与识别,近来也利用辐射特性作为

反隐身的一种重要手段;等等。人的眼睛实际上也是利用物体的辐射特性进行观察的,其观察(工作)频段就是可见光波段。人眼利用各种物质在可见光照射或自身发光的辐射下进行识别。

一般来说,相对介电系数较高或电导率较高的物质,发射率较小,反射率较高,因而在相同物理温度下,其辐射温度就显得较"冷"。

下面举例说明在 Ka 波段利用辐射特性对地面上金属目标的识别。

在 Ka 波段,对于理想导电的光滑表面,如汽车、坦克、金属物顶,其反射率接近1,且与入射角和极化无关。为了分析方便,设金属目标正好充满整个天线波束,晴天且天空无云彩,并忽略大气影响。当接收机天线波束扫描到地面时,其天线"看到"的辐射温度由式(8.12)表示;当天线波束扫描到目标时,天线"看到"的辐射温度为

$$T_{BT} = \rho_T T_{sky} + \varepsilon_T T_T \tag{8.14}$$

式中,$\rho_T = 1$、$\varepsilon_T = 0$ 分别为 Ka 波段的金属目标反射率和发射率;T_{sky} 为天空辐射温度,简称天空温度;T_T 为目标物理温度。

不计入射角 θ 的影响,由式(8.14)和式(8.12)可得金属目标和地面的辐射温度对比度为

$$\Delta T_T = T_{BT} - T_{Bg}(\theta, \varphi, p_i, B) = T_{sky} - \rho_g T_{sky} - \varepsilon_g T_g \tag{8.15}$$

在 Ka 波段,其典型数据为 $T_{sky} = 34$ K,$\rho_g = 0.08$,$\varepsilon_g = 0.92$,设 $T_g = 290$ K,代入式(8.15)得

$$\Delta T_T \approx -235.5 \text{ K}$$

由此可见,金属目标与地面之间有较高的辐射温度对比度,且为"冷目标",因此检测 ΔT_T 就能识别地面上的金属目标。

用同样的方法,可得出当天线波束扫描天空中金属目标时的辐射温度对比度(留作习题)。

对于其他非金属目标,同样可根据目标辐射率特性来识别目标。表 8.1 为 Ka 波段时几种常见物质的辐射率。天空温度 T_{sky} 通常随大气条件而变化,表 8.2 为 Ka 波段时典型气候的天空温度 T_{sky} 的情况。

表 8.1　Ka 波段时几种常见物质的辐射率

物　质	辐射率 ε	物　质	辐射率 ε
厚植被	0.93	沥青	0.83
耕地	0.92	干雪(28~75 cm 厚)	0.88~0.76
干草地	0.91	混凝土	0.76
沙地	0.90	水面	0.30
粗砂砾	0.84	金属	0.0

表 8.2　Ka 波段时典型气候的天空温度 T_{sky} 情况

气候条件	晴天(无云彩)	雾 (0.32 g/m³)	雨 (2 mm/h)	雨 (4 mm/h)
天空温度/K	34	58	77	120

8.2　被动式探测原理——辐射计

8.2.1　天线温度

被动式探测系统利用目标的辐射特性进行测量,辐射特性的变化将在探测系统的天线输入端有相应的变化。例如,由式(8.15)表示的对地面金属目标测量时,金属目标和地面的辐射温度对比度为 ΔT_T,这如何反映到探测系统的天线输入端呢? 下面将讨论这一问题。

设接收机天线功率方向图为 $G(\theta,\varphi)$,当带宽 $B \ll f$ 时,忽略大气损耗与天线副瓣的影响,天线只接收一个极化方向的信号,根据式(8.3),此时 $T = T(\theta,\varphi)$ 为一般表达式(不能提出积分号外),表示天线"看到"的目标辐射温度及所有背景辐射温度的总和,则可得天线从目标及背景辐射中接收的总功率为

$$W_r = \frac{kB}{4\pi} \int_{4\pi} T(\theta,\varphi) G(\theta,\varphi) \mathrm{d}\Omega \tag{8.16}$$

如果用温度为 T_a 的电阻所辐射的能量来代替天线接收的总能量,则根据式(8.5)功率与温度的对应关系,有

$$kT_a B = W_r$$

代入式(8.16)并整理得

$$T_a = \frac{1}{4\pi} \int_{4\pi} T(\theta,\varphi) G(\theta,\varphi) \mathrm{d}\Omega \tag{8.17}$$

这就是天线温度 T_a 的表达式,它表示目标和背景辐射温度的总和在天线输入端的反映,即目标和背景辐射温度总和折合到天线输入端的辐射温度,相当于天线上接收到的信号功率。这是被动式系统中一个很重要的概念,它含有目标信息。

与天线温度相对应,通过天线、传输线及有关连接件后,得到天线输出端的信号温度 T_s,表示为

$$T_s = \left[\frac{T_a}{L} + \left(1 - \frac{1}{L} \right) T_0 \right] \tag{8.18}$$

式中,L 为由天线、传输线及连接件引起的损耗因子(增益的倒数);T_0 为天线及传输线等的环境温度。

由式(8.18)可见,如果天线间没有损耗,即 $L=1$,则 $T_s = T_a$,则天线温度与信号温度相等。

　　下面,对式(8.17)所示的天线温度在一些限定条件下作进一步的计算。

　　现将微分单元 $\mathrm{d}\Omega$ 和积分限用极坐标来表示。设天线轴沿 x 轴正方向,天线在 θ、φ 方向“看”目标辐射体,如图 8.1 所示,则

$$\mathrm{d}\Omega = \frac{R\sin\theta\,\mathrm{d}\varphi R\,\mathrm{d}\theta}{R^2} = \sin\theta\,\mathrm{d}\theta\,\mathrm{d}\varphi \tag{8.19}$$

此时天线温度为

$$T_\mathrm{a} = \frac{1}{4\pi}\iint_0^{2\pi}\!\!\int_0^{\pi} T(\theta,\varphi)G(\theta,\varphi)\sin\theta\,\mathrm{d}\theta\,\mathrm{d}\varphi \tag{8.20}$$

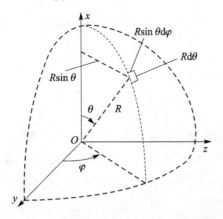

图 8.1　天线波束在 x 轴正向从 θ、φ 方向接收辐射

　　设具有均匀辐射温度 T_BT 的目标置于天线波束中心,天线功率方向图(特别在波束中心附近)用高斯函数逼近(显然忽略副瓣影响,且与方位角 φ 无关),则

$$G(\theta,\varphi) = G_0 \mathrm{e}^{-b\theta^2} \tag{8.21}$$

式中,G_0 为天线波束中心的功率增益;b 为表征天线方向图的常数,可由式(8.21)令 $G(\theta,\varphi)=G_0/2,\theta=\theta_{3\,\mathrm{dB}}$ 求得,而 $\theta_{3\,\mathrm{dB}}$ 为天线波束宽度(常以 3 dB 波束宽度表示)。

　　如果目标张开一小的立体角,则面积可以用等于真实目标的发射面积的圆形面积 A_T 来等效,则等效圆形面积目标的半径为

$$r_\mathrm{T} = \sqrt{\frac{A_\mathrm{T}}{\pi}} \approx R\theta_\mathrm{T} \tag{8.22}$$

式中,θ_T 为等效目标半径所张的角度。

　　根据式(8.20)可得

$$T_\mathrm{a} = \frac{1}{4\pi}\iint_0^{2\pi}\!\!\int_0^{\theta_\mathrm{T}} T_\mathrm{BT}G(\theta,\varphi)\sin\theta\,\mathrm{d}\theta\,\mathrm{d}\varphi + \frac{1}{4\pi}\iint_0^{2\pi}\!\!\int_{\theta_\mathrm{T}}^{\pi} T(\theta,\varphi)G(\theta,\varphi)\sin\theta\,\mathrm{d}\theta\,\mathrm{d}\varphi \tag{8.23}$$

　　如果假定目标覆盖的面积(即由于目标的存在,天线未能“看”到的背景部分)具有恒定的辐射温度 T_B,则上式表示为

$$T_a = \frac{1}{4\pi} \int_0^{2\pi} \int_0^{\theta_T} T_{BT} G(\theta, \varphi) \sin\theta \, d\theta \, d\varphi + \frac{1}{4\pi} \iint_0^{2\pi\pi} T_B(\theta, \varphi) G(\theta, \varphi) \sin\theta \, d\theta \, d\varphi -$$

$$\frac{1}{4\pi} \int_0^{2\pi} \int_0^{\theta_T} T_B G(\theta, \varphi) \sin\theta \, d\theta \, d\varphi \tag{8.24}$$

式中,$T_B(\theta, \varphi)$ 为没有目标时的场景辐射温度的一般表达式。

设 θ_T 很小(窄波束天线),对于 $\theta \leqslant \theta_T$,有 $\sin\theta \approx \theta$,并将式(8.21)代入式(8.24),则可得

$$T_a = \frac{1}{4\pi} \int_0^{2\pi} \int_0^{\theta_T} (T_{BT} - T_B) G_0 e^{-b\theta^2} \theta \, d\theta \, d\varphi + \frac{1}{4\pi} \iint_0^{2\pi\pi} T_B(\theta, \varphi) G(\theta, \varphi) \sin\theta \, d\theta \, d\varphi$$

$$\tag{8.25}$$

式(8.25)第一项积分可得

$$\frac{T_{BT} - T_B}{4b} G_0 (1 - e^{-b\theta_T^2})$$

第二项积分一般无解析式,除非 $T_B(\theta, \varphi)$ 和 $G(\theta, \varphi)$ 给定(而且注意,这里 $G(\theta, \varphi)$ 是一般表达式,由于 θ 的范围较大,已不在天线波束主瓣范围内,故不能用式(8.21)代入),记第二项积分结果为 T_{Ba},则 T_{Ba} 表示没有目标时的天线温度,即场景辐射温度在天线输入端的反映。

所以式(8.25)表示为

$$T_a = \frac{T_{BT} - T_B}{4b} G_0 (1 - e^{-b\theta_T^2}) + T_{Ba} \tag{8.26}$$

当天线波束较窄时,有 $G_0 = 4b$,于是式(8.26)变为

$$T_a = (T_{BT} - T_B)(1 - e^{-b\theta_T^2}) + T_{Ba} \tag{8.27}$$

这就是天线温度的表达式,从中可获取目标信息。

由式(8.27)可见,天线温度 T_a 由两项组成,前一项主要包含目标信息,后一项则表示环境信息。因此,在有的应用场合,采用温度对比度计算较为方便。

设 $\Delta T_a = T_a - T_{Ba}$,表示有目标时和无目标时天线温度的变化量(反映在天线输入端);$\Delta T_T = T_{BT} - T_B$,表示有目标时和无目标时天线"看"到的辐射温度变化量(反映在目标处),并将式(8.22)代入式(8.27),可得

$$\Delta T_a = \Delta T_T \left[1 - \exp\left(-\frac{bA_T}{\pi R^2}\right) \right] \tag{8.28}$$

该式反映了由于目标的存在引起的天线温度的变化量。

$$\frac{\Delta T_a}{\Delta T_T} = \left[1 - \exp\left(-\frac{bA_T}{\pi R^2}\right) \right] \tag{8.29}$$

式(8.29)表示了归一化的天线温度对比度的计算公式。

式(8.28)或式(8.29)是一简化公式,应用时应注意其假设条件,尤其应注意:它仅适用于窄波束天线且目标处于波束中心的圆形目标。

8.2.2　辐射计的原理与分类

用于接收物体辐射特性的装置,称为辐射计。辐射计实质上是一种超高灵敏度超宽带接收机。被动式无线电探测系统就是以辐射计为接收机,它不发射电磁波,而专门接收物体的辐射,利用各种物体(目标)的辐射特性差异进行测量,进而识别目标,其基本组成如图 8.2 所示。其中,信号处理器将作适当的设计,以适合不同的应用场合。被动式探测系统具有隐蔽性好、无电磁污染等特点。

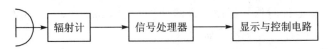

图 8.2　被动式无线电探测系统基本组成框图

可见,其主体部分为辐射计,下面主要对辐射计进行讨论。

衡量辐射计性能的主要指标为灵敏度和积分时间。

① 灵敏度 $\Delta T_{\min}$ 是指辐射计能检测天线温度最小变化量的估计值,又称为温度分辨率。它表征了辐射计的最小温度检测能力。

② 积分时间 τ 是指当瞬态跃变的天线温度输入辐射计,辐射计输出响应达到稳态值的 63% 时,所经历的过渡时间。它表征了辐射计对输入的天线温度跃变时的响应能力,即表征了辐射计对阶跃信号的响应特性。

灵敏度和积分时间反映了辐射计检测能力的本质,表征了对输入信号处理的两个不同侧重点,灵敏度有功率特征,积分时间表示时间,两者共同表征了能量,所以对于某一确定的辐射计而言,其检测最小能量的水平是确定的,两者有一定的制约关系。不同类型、不同应用场合的辐射计,有不同的积分时间要求,因而也有不同的灵敏度水平。对于遥感辐射计、医用辐射计、射电望远镜等,要求积分时间大于 1 s,则灵敏度可达 0.01K 量级;当要求积分时间更长时,灵敏度则应相应提高(数值减小);对于用于交通监测、弹载、防盗报警等的辐射计,要求积分时间在 10 ms,甚至 1 ms,相应灵敏度在 1K 至几 K。

辐射计的体制很多,根据用途和特点等可进行不同的分类,但较有本质意义的可将辐射计分为全功率式和比较式两大基本类型,其他可视为两大基本类型的变形或混合型。

1. 全功率式辐射计

典型的全功率式辐射计原理框图见图 8.3,它包括带宽为 B 和功率增益为 K_p 的射频接收和中频部分、平方律检波器、积分放大器,输出电压 V_o 送至信号处理器。系统的积分时间 τ 由检波后积分放大器来确定。在第 2 章 2.4.3 小节中曾讨论过,一个实际的接收机可以化为"理想接收机",其内部产生的噪声可用接收机的噪声温

图 8.3　典型的全功率式辐射计原理框图

度 T_e 来表示,即由下式表示为

$$T_e = (F-1)T$$

这里 T 为辐射计工作的环境温度,F 为辐射计(主要指射频和中频部分)总的噪声系数,T_e 则为辐射计的内部噪声温度。

因此,全功率式辐射计总的输入温度为 $T_s + T_e$,对应的输入功率则为 $kB(T_s + T_e)$。由于此类辐射计对信号温度 T_s(即功率)全部"接收",所以相对后面将介绍的比较式辐射计而言,称之为全功率辐射计。

除了有用信号外,检波器输出电压 V_d 还包括系统的内部噪声,即

$$V_d = C_d K_p kB(T_s + T_e) \tag{8.30}$$

式中,C_d 为平方律检波器功率灵敏度(V/W)。

在全功率式辐射计中,检波电压由直流分量、噪声分量和增益起伏分量组成。积分放大器的功能是通过对 V_d 的积分来降低噪声。设由噪声起伏所引起的温度均方根测量的起伏为 ΔT_n,对一次保持固定温度取样,由一般统计平均值公式得

$$\Delta T_n = \frac{T_s + T_e}{\sqrt{n}} \tag{8.31}$$

式中,n 为取样次数。

当检波器后面有积分器时,

$$n = B\tau \tag{8.32}$$

检波前系统带宽 B 的有效值和系统积分时间 τ,一般可用滤波器的功率-增益谱来计算:

$$B = \frac{\left[\int_0^\infty K_p(f)\,\mathrm{d}f\right]^2}{\int_0^\infty |K_p(f)|^2\,\mathrm{d}f} \tag{8.33}$$

$$\tau = \frac{K_{LF}(0)}{2\int_0^\infty K_{LF}(f)\,\mathrm{d}f} \tag{8.34}$$

式中,$K_p(f)$ 为射频和中频部分的功率增益;$K_{LF}(f)$ 为检波器后的低通滤波器(即积分放大器)功率增益,是频率的函数。理想积分时间 τ 与实际积分器的时常数 τ_c 之间有一定的关系,例如对于一个简单的 RC 积分器,有 $\tau = 2\tau_c$。

接收机增益一般受环境温度的影响较大,由增益起伏 ΔK_p 引起的附加温度变

化为

$$\Delta T_{\mathrm{K}} = (T_s + T_e)\frac{\Delta K_p}{K_p} \tag{8.35}$$

式中，ΔK_p 为接收机功率增益变化的有效值（均方根值）。

噪声起伏和增益起伏可以认为在统计上是独立的，因而合成后可定义辐射计灵敏度

$$(\Delta T_{\min})^2 = (\Delta T_{\mathrm{n}})^2 + (\Delta T_{\mathrm{K}})^2 \tag{8.36}$$

根据式(8.31)、式(8.32)、式(8.35)及式(8.36)可得全功率式辐射计灵敏度为

$$\Delta T_{\min} = (T_s + T_e)\left[\frac{1}{B\tau} + \left(\frac{\Delta K_p}{K_p}\right)^2\right]^{\frac{1}{2}} \tag{8.37}$$

由此可见，影响辐射计灵敏度的主要因素是：

① 辐射计的系统噪声特性，主要是噪声温度 T_e 的影响（受器件水平的限制）。

② 射频和中频系统带宽 B（受射频和中频电路的影响）。

为提高灵敏度（即减小 $\Delta T_{\min}$），可增大 $B\tau$ 乘积，但增加带宽 B 等于降低射频和中频电路的 Q 值，若 Q 值降低，则要获得接近于平坦的频率响应曲线的难度将增加。另外，对于实际辐射计，τ 的选择受到系统性能限制，其最小值还受到积分放大器以前电路的响应时间的限制。通常 τ 的选择应根据系统功能和性能以及目标特性来决定。

③ 系统增益起伏引起的附加温度变化量。

对于积分时间 τ 较长的辐射计，如遥感、天文辐射计等，一般有

$$\left(\frac{\Delta K_p}{K_p}\right)^2 \gg \frac{1}{B\tau}$$

所以影响灵敏度的关键是系统增益起伏。

对于积分时间 τ 较小的辐射计，如交通检测、弹载辐射计等，一般有

$$\frac{1}{B\tau} \gg \left(\frac{\Delta K_p}{K_p}\right)^2$$

所以增益起伏对灵敏度影响不十分明显，甚至可以忽略。

根据不同的使用条件和结构特征，全功率式辐射计可具体分为以下几种主要形式：

（1）直放式全功率辐射计

这种辐射计的最大特点是直接采用射频放大和检波，不需本振源、中放电路等，其典型工作原理如图 8.4 所示。这种辐射计要求采用低噪声宽带射频放大器，有较好的频率特性和适用范围，调试方便，但灵敏度不高，适用于极近距离的应用场合。经过标定后，可获得目标辐射温度和辐射温度对比度。

（2）交流式全功率辐射计

这种辐射计的最大特点是检波后隔直并采用高通或带通视频放大器，其典型工

图 8.4　直放式全功率辐射计原理框图

作原理如图 8.5 所示。在检波器与视频放大器之间采用交流耦合,目的在于使本机噪声的平均分量(即由 T_e 引起的噪声)不通过视频放大器,而只传输有用的交流信号(即由天线温度变化量引起的信号)。视频放大器相当于积分放大器,其频率特性取决于系统与目标的交会扫描条件、目标辐射特性及天线波束宽度等,适用于积分时间短的应用场合,如系统与目标快速交会或天线扫描的场合,不能获得目标的辐射温度,只能获得辐射温度对比度。

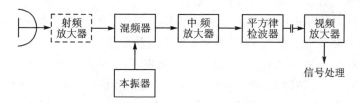

图 8.5　交流式全功率辐射计原理框图

(3) 直流式全功率辐射计

这种辐射计的最大特点是检波器输出与后级直接耦合,其典型工作原理如图 8.6 所示。其中比较放大器相当于积分放大器,其作用是抵消本机噪声平均直流分量,从而获取有用信号;采用直流参考电压作为比较放大器的基准门限。当适当调整基准门限电压值时,比较放大器输出信号中的机内平均噪声将被抵消。比较放大器的上限频率及积分时间取决于目标特性、天线波束宽度及交会条件等,适用范围广,常用于目标辐射特性测试和对运动目标的跟踪测量等,可测量直流信号(不扫描目标)和交流信号(扫描目标),但需要一个高稳定、高精度的直流参考电压,且易受环境温度变化的影响。经过标定后,可获得目标辐射温度和辐射温度对比度。

如要克服环境温度变化带来零点漂移等的影响,则基准门限电压应采用温度补偿措施。

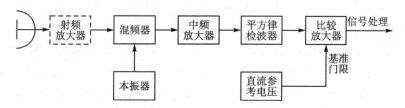

图 8.6　直流式全功率辐射计原理框图

（4）扫描式全功率辐射计

这种辐射计的特点是在天线扫描速率控制和相位检波器之间由同一振荡器控制，其典型原理框图如图 8.7 所示。天线围绕探测中心轴作锥形扫描，扫描率放大器相当于图 8.5 中的视频放大器，其带宽与扫描速率有关。由于这种辐射计利用了扫描速率与相位检波器之间的相关性，因而大大提高了相位检波器输出的信噪比。这种辐射计适用范围广，常用于测量要求高的场合，可获得目标辐射温度和辐射温度对比度。

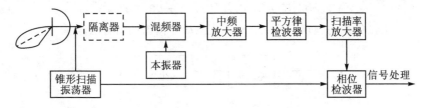

图 8.7　扫描式全功率辐射计原理框图

（5）直流调制式全功率辐射计

这种辐射计的特点就是在平方律检波器后采用调制式直流放大器，其典型原理如图 8.8 所示。采用调制式直流放大器可以较好地克服平方律检波器之后的零点漂移和增益之间的矛盾，提高直流放大器的漂移指标。尽管对于耦合电容 C_1 之前的漂移没有抑制能力，但 C_1 以后的各种漂移电压不会变换为交流信号，因而不能通过交流放大器，所以可以完全被抑制掉。这种辐射计可获得目标辐射温度和辐射温度对比度。

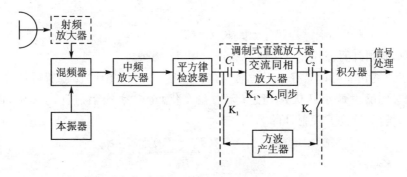

图 8.8　直流调制式全功率辐射计原理框图

2. 比较式辐射计

在电子系统中，由增益变化所引起的功率谱幅度变化是随频率增加而减少的。1946 年迪克指出，若接收机输入端在天线与比较噪声源（或参考源）之间周期地转换，其转换速率高于增益变化谱中最高的有效谱分量，则增益变化的影响可显著减少。换句话说，在一个开关周期内，低频（慢）增益变化分量几乎觉察不出来。因此，采用周期比较式辐射计可使增益起伏对辐射计灵敏度的影响大大降低。

比较式辐射计又称为迪克式辐射计,其典型原理框图如图 8.9 所示。由于采用了迪克开关,可抑制由于平方律检波器以前的增益起伏引起的机内噪声,从而提高温度分辨率。由于开关的作用,射频和中频部分的输入功率由交替半周中出现的两个分量组成,一个是从天线来的信号功率(温度)T_s,另一个是从比较负载来的噪声功率。经平方律检波后,相应于天线和比较负载的直流输出分别为

$$V_{ds} = C_d K_p kB(T_s + T_e), \quad 0 \leqslant t \leqslant \tau_s/2 \tag{8.38}$$

$$V_{dc} = C_d K_p kB(T_c + T_e), \quad \tau_s/2 < t \leqslant \tau_s \tag{8.39}$$

式中,T_c 为比较负载的噪声温度;τ_s 为开关驱动器输出的对称方波周期。

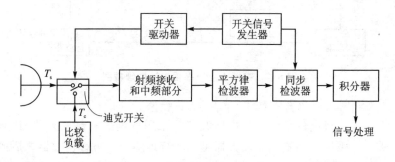

图 8.9 比较式辐射计原理框图

设迪克开关的转换时间远小于 $\tau_s/2$,则迪克开关对输入信号的影响可忽略不计。V_{ds} 与 V_{dc} 经同步检波器进行检波和相减比较后,再经积分器得出相减的直流输出电压:

$$V_d = C_d K_p kB(T_s - T_c) \tag{8.40}$$

由此可见,辐射计直流输出与接收机噪声温度 T_e 无关。

由于迪克式辐射计只有一半时间(与全功率式辐射计相比)测量所需信号 T_s,因此,其测量的噪声最小起伏是理想(无增益变化)全功率式辐射计的 2 倍,因而与式(8.31)类似,迪克式辐射计的 ΔT_n 应为

$$\Delta T_n = \frac{2(T_s + T_e)}{\sqrt{B\tau}} \tag{8.41}$$

严格地讲,上述表示式只有当 $T_s = T_c$ 时才成立。一般情况下,T_s 应由$(T_s + T_c)/2$ 来代替。

射频和中频部分的增益变化引起的测量不定性可表示为

$$\Delta T_K = (T_s - T_c) \frac{\Delta K_p}{K_p} \tag{8.42}$$

若比较负载的温度 T_c 可以控制,则 ΔT_K 可以通过 $T_c = T_s$ 而被抑制。此时认为辐射计处于平衡状态,即当 $\Delta T_K = 0$ 时,增益起伏对系统灵敏度的影响将消除。即

使在不平衡条件下,就其抗增益起伏方面来讲,迪克式辐射计也胜于全功率式辐射计。

在一般不平衡的情况下,由式(8.36)、式(8.41)和式(8.42)且将式(8.41)中的 T_s 由 $(T_s+T_c)/2$ 来代替,则可得迪克式辐射计灵敏度:

$$\Delta T_{\min}=(T_s+T_c+2T_e) \cdot \left[\frac{1}{B\tau}+\left(\frac{\Delta K_p}{K_p}\right)^2\left(\frac{T_s-T_c}{T_s+T_c+2T_e}\right)^2\right]^{\frac{1}{2}} \quad (8.43)$$

显然,当 $T_s=T_c$ 时,式(8.43)可简化为

$$\Delta T_{\min}=\frac{2(T_s+T_e)}{\sqrt{B\tau}} \quad (8.44)$$

可见能消除由于增益起伏引起的机内噪声的影响,这对于测量缓慢变化信号是有利的。因此这类辐射计一般用于积分时间较大的场合。

由式(8.43)可以发现,降低由增益起伏引起的影响有两个途径:一是选择 $T_s=T_c$,按照这个原理可设计成零平衡比较式辐射计;二是设计自动增益控制电路,使 $\Delta K_p\approx 0$,按照这个原理可设计成自动增益控制的双参考比较式辐射计。另外,采用不同的调制方式或平衡条件,可灵活地设计成不同形式的比较式辐射计。下面扼要介绍两种常用的比较式辐射计。

(1) 零平衡反馈式辐射计

为达到 $T_s=T_c$ 的目的,可采用噪声注入法。利用噪声注入的零平衡反馈式辐射计原理如图 8.10 所示。其特点是,当 T_s 变化时,如果 $T_{in}\neq T_c$,则通过迪克开关比较产生的射频差值信号,经与射频接收和中频部分积累放大,再经后级低频处理得到一个直流(或脉冲)信号 V_o,用它控制可变噪声源的输出,即控制注入到天线回路的附加噪声 T_n,使得 $T_n+T_s=T_{in}=T_c$,达到零平衡状态。此时,辐射计输入增量 $\Delta T_{in}=0$,因此,间接测量可变噪声源产生的噪声温度 T_n,就可得到信号温度 T_s。由此可见,控制电路的输出信号 V_o(即误差信号)代表了有用信号,而且系统中的噪声功率保持为一个常量,等于比较负载的噪声功率。这表明:只要使系统保持在等于比较负载温度的常温中,那么与图 8.9 所示典型迪克式辐射计相比,就具有更高的测量

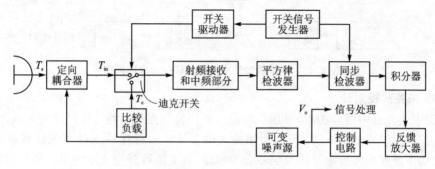

图 8.10　噪声注入零平衡反馈式辐射计原理框图

精度。当然,其结构也将随之复杂。

零平衡反馈式辐射计实质上是一具有负反馈的闭环系统,可用如图 8.11 所示的简化环路来分析。其中差值检波器即为迪克开关,K_u 表示系统的电压增益,其传输函数为 $H(s)$;K_f 表示可变噪声源的传输函数。系统的输出为

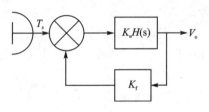

图 8.11　反馈式辐射计的简化环路

$$V_o = \frac{K_u H(s) T_s}{1 + K_u K_f H(s)} \approx \frac{T_s}{K_f} \quad (8.45)$$

因此,系统输出的稳定性和线性度取决于可变噪声源的稳定性和线性度。此时,由系统电压增益 K_u 的变化引起的影响为

$$\frac{dV_o}{V_o} = \frac{dK_u}{K_u} \cdot \frac{1}{1 + K_u K_f} \qquad (8.46)$$

由此可见,由于一般有 $K_u K_f \gg 1$,由增益起伏引起的输出电压的变化将变得很小,即大大小于无反馈控制系统中增益变化的影响。

（2）准比较式辐射计

对于某些探测系统,限于成本、体积、结构等因素,不便采用射频开关、噪声源等高频器件,故不能采用典型的迪克式辐射计方案。这里介绍一种中频调制的准比较式辐射计,其原理如图 8.12 所示。其特点是采用中频噪声源及中频开关,以代替典型迪克式中的射频开关和噪声源。通过调节中频平衡通道的衰减量可以达到平衡,从而抑制增益起伏的影响。显然,它不能抑制前置中频放大器以前的增益起伏,这一点比典型迪克式辐射计差。

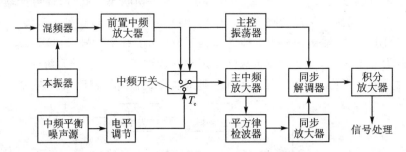

图 8.12　中频调制的准比较式辐射计原理框图

3. 相关式辐射计

为了充分利用信号功率,可用射频通道来代替迪克式辐射计中的比较负载,并省却迪克开关,组成如图 8.13 所示的相关式辐射计。辐射计输入端由天线接收信号后,由功率分配器将被测噪声与信号分为两路,其电压可分别表示为 V_{s1} 和 V_{s2},两个通道折合到输入端的本机等效噪声电压分别表示为 V_{r1} 和 V_{r2},两个通道的输出电压经相乘、积分(即相关)后,得输出电压为

$$V_o = K_1 K_2 K_L \langle (V_{s1} + V_{r1}) \cdot (V_{s2} + V_{r2}) \rangle$$

$$= K_1 K_2 K_L [\langle V_{s1} V_{s2} \rangle + \langle V_{s1} V_{r2} \rangle + \langle V_{s2} V_{r1} \rangle + \langle V_{r1} V_{r2} \rangle] \tag{8.47}$$

式中，K_1、K_2 分别为通道 1 和通道 2 的电压增益；K_L 表示乘法器与积分放大器的电压增益；$\langle \cdots \rangle$ 表示积分平均。

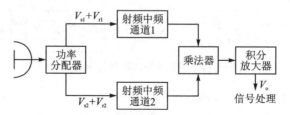

图 8.13　最简单的相关式辐射计原理框图

式(8.47)中，V_{s1} 与 V_{s2} 是完全相关的，但 V_{s1} 与 V_{r2}、V_{s2} 与 V_{r1} 以及 V_{r1} 与 V_{r2} 之间均为非相关，故后三项的平均值均为零。因此，式(8.47)可写为

$$V_o = K_1 K_2 K_L \langle V_{s1} V_{s2} \rangle \tag{8.48}$$

设 $V_{s1} = V_{s2} = V_s / \sqrt{2}$，且有 $\langle V_s^2 \rangle = kT_sB$，则式(8.48)变为

$$V_o = \frac{1}{2} K_1 K_2 K_L kT_s B \tag{8.49}$$

可见经过理想相关处理后，机内热噪声已几乎被抑制，但未能消除由增益起伏引起的噪声影响。

4. 相位开关式辐射计

相位开关式辐射计是相关式和准比较式的组合，又称为勃勒姆辐射计，其基本原理如图 8.14 所示。相位开关由主控振荡器控制，使得通过它的信号周期性倒相。在一个主控振荡器周期内，设调制信号为方波，加法器输出端对应的正、负两半周期的电压分别为

$$V_P = \left(\frac{1}{\sqrt{2}} V_s + V_{r1} \right) K_1 + \left(\frac{1}{\sqrt{2}} V_s + V_{r2} \right) K_2$$

$$V_N = \left(\frac{1}{\sqrt{2}} V_s + V_{r1} \right) K_1 - \left(\frac{1}{\sqrt{2}} V_s + V_{r2} \right) K_2$$

经过平方律检波器并取平均后，由于非相关项的平均值为零，故相应于正、负两半周期的同步放大器输出的解调电压分别为

$$V_1 = \left[\frac{1}{2} K_1^2 \langle V_s^2 \rangle + K_1^2 \langle V_{r1}^2 \rangle + \frac{1}{2} K_2^2 \langle V_s^2 \rangle + K_2^2 \langle V_{r2}^2 \rangle + \frac{1}{2} K_1 K_2 \langle V_s^2 \rangle \right] K_d$$

$$V_2 = \left[\frac{1}{2} K_1^2 \langle V_s^2 \rangle + K_1^2 \langle V_{r1}^2 \rangle + \frac{1}{2} K_2^2 \langle V_s^2 \rangle + K_2^2 \langle V_{r2}^2 \rangle - \frac{1}{2} K_1 K_2 \langle V_s^2 \rangle \right] K_d$$

式中，K_d 为平方律检波器和同步放大器的增益。因此，输出的解调电压的差值为

$$V_1 - V_2 = K_1 K_2 K_d \langle V_s^2 \rangle$$

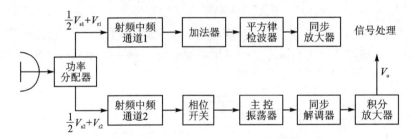

图 8.14　相位开关式辐射计原理框图

经同步解调、积分放大后的输出电压为

$$V_o = k K_1 K_2 K_d K_L T_s B \tag{8.50}$$

式中，K_L 为同步解调器和积分放大器的增益。

5. 噪声相加式辐射计

噪声相加式辐射计可以认为是全功率式与迪克式的混合型，其原理如图 8.15 所示。这里使用一个由固定速率方波发生器激励的噪声二极管来代替迪克开关，使产生的方波噪声被耦合到辐射计输入端。平方律检波器输出则以同样的速率抽样。与迪克辐射计相类似，参见式(8.38)和式(8.39)，在噪声二极管断开或接通期间，辐射计输入的温度分别为 $T_s + T_e$ 和 $T_s + T_e + T_{Dn}$，其中，T_{Dn} 是噪声二极管接通的半周期间加到辐射计输入端的噪声温度。经平方律检波后，相应的直流输出分别为

$$V_{ds} = C_d K_p k B (T_s + T_e) \quad （噪声二极管断开） \tag{8.51}$$

$$V_{dD} = C_d K_p k B (T_s + T_e + T_{Dn}) \quad （噪声二极管接通） \tag{8.52}$$

并形成电压比

$$Y = \frac{V_{ds}}{V_{dD} - V_{ds}} = \frac{T_s + T_e}{T_{Dn}} \tag{8.53}$$

由式(8.53)可得

$$T_s = T_{Dn} Y - T_e \tag{8.54}$$

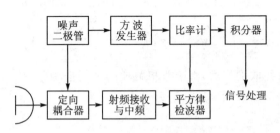

图 8.15　噪声相加式辐射计原理框图

可见，T_s 与增益无关。因此 T_s 与辐射计输出电压之间的线性关系可用标准天线与噪声源置换法进行校正。这类辐射计的优点与迪克式辐射计相同，但比迪克式少用一个开关，可使 T_e 少引入 7～50K，因此在低噪声辐射计设计中，没有输入开关

是一条重要的技术途径。噪声相加式辐射计的灵敏度为

$$\Delta T_{\min} = \frac{2(T_s + T_e)}{\sqrt{B\tau}} \left(1 + \frac{T_s + T_e}{T_{Dn}}\right) \tag{8.55}$$

8.2.3　辐射计的距离方程

在辐射计天线温度计算中,得到式(8.17)、式(8.28)和式(8.29)等,反映了辐射计作用距离与天线温度的关系,这是从能量角度得到的结论,但没有反映作用距离与辐射计系统本身的关系。如同雷达距离方程一样,辐射计作用距离与系统参数、信噪比要求、目标特性、天线参数等均有关。

根据灵敏度 $\Delta T_{\min}$ 的定义,它是表征辐射计检测能力的参数,即经辐射计处理后再折合到输入端,既表示对输入信号的最小分辨率,又表示输入噪声的功率。因此,设辐射计总的传输函数为 $H(\omega)$,经辐射计处理后的功率输出信噪比可表示为

$$\frac{S_o}{N_o} = \frac{\Delta T_a H(\omega)}{\Delta T_{\min} H(\omega)} = \frac{\Delta T_a}{\Delta T_{\min}} \tag{8.56}$$

在推导式(8.28)的限定条件下,代入上式可得

$$\frac{S_o}{N_o} = \frac{\Delta T_T}{\Delta T_{\min}} \left[1 - \exp\left(-\frac{bA_T}{\pi R^2}\right)\right] \tag{8.57}$$

为简化计算,设 $\dfrac{bA_T}{\pi R^2} \ll 1$,则式(8.57)可近似为

$$\frac{S_o}{N_o} \approx \frac{\Delta T_T}{\Delta T_{\min}} \frac{bA_T}{\pi R^2} \tag{8.58}$$

即作用距离的估算公式为

$$R = \left[\frac{b\Delta T_T A_T}{\pi \Delta T_{\min}(S_o/N_o)}\right]^{1/2} \tag{8.59}$$

对于全功率式辐射计,将式(8.37)代入上式,并忽略增益起伏的影响,整理得

$$R = \left[\frac{b\Delta T_T A_T \sqrt{B\tau}}{\pi(T_s + T_e)(S_o/N_o)}\right]^{1/2} \tag{8.60}$$

式中,$\left(\dfrac{b}{\pi}\right)^{1/2}$ 为天线参数对作用距离的影响;$(\Delta T_T A_T)^{1/2}$ 为目标参数对作用距离的影响;$\left(\dfrac{\sqrt{B\tau}}{T_s + T_e}\right)^{1/2}$ 为辐射计参数对作用距离的影响;$(S_o/N_o)^{1/2}$ 为输出信噪比要求对作用距离的影响。

对于迪克式辐射计,将式(8.44)代入式(8.59),同样可得作用距离估算式为

$$R = \left[\frac{b\Delta T_T A_T \sqrt{B\tau}}{2\pi(T_s + T_e)(S_o/N_o)}\right]^{1/2} \tag{8.61}$$

式(8.60)和式(8.61)为考虑了系统参数、信噪比要求后的作用距离估算式,但要

注意简化的条件。从上面分析可知:

① 作用距离与系统带宽的四次方根成正比,即带宽越宽,作用距离越远。这一点与主动式系统截然不同。

② 作用距离与系统噪声温度或噪声系数的平方根成反比。

③ 作用距离与功率输出信噪比的平方根成反比。

④ 作用距离实际上与工作频率有关,这反映在天线参数 b 的变化上。

⑤ 作用距离与目标信号强度成正比。

8.3　辐射计的设计与测量

辐射计是一台超高灵敏度的宽带接收机,与一般接收机有相同的工作原理,但在具体要求和参数选择上有着明显的差别。例如,辐射计的灵敏度不是以功率来度量,而是用系统可分辨的噪声温度的最小变化量来表示;一般接收机只覆盖与信号相匹配的较窄的瞬时带宽,在一个有限的频率范围内调谐,而典型的辐射计可测量与黑体辐射相类似的宽带连续辐射。由于从物体接收的辐射能量正比于接收机的带宽,故辐射计的设计要完成在极宽的带宽内获得极低的噪声特性的双重任务。这样,辐射计的设计与一般接收机的设计有较大差别。下面介绍辐射计的主要设计原则与主要指标测试方法。

8.3.1　辐射计的体制选择

由式(8.37)和式(8.43)表示的全功率式辐射计和迪克式辐射计的灵敏度分别为

$$\Delta T_{\min} = (T_s + T_e)\left[\frac{1}{B\tau} + \left(\frac{\Delta K_p}{K_p}\right)^2\right]^{1/2} \quad (\text{全功率式})$$

$$\Delta T_{\min} = (T_s + T_c + 2T_e) \cdot \left[\frac{1}{B\tau} + \left(\frac{\Delta K_p}{K_p}\right)^2\left(\frac{T_s - T_c}{T_s + T_c + 2T_e}\right)^2\right]^{1/2} \quad (\text{迪克式})$$

分析以上两式可知:

① 当积分时间 $\tau > 1$ s,系统带宽 $B = 500$ MHz,$T_s - T_c$ 接近于零时,特别当 $\Delta K_p/K_p > 10^{-3}$ 时,迪克式辐射计灵敏度优于全功率式辐射计。当 $\Delta K_p/K_p < 10^{-4}$ 时,全功率式辐射计灵敏度优于迪克式辐射计。可见对于一般积分时间大于 1 s 的辐射计,当 $\Delta K_p/K_p > 10^{-3}$ 时,常采用迪克式辐射计。但迪克式较为复杂,对元器件要求较高。随着工艺水平、材料技术的发展以及系统的改进设计,系统增益起伏 $\Delta K_p/K_p < 10^{-4}$ 是容易做到的,因此越来越多地采用全功率式辐射计。

② 当积分时间 $\tau < 10$ ms 时,由于积分时间对灵敏度的影响比增益起伏的影响大,此时采用迪克式和全功率式辐射计的灵敏度相近,可选用简单的全功率式辐射计。

8.3.2　主要部件设计

如采用超外差式接收体制的辐射计,即采用本振-混频器件后,转为中频宽带接收,所采用的本振-混频器件与主动式接收机基本相同,只是对混频器件的要求提高,应采用宽带低噪声混频器件。下面侧重介绍辐射计的天线、中频放大器和积分放大器的设计原则。

1. 天　线

辐射计接收的信号称为天线温度 T_a,它由主瓣和副瓣的相应分量组成,即由式(8.17)分成两项

$$T_a = \frac{1}{4\pi} \int_{\Omega_m} T(\theta,\varphi) G(\theta,\varphi) \mathrm{d}\Omega + \frac{1}{4\pi} \int_{\Omega_s} T(\theta,\varphi) G(\theta,\varphi) \mathrm{d}\Omega \qquad (8.62)$$

式中,Ω_m 为主瓣立体角;Ω_s 为副瓣立体角。

前面的天线温度分析中,均忽略了副瓣效应。为达到忽略副瓣的目的,应选择高增益低副瓣天线。所以,辐射计使用的天线其波束较窄,一般采用口径较大的面天线,如透镜天线、喇叭天线、抛物面天线等。

天线波束的特性对辐射计的分辨率起主要作用。一般要求最小作用距离 R_{min} 要达到远场要求,即

$$R_{min} \geqslant \frac{2D^2}{\lambda} \qquad (8.63)$$

式中,D 为天线口面直径;λ 为工作波长。

对于一些极近距离的应用场合,如医疗探测辐射计,可能不能满足远场条件。通过将天线聚焦至菲涅尔区则可缩短最小作用距离而仍保持远场特性。采用菲涅尔区聚焦的最小距离为

$$R_{min} = \frac{0.2D^2}{\lambda} \qquad (8.64)$$

2. 中频放大器

(1) 中频放大器带宽选择

中频放大器在辐射计中起能量积累的作用,它将射频辐射信号经混频器后的微弱中频信号进行放大,并以合适的电平送入后级的平方律检波器。由灵敏度公式(8.37)或式(8.43)可知,增大 $B\tau$ 可提高辐射计灵敏度。在实际应用中,提高 τ 受到系统总体及其他因素的限制。因此,增加检波器前的系统带宽 B 是应首要考虑的问题。但是,带宽的增加,必须考虑频谱灵敏度和器件水平等。增加系统带宽等效于以降低频谱灵敏度为代价来提高辐射计的灵敏度。根据所用的射频和中频器件,当电路的频谱灵敏度 Q 降低时,要求获得接近于平坦的频率响应曲线就困难得多。所以设计中应考虑制约关系:

$$Q = \frac{f_0}{B} \qquad (8.65)$$

式中,f_0 为电路的中心频率。

可见,增加中频带宽是增加系统有效带宽的关键。对于工作于双边带的接收机来说,中频频率的低限受混频器低频噪声的影响,不能太低;中频频率的高限受混频器及混频器前射频带宽的限制。另外,为提高辐射计灵敏度,除要求接收机前端有关的总损耗和噪声系数尽可能低外,中频放大器应具有低的噪声系数。因此,低噪声、宽频带、高增益中频放大器是辐射计的关键技术之一。

(2) 中频放大器增益选择

中频增益的选择对辐射计获得最佳系统特性起决定性作用。为保证辐射计的输出电压能精确地反映场景温度的分布,必须满足三个条件:

① 为保证辐射计前端所要求的噪声系数,必须有足够的中频增益;

② 提供合适的增益,输出合适的电平,保证后级的平方律检波器工作于平方律范围;

③ 在保证已确定的宽带条件下,提供尽可能大的动态范围,以满足对不同输入信号的要求。

为满足第①个条件,应保证

$$K_{HF}\Delta T_{min} \geqslant A\Delta T_{v\,min} \tag{8.66}$$

式中,A 为任意常数;K_{HF} 为检波前系统的净增益;$\Delta T_{v\,min}$ 为辐射计平方律检波器和后级放大器的最小可检测温度——视频灵敏度。

若 $A=10$,则表示平方律检波器输入噪声为后级积分放大器输出噪声的 10%。

对于晶体检波器,有

$$\Delta T_{v\,min} = \frac{2}{C_d k}\sqrt{T_o R_v F_v}\left(\frac{\sqrt{B_{LF}}}{B_{RF}}\right) \tag{8.67}$$

式中,R_v 为平方律检波器的视频电阻;F_v 为后级积分放大器的噪声系数;B_{LF} 为积分放大器的带宽;B_{RF} 为包括上、下中频边带的接收机噪声带宽。

例 8.1　已知 $C_d=800$ V/W,$R_v=91$ Ω,$F_v=2.0(3$ dB$)$,$\Delta T_{min}=3.2$ K,$B_{LF}=1$ kHz,$B_{RF}=4.5$ GHz,$T_o=290$ K,取 $A=10$,则根据已知条件,代入式(8.67)得

$$\Delta T_{v\,min}=958\text{ K}$$

由式(8.66)可知,为抑制视频噪声的影响,所必需的中频增益为

$$K_{HF} \geqslant \frac{10\times 958}{3.2}=34.8\text{ dB}$$

第二个条件要求中频放大器与积分放大器之间的包络检波器工作于平方律范围。可通过在检波曲线上选择适当的工作点来满足。通常,按此条件所得的增益应超过预定系统噪声系数所要求的增益,表示为

$$K_{HF} \geqslant \frac{P_{io\,min}}{k(T_s+T_e)BF_n} \tag{8.68}$$

式中,$P_{io\,min}$ 为中频放大器最小输出功率;F_n 为系统总的噪声系数(包括混频器至积

分放大器,如有射频放大器时亦应包括在内)。

例 8.2 设 $F_n = 4(6\text{ dB})$,$T_o = 290\text{ K}$,$T_s = 250\text{ K}$,$P_{io\ min} = 10^{-5}\text{ W}(-20\text{ dBm})$,$B = 2.25\text{ GHz}$,则

$$K_{HF} \geqslant \frac{10^{-5}}{1.38 \times 10^{-23} \times [250 + (4-1) \times 290] \times 2.25 \times 10^9 \times 4} = 48.6\text{ dB}$$

可见,为保证包络检波器工作于平方律范围,要求中频放大器净增益为48.6 dB,当考虑到各种损耗时,中频放大器应提供一定的附加增益以补偿其损耗,附加增益一般取 6 dB 左右。

为防止强信号时中频放大器输出饱和,以及保证中频放大器工作稳定(即防止无信号时中频放大器自激),中频增益不能太大,式(8.68)应尽可能取小的值。

中频放大器的动态范围可根据输入信号的变化范围来确定,其最小输入信号一般对应灵敏度 ΔT_{min},而最大输入信号一般对应最大天线温度变化量 $\Delta T_{a\ max}$,则中频放大器动态范围可表示为

$$D_i = A_i \frac{\Delta T_{a\ max}}{\Delta T_{min}} \tag{8.69}$$

式中,A_i 为要求中频放大器处于小信号线性工作状态的常数,也表征中频放大器动态范围的余量,一般取 $2 \sim 10$。

例 8.3 设 $\Delta T_{min} = 3.2\text{ K}$,$\Delta T_{a\ max} = 320\text{ K}$,取 $A_i = 6$,则 $D_i = 600(27.8\text{ dB})$。如果设中频放大器最小输出功率为 $P_{io\ min} = 10^{-5}\text{ W}(-20\text{ dBm})$,则当中频放大器输出功率小于

$$P_{io\ max} = D_i P_{io\ min} = 6 \times 10^{-3}\text{ W}(7.78\text{ dBm})$$

时,中频放大器将不会饱和。所以,常常也将 $P_{io\ max}$ 作为中频放大器的动态范围指标。

中频放大器动态范围的设计主要取决于最后一级电路的设计。一般可选用共发–共集组态的复合电路。

3. 积分放大器

积分放大器指平方律检波器后面的信号检测放大电路,在具体不同的方案中,有不同的名称,例如视频放大器、比较积分放大器、扫描率放大器、直流放大器、低频放大器等。

(1) 积分放大器增益选择

设探测的辐射温度范围为 $T_{a\ min} \sim T_{a\ max}$,以全功率式辐射计为例,则根据式(8.30)积分放大器输入(即平方律检波器输出)的相应电压为

$$V_d = C_d K_p k B (T_s + T_e) \tag{8.70}$$

设天线射频损耗 $L = 1$,则 $T_s = T_a$,相应有

$$V_{d\ min} = C_d K_p k B (T_{a\ min} + T_e) \tag{8.71}$$

$$V_{d\ max} = C_d K_p k B (T_{a\ max} + T_e) \tag{8.72}$$

一般规定了辐射计积分放大器的输出斜率 k_o,则积分放大器的增益为

$$K_v = \frac{k_o}{\dfrac{V_{d\,max} - V_{d\,min}}{T_{a\,max} - T_{a\,min}}} \tag{8.73}$$

上式中分母表示积分放大器的输入斜率。

例 8.4 设 $T_{a\,min} = 10$ K, $T_{a\,max} = 310$ K, $K_p = K_{HF} = 3.16 \times 10^5 (55$ dB$)$, $F_n = 4(6$ dB$)$, $B = 2.25$ GHz, $C_d = 800$ V/W, $T_o = 290$ K, $k_o = 10$ mV/K。

积分放大器输入电压(直流)范围是

$$V_{d\,min} = 800 \times 3.16 \times 10^5 \times 1.38 \times 10^{-23} \times 2.25 \times 10^9 \times$$
$$[10 + (4-1) \times 290] \text{ V} = 6.91 \text{ mV}$$
$$V_{d\,max} = 800 \times 3.16 \times 10^5 \times 1.38 \times 10^{-23} \times 2.25 \times$$
$$10^9 \times [310 + (4-1) \times 290] \text{ V} = 9.26 \text{ mV}$$

其增益为

$$K_v = 10 \left/ \left(\frac{9.26 - 6.91}{310 - 10} \right) \right. = 62 \text{ dB}$$

所以,积分放大器输出电压(直流)范围为

$$V_{o\,min} = V_{d\,min} K_v = 8.7 \text{ V}$$
$$V_{o\,max} = V_{d\,max} K_v = 11.7 \text{ V}$$

通常,对于直流式全功率辐射计的积分放大器输入端引入一个补偿电压,以抵消输出端的直流电压。本例中输入补偿为 -6.91 mV(即输出补偿电压为 -8.7 V),则当 T_a 从 0 变至 310 K 时,输出电压 V_o 将从 0 变至 3 V。

如果只对交流信号感兴趣,则输入辐射温度变化的范围为 $\Delta T_{a\,min} \sim \Delta T_{a\,max}$,相应的积分放大器输入电压的变化范围为

$$\Delta V_{d\,min} = C_d K_p k B \Delta T_{a\,min} \tag{8.74}$$
$$\Delta V_{d\,max} = C_d K_p k B \Delta T_{a\,max} \tag{8.75}$$

积分放大器的增益表示为

$$K_v = \frac{k_o}{\left(\dfrac{\Delta V_{d\,max} - \Delta V_{d\,min}}{\Delta T_{a\,max} - \Delta T_{a\,min}} \right)} \tag{8.76}$$

例 8.5 对于例 8.4 所设参数,$\Delta T_{a\,max} = T_{a\,max} - T_{a\,min} = 300$ K, $\Delta T_{a\,min} = \Delta T_{min} = 3.2$ K,要求积分放大器输出满刻度指示为 5 V。设计输出斜率 k_o。

解 积分放大器输入电压(交流)范围是

$$\Delta V_{d\,min} = 800 \times 3.16 \times 10^5 \times 1.38 \times 10^{-23} \times 2.25 \times 10^5 \times 3.2 \text{ V} = 25 \text{ } \mu\text{V}$$
$$\Delta V_{d\,max} = 800 \times 3.16 \times 10^5 \times 1.38 \times 10^{-23} \times 2.25 \times 10^5 \times 300 \text{ V} = 2.355 \text{ mV}$$

根据要求 $V_{o\,max} = 5$ V,所以

$$K_v = \frac{V_{o\,max}}{\Delta V_{d\,max}} = 66.54 \text{ dB}$$

$$k_\circ = K_v \left(\frac{\Delta V_{d\,max} - \Delta V_{d\,min}}{\Delta T_{a\,max} - \Delta T_{a\,min}} \right) = 16.7\ \text{mV/K}$$

（2）积分放大器频率特性选择

积分放大器的频率特性与平方律检波器输出信号密切相关，取决于对目标信息——天线温度的特征分析。对于一般积分时间较长的辐射计，检波输出为直流信号，电压的高低反映了测试环境和目标的温度。对于积分时间短的辐射计，检波输出为交流脉冲信号，其脉冲波形的高度、宽度、上升斜率等均反映了目标及环境辐射温度的变化。分析此脉冲的频谱及其特性，就是积分放大器频带设计的依据。

设计积分放大器时，应根据天线温度波形的计算，对温度波形进行时域波形逼近，用某一函数（常用高斯函数）来表示检波输出波形，再根据频谱分析，求出积分放大器的频率分布及频率上限。频率上限 f_H 与天线波束系数 b、作用距离 R 以及扫描目标的速率有关。对于 RC 积分器，其积分时间 τ 与 f_H 有如下关系：

$$\tau = \frac{1}{2f_H} \tag{8.77}$$

8.3.3　主要指标测定

辐射计主要指标为灵敏度和积分时间，另外还有温度准确度、非线性误差、温度动态范围、稳定度、工作频率等。下面主要介绍灵敏度和积分时间的测定。

1. 灵敏度测定

以标准噪声源与精密衰减器组成的噪声源代替天线输出的噪声温度，组成如图 8.16 所示的测量框图。当输入噪声温度为下限观测温度 T_1 时，辐射计积分放大器输出电压为 V_1，对 V_1 作 n 次取样 $\{v_{11}, v_{12}, \cdots, v_{1n}\}$，则输出电压的均值为

$$\bar{V}_1 = \frac{1}{n} \sum_{i=1}^{n} v_{1i} \tag{8.78}$$

标准辐射噪声源 → 精密衰减器 → 被测辐射计 → 输出接口电路 → 计算与显示（计算机）

图 8.16　辐射计灵敏度测试系统原理框图

微调精密衰减器的衰减量 α，使辐射计的输入噪声为 $T_1 + \Delta T$，此时辐射计积分放大器的输出电压值为 V_2，按同样方法对 V_2 作 n 次取样 $\{v_{21}, v_{22}, \cdots, v_{2n}\}$ 后取均值

$$\bar{V}_2 = \frac{1}{n} \sum_{i=1}^{n} v_{2i} \tag{8.79}$$

根据两次 n 次记录数据，计算输出电压的标准方差

$$\sigma = \sqrt{\frac{\sum_{i=1}^{n}(\bar{V}_1 - v_{1i})^2 \cdot \sum_{i=1}^{n}(\bar{V}_2 - v_{2i})^2}{2n-1}} \tag{8.80}$$

则辐射计灵敏度可按下式计算：

$$\Delta T_{\min} = \sigma \left| \frac{\Delta T}{\bar{V}_1 - \bar{V}_2} \right| \tag{8.81}$$

当输入噪声为上限观测温度 T_2 时,按上述方法与步骤计算出在上限测温点的灵敏度。要注意的是,上述温度变化范围 ΔT 应在辐射计线性动态范围内。

2. 积分时间测定

组成如图 8.17 所示的测试系统,两个噪声温度相差较大的标准噪声源由射频开关快速转换,分别连接被测辐射计,在辐射计输入端形成温度变化的阶跃信号。被测辐射计在接收到这一阶跃信号后,在积分放大器输出端形成的过渡过程为

$$V_o(t) = V_m (1 - e^{-\frac{t}{\tau}}) \tag{8.82}$$

式中,V_m 为稳态电压。

当 $t = \tau$ 时,有 $V_o(t)/V_m = 0.632$。

因此记录输出信号的过渡过程,求出 $V_o(t)/V_m = 0.632$ 时 $V_o(t)$ 对应的时间,则从进入过渡过程到这一时间的间隔,即为辐射计的积分时间 τ。

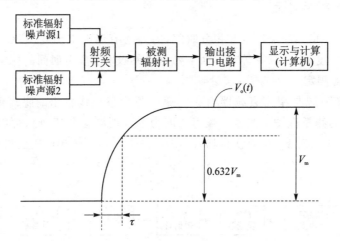

图 8.17　积分时间测试系统原理框图

习　题

1. 填空题。

(1) 在给定频段所有的频率上都能吸收落在它上面的全部辐射而无反射的理想物体称为_____,它除了是一个理想的吸收体外,同时也是一个理想的_____。

(2) 一般物体为灰体,可用等效黑体表示,一般将此等效黑体的温度 T_{ap} 称作该物体的_____。

(3) _____表示目标和背景辐射温度的总和在天线输入端的反映。

（4）辐射计实质上是一种_____。

（5）辐射计能检测天线温度最小变化量的估计值,称为辐射计的_____。

（6）表征了辐射计对输入的天线温度跃变时的响应能力的指标称为_____。

（7）各种物质的辐射特性_____,每种物质在不同频段的辐射特性_____。

2. 单项选择题。

（1）_____的叙述是正确的。

    A. 辐射率与频率无关　　　　　　　　B. 辐射率与物质形状有关

    C. 辐射率与天空温度有关　　　　　　D. 辐射率与物质性质有关

（2）一般来说,相对介电系数较高或电导率较高的物质_____。

    A. 发射率较小,反射率较大　　　　　B. 发射率较大,反射率较小

    C. 发射率和反射率均小　　　　　　　D. 发射率和反射率均大

（3）一个物体的辐射温度取决于_____。

    A. 物体的环境温度　　　　　　　　　B. 物体的辐射率

    C. 物体的运动状态　　　　　　　　　D. A 和 B

（4）天线温度_____。

    A. 含有目标信息　　　　　　　　　　B. 反映天线输入端的辐射温度

    C. 相当于天线上接收到的信号功率　　D. A、B 和 C

（5）天线温度变化量与_____有关。

    A. 天线波束宽度　　　　　　　　　　B. 目标面积

    C. 目标辐射温度　　　　　　　　　　D. A、B 和 C

（6）_____的叙述是错误的。

    A. 辐射计的灵敏度有功率特征,与积分时间共同表征了信号能量

    B. 对于某一确定的辐射计而言,灵敏度和积分时间有一定的制约关系

    C. 积分时间越长,辐射计灵敏度越高

    D. 为了提高辐射计的灵敏度,可任意延长积分时间

3. 问答题。

（1）为什么叫全功率式辐射计? 与迪克式辐射计有何根本区别?

（2）影响辐射计灵敏度的主要因素有哪些?

（3）为什么迪克式辐射计抑制增益起伏引起的噪声能力优于全功率式辐射计?

（4）辐射计的作用距离与哪些参数有关?

（5）为什么辐射计带宽越宽,输出信噪比越好? 而主动式系统则正好相反?

4. 画出下列原理框图:

（1）典型全功率式辐射计;

（2）典型迪克式辐射计。

5. 已知天线波束的 3 dB 波瓣 $\theta_{3\,dB}=6°$,目标为圆形面积的金属目标,其面积

$A_T = 18\ \mathrm{m}^2$,当辐射计对其探测时,归一化天线温度变化量与作用距离的变化关系如何?(画出曲线)

6. 条件同上,如果将金属目标置于地面上,辐射计从空中对地面上的目标进行测量。设天空辐射温度为 60 K,晴朗天空无云彩,地面辐射率为 0.9,金属反射率为 1,环境温度为 300 K,辐射计噪声系数为 5 dB,系统带宽为 1 GHz,积分时间为 2 ms,天线损耗为 2。

(1) 如要求辐射计的输出信噪比不小于 5,则辐射计的最大作用距离为多少?

(2) 如采用全功率式辐射计,忽略增益变化的影响,则灵敏度为多少?

7. 已知上述题 5 和题 6 的条件,设计一被动式探测系统,画出原理框图,并作必要的说明。

参考文献

［1］丁鹭飞,耿富禄,陈建春.雷达原理[M].6版.北京:电子工业出版社,2020.

［2］Skolnik Merrill I.雷达系统导论[M],北京:电子工业出版社,2014.

［3］许建中.弹载毫米波辐射计信号半实物仿真[J].红外与毫米波学报,1999,(02):73-76.

［4］宁军,许建中.连续波多普勒引信定高和测高方法的研究[J].现代引信,1994,(4):10-15.

［5］宁军,许建中.毫米波连续波多普勒引信恒定炸高技术研究[J].制导与引信,1994(3):34-36.

［6］Button K J,Willtse J C.毫米波系统[M].方再根,刁育才,译.北京:国防工业出版社,1989.

［7］赵惠昌.无线电引信设计原理与方法[M].北京:国防工业出版社,2012.

［8］高峻,王世忠,黄春光.无线电引信检验技术与方法[J].北京:国防工业出版社,2006.

［9］崔占忠,宋世和,徐立新,等.近感引信原理[M].4版.北京:北京理工大学出版社,2018.

［10］李兴国.毫米波近感技术基础[M].北京:北京理工大学出版社,2009.

［11］潘曦,李东杰,肖泽龙,等.无线电近感探测技术[M].北京:北京理工大学出版社,2019.

［12］岛新煜,高敏,韩壮志,等.无线电近炸引信多参数复合调制技术[M].北京:北京理工大学出版社,2023.

［13］夏红娟,崔占忠,周如江.近感探测与毁伤控制总体技术[M].北京:北京理工大学出版社,2019.

［14］栗苹,郝新红,闫晓鹏,等.无线电引信抗干扰理论[M].北京:北京理工大学出版社,2019.